AF536758

Pferd und Grasland

von

Dr. Renate Vanselow

Pferd

und

Grasland

von

Dr. Renate Vanselow

STARKE PFERDE-Verlag

Impressum

2. Auflage 2019
Lektorat: Nikola Fersing
Layout, Satz, Umschlaggestaltung, Titelfoto: Nikola Fersing
Zeichnungen: Dr. Renate Vanselow
Fotos: Dr. Renate Vanselow, soweit nicht anders angegeben

Verlag: **STARKE PFERDE-Verlag** Erhard Schroll, Weißer Weg 109, 32657 Lemgo
Druck: Heider Druck GmbH, Bergisch Gladbach

ISBN 978-3-947346-03-5

Bibliografische Information der Deutschen Nationalbibliothek:
Die Deutsche Nationalbibliothek verzeichnet diese Publikation in der Deutschen Nationalbibliografie; detaillierte bibliografische Daten sind im Internet über www.dnb.de abrufbar.

Inhalt

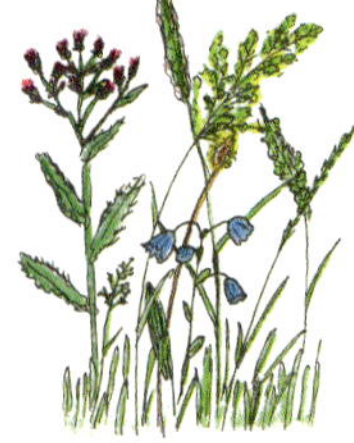

Vorwort

Foto: Fersing

Vorwort

Pferde sind Grasfresser. Gräser bilden ihre Futtergrundlage, ergänzt in geringerem Umfang durch Kräuter und Gehölze. Eine artgerechte Pferdehaltung ist nur in einer Weidelandschaft möglich. Doch was, wenn die Weide Pferde immer häufiger krank macht?

Für Freizeitreiter stellen ihre überwiegend in Eigenregie am Haus gehaltenen Pferde oftmals Partner dar, die über Jahrzehnte die Familie als vollständiges Mitglied der Gemeinschaft begleiten, länger als jeder Familienhund. Wir Pferdehalter fühlen uns dem Tierschutz sehr stark verpflichtet. Im deutschen Tierschutzgesetz (§ 3) ist festgelegt: *„Es ist verboten [...] 10. einem Tier Futter darzureichen, das dem Tier erhebliche Schmerzen, Leiden oder Schäden bereitet [...].“*

Bedingt durch zunehmend beobachtete und von Tierärzten diagnostizierte Erkrankungen von Pferden stellen jedoch immer mehr Pferdehalter die Futtergrundlage Gras in Frage. Verunsicherung macht sich breit: Wie soll man Pferde halten, die auf Grasland krank werden? Gilt tradiertes Wissen heute noch? Hat das Gras sich verändert? Oder haben die Pferde sich verändert? Sind Pferde überhaupt Grasfresser?

Wer heute ein Pferd hält, ist oftmals nicht mehr auf dem Lande mit Weidehaltung groß geworden. Ohne jahrelange Beobachtung von Weidetieren wie Pferden, Rindern und Schafen ist der Tierhalter aber allerlei Behauptungen und Stimmungen haltlos ausgeliefert. Es fehlt an Hintergrundwissen.

Vielleicht ergeht es manchem Neueinsteiger heute ähnlich wie mir in meiner Anfangszeit als Pferdehalter. Als Kind bin ich mit Pferdehaltung zwischen Rindermast und Milchviehhaltung aufgewachsen. Die Mähweiden dienten damals – wie die Bezeichnung schon sagt – der kombinierten Nutzung von überwiegend Beweidung und gelegentlicher Mahd. Es waren Grasländer, die reich waren an Wiesenschwingel, Wiesenlieschgras, Knäuelgras und Wiesenfuchsschwanz, die im Unterwuchs aber auch gut gefüllt waren mit Rispengräsern und Deutschem Weidelgras. Das festzustellen ist wichtig, denn Ende der siebziger Jahre wurden diese an Obergräsern reichen Zweinutzungs-Grasländer umgepflügt und machten produktiveren Weidelgrasansaaten zur Vielschnittnutzung und intensiven Beweidung durch Rinder Platz. Der moderne Neueinsteiger hat also nicht mehr die Möglichkeit, diese über Generationen gewachsenen und gepflegten Grasländer kennenzulernen, und darum will ich sie hier kurz vorstellen.

Man düngte die Zweinutzungs-Grasländer gut mit Stallmist. In das hüfthohe Gras kamen die Mastbullen. Wenn sie das Gras kniehoch abgefressen hatten, wurden die Bullen abgetrieben und die Pferde übernahmen die Weide. Sobald das Gras nur noch handbreit hoch stand, mussten die Pferde dringend die Fläche verlassen, um eine Schädigung der Grasnarbe, insbesondere der empfindlicheren Obergräser, zu verhindern. Die Pferde waren rund bis fett, aber gesund.

Shettystute mit Mulifohlen auf einer Pferdeweide. Einfach in den Garten holen sollte man das Pony nicht, das Gras dort kann ihm sehr schaden Foto: Vanselow

Eine Familie wollte ihrer Ponystute damals etwas Gutes tun. Die Stute sollte eine sportlichere Figur bekommen. Sie nahmen die Stute vom Zweinutzungs-Grasland und holten sie in den Ferien für einige Wochen zu sich ans Haus, wo sie wenige Quadratmeter kurzen Zierrasens fressen durfte und Heu bekam. Obwohl der Rasen kaum etwas hergab, erlitt die Stute dort erstmals Hufrehe und blieb danach ihr Leben lang empfindlich.

Es hieß lange Zeit, Eiweiße seien die Ursache von Hufrehe. Später hieß es, Hufrehe würde von Zuckern, genauer Fruktanen, ausgelöst. Keine dieser Erklärungen hat mich befriedigt, denn die Menge Aufwuchs, die der Zierrasen hergab, war extrem gering. Eiweiße und Zucker spielen auch bei Rinderweiden eine Rolle, aber selbst der Massenaufwuchs führte über die Jahre bei den Pferden nicht zu Hufrehe, obwohl er die Pferde jeden Sommer fett machte. Dagegen reichten geringe Mengen Zierrasen über einen sehr kurzen Zeitraum, um ein vormals gesundes Pferd nachhaltig zu schädigen. Warum?

Diese Frage beschäftigt mich bis heute. Die Menge an zusammengetragenen Mosaiksteinchen ergibt inzwischen ein recht konkretes Bild. Wollen wir unsere Weidelandschaft nicht verlieren, und mit ihr die artgerechte Pferdehaltung und einen naturnahen Lebensraum von unschätzbarem Erholungswert, dann ist es meiner Meinung nach höchste Zeit zu handeln.

Heu aus Naturschutzflächen und regionales Saatgut von Wildpflanzen für den nicht landwirtschaftlichen Bereich könnten in vielen Pferdehaltungen eine Alternative zu den üblichen Hochleistungsgräsern bieten. Pferdehalter könnten zu Partnern im Naturschutz werden. Profitieren würden davon nicht nur die Tiere, ihre Halter und der Naturschutz. Auch Erholung suchende Menschen würden von der vielfältigen Landschaft profitieren, ebenso Landwirte, die bereit sind, diese uralte, naturnahe Kulturlandschaft wieder zu erschaffen und zu erhalten.

Auf dem Weg zu diesem Ziel einer artenreichen, naturnahen Kulturlandschaft im gesunden Gleichgewicht sind viele Hindernisse zu überwinden, die in der Vergangenheit wiederholt zum Abbruch des Weges geführt haben. Wir werden uns die Hindernisse anschauen und Wege der Lösung aufzeigen, denn es lohnt sich allemal.

Die Forschung kommt endlich in Bewegung

Dieser Ratgeber liefert Hintergründe, zeigt mit einem historischen Überblick Entwicklungen auf und stellt Erfahrungen und Fakten für den Aufbau von alternativen Angeboten für die Pferdefütterung zusammen.

Momentan ist die Forschung insbesondere zu Endophytengiften in deutschem Grasland so sehr in Bewegung, dass aktualisierte Neuauflagen in absehbarer Zeit nicht ausgeschlossen sind.

Anmerkungen zur Nomenklatur

Vorweg noch eine wichtige Klärung zur Namensgebung der Akteure, um die es in diesem Ratgeber geht. Alle Lebewesen sind seit der systematischen Einordnung, die Linné erfand, mit global geltenden lateinischen Namen versehen. Jedes Wesen trägt dabei zwei Namen, quasi einen Vor- und einen Nachnamen. Allerdings gibt hier der vordere Name die größere Zugehörigkeitsgruppe, genauer die Gattung, an, der zweite Name ist die Einengung auf die Art. Wir alle kennen die Gattung der Pferdeartigen, *Equus*. Und wir alle kennen innerhalb dieser Gattung verschiedene Arten, also beispielsweise Esel (*Equus asinus*), Zebras (*Equus zebra*) und die eigentlichen Pferde (*Equus caballus*), zu denen auch unsere Hauspferde gehören. Diese Arten können wiederum in Unterarten aufgespalten werden, etwa Berg- und Steppenzebra.

Es kommen von Natur aus regional speziell angepasste und äußerlich sowie genetisch unterscheidbare weitere Formen vor, die man als Ökotypen bezeichnen kann. Diese können eine spezielle genetische Anpassung an einen ganz bestimmten Ort darstellen. Darauf müssen die Produzenten von Wildsaatgut tatsächlich gesetzlich verpflichtet Rücksicht nehmen, um die genetische Vielfalt innerhalb einer Art der zu schützenden Wildpflanzen nicht zu vernichten. Diese von Natur aus bestehenden Unterschiede unterliegen der natürlichen Selektion, also dem Einfluss von Witterung, Böden, Konkurrenz oder auch Feinden.

Eine völlig andere Selektion nimmt der Mensch vor. Menschliche Kriterien sind zumeist Nutzbarkeit und Schönheit. Das Produkt menschlicher Selektion bezeichnet man als Zuchtsorten oder Rassen. Hierhin gehören die Hauspferderassen, aber auch die Zuchtsorten einzelner Grasarten.

Erkenntnisse und Wissenschaft stehen nicht still. Was heute noch als sicher geglaubt schien, kann morgen schon durch neue Forschungsergebnisse widerlegt sein und muss neu geschrieben werden. Und so kommt es, dass auch die lateinischen Namen einzelner Lebewesen manchmal umgeschrieben werden müssen, weil die Verwandtschaft nicht so ist wie ursprünglich angenommen. So sind die Weidelgräser (Gattung *Lolium*) mit einigen breitblättrigen Schwingeln (Vertreter der Gattung *Festuca*) so nahe verwandt, dass sie sich eigentlich nur im Aufbau der Blüte unterscheiden. Sie kreuzen sich gerne auch in der freien Natur, wobei auf natürlichem Wege Hybriden, sogenannte Schweidel (*Festulolium*), entstehen. Daher werden diese Schwingel in der neueren englischsprachigen Literatur oft nicht mehr als *Festuca* bezeichnet, sondern als *Lolium*. So heißt der Wiesenschwingel, vormals *Festuca pratensis*, nun neu *Lolium pratense*, und ebenso verhält es sich mit dem Rohrschwingel: Statt *Festuca arundinacea* heißt er nun *Lolium arundinaceum*.

Weidelgräser sind mit einigen breitblättrigen Schwingeln so nahe verwandt, dass sie sich häufig kreuzen

Mehrfach umbenannt wurden auch die Pilzpartner dieser Gräser, die ursprünglich der Gattung *Acremonium* zugeordnet wurden, dann der Gattung *Neotyphodium* und neuerdings auch das nicht mehr, sondern als Varietät der Art *Epichloë* betrachtet werden. So war der Pilzpartner des Deutschen Weidelgrases zwar immer der gleiche, aber zuerst hieß er *Acremonium lolii*, dann *Neotyphodium lolii* und neuerdings *Epichloë festucae varietät lolii*, wobei die Varietät oft als *var.* abgekürzt wird. Hier in diesem Ratgeber werden die Schwingel als *Festuca* bezeichnet und die Pilzpartner zumeist als *Neotyphodium*, denn momentan sind diese Namen in der Fachliteratur noch am häufigsten wiederzufinden. Wo moderne Literatur zitiert ist, wird die dort verwendete Bezeichnung *Epichloë* übernommen.

Kapitel 1

Bedrohtes Grasland

Eine weite Graslandschaft mit Gebüschen, Baumgruppen und einzelnen uralten Eichen, kleine Herden von Rindern und Pferden, ein Schäfer mit seinen Schafen und Hütehunden – wer kennt die Gemälde namhafter Künstler vergangener Jahrhunderte nicht?

Und welcher Pferdehalter würde seinem Partner nicht ein solches Leben unter seinesgleichen in einer naturnahen halboffenen Weidelandschaft gönnen? Aber: Verabschiedet sich die Pferdehaltung aus der traditionellen Weidelandschaft?

Pferde stellen hohe Ansprüche an ihr Futter. Die Sorge um die Gesundheit der Pferde treibt zwischen Pferdehalter und Weideland einen immer tieferen Keil. Im Sommer neigen Pferde auf energiereichem Gras zu gefährlicher Verfettung. Im Winter mit Heufütterung reagieren Pferde auf Mängel in der Hygiene des Futters empfindlich mit Atemwegsproblemen und Allergisierungen. Silage verursacht bei manchen Pferden Verdauungsprobleme. Silage und neuerdings auch Heu werden immer häufiger für Stoffwechselprobleme verantwortlich gemacht. Sind daran nur die hohen Eiweiß- und Energiegehalte in Gräsern, gezüchtet für das Milchvieh, schuld?

Über den Trend zum modernen Hochleistungsrind schreiben MÜGGE ET AL. (1999): *„Bei aller Befürwortung der Hochleistungskuh (7000 kg Milch als Ziel für 1980) bestand die Gefahr, dass Haltung und Fütterung nachhinken und somit das in den Zuchtprogrammen und im Zuge der HF-Anpaarung – Holstein- und Friesenrind – deutlich angehobene erbliche Leistungsvermögen nicht ausgeschöpft würde. Bessere Umweltverhältnisse und eine intensive gezielte Leistungsfütterung wurden zur Hauptforderung sachkundiger Berater. Mehr denn je war ein Miteinander von Betriebswirtschaftlern, Fütterungsexperten und Züchtern von Nöten“* (Zitat aus: MÜGGE ET AL. 1999).

Mitarbeiter der Landwirtschaftskammer Schleswig-Holstein erzählten mir, dass die ersten Hochleistungskühe mit der gewünschten genetisch festgelegten hohen Milchleistung verhungert seien, weil damals die Erfahrung fehlte, wie eine derartige Milchkuh zu ernähren sei. Eine 7000-Liter-Kuh, das heißt ein Tier mit 7000 Litern Jahresleistung Milchproduktion, benötigt mindestens 21 Kilogramm Trockenfutter am Tag, aufgeteilt in 50 Prozent Raufutter, also Heu oder entsprechend ihrem Feuchtigkeitsgehalt mehr Silage als Heu, und 50 Prozent Kraftfutter.

Während also der Milchviehbauer eine Schubkarre voll Silage zu seiner Kuh bringt und überlegt, ob diese Futtermenge bei der genetisch bedingten hohen Milchproduktion ausreicht, damit seine Kuh nicht verhungert, gibt der Pferdehalter seinem

Linke Seite: Ausschnitt aus „Dorflandschaft bei Morgenbeleuchtung“ auch bekannt als „Einsamer Baum“, „Eine grüne Ebene“ oder „Harzlandschaft“ von Caspar David Friedrich, 1822.

Zeichnung: Vanselow

Freizeitpartner eine Handvoll Heu und hat Sorge, dass sein Pferd darauf mit Wohlstandserkrankungen reagieren könnte. Der sogenannte „Zuchtfortschritt" moderner Milchkühe und der auf sie abgestimmten modernen Wirtschaftsgräser lässt eine gemeinsame Futtergrundlage für Milchkuh und Pony heute oft nicht mehr zu. Der Erhaltungsbedarf eines Pferdes kann mit anderthalb bis zwei Kilogramm guten Heus pro 100 Kilo Körpergewicht ohne Kraftfutter gedeckt werden, also maximal zehn Kilogramm energiereiches Heu pro Tag für ein 500 Kilo schweres Freizeitpferd. Sogar aktive Trabrennpferde lassen sich allein mit jung geschnittenem Heu ohne Kraftfutter bei durch Rennsiege nachgewiesenen Spitzenleistungen gesund ernähren (Jansson 2015).

Im Jahr 2000 war die 7000-Liter-Kuh längst überholt, denn gute Kühe gaben 10 000 Liter, und angestrebt wurde zu der Zeit bereits die 16 000-Liter-Kuh. Gräser und Kraftfutter mussten dem Bedarf dieser Rinder an Energie, Eiweiß, aber auch Mineralien angepasst werden. Hochleistungsgräser mit hohen Energiegehalten bei nierigen Rohfaserwerten waren für die Silageproduktion auch auf armen Böden wie Sand für die dortige Viehhaltung wichtig. Der Siegeszug der modernen Deutschen Weidelgraszüchtungen begann.

Tabelle 1.1: Futterwerte und Fruktangehalte häufig anzutreffender Gräser

Grasart	Futterwert	Gemessener Fruktangehalt [% i.d. TM]
Welsches Weidelgras	9	12,1 – 2,7 (versch. Sorten)
Deutsches Weidelgras	9	10,6 – 2,4 (versch. Sorten)
Rohr-Schwingel	5	10,5 – 1,8 (Gebrauchssorte)
Wiesen-Schwingel	9	9,7 – 2,3 (Sorte Pradel)
Wiesen-Rispengras	9	8,2 – 3,1 (Sorte Lato)
Gewöhnliches Rispengras	7	8,5 – 2,8 (Gebrauchssorte)
Rot-Schwingel	7	6,3 – 3,8 (Sorte Gondolin)
Wiesen-Knäuelgras	8	6,2 – 2,9 (Sorte Lidaglo)
Wiesen-Lieschgras	9	5,0 – 2,0 (Sorte Comer)
Gemeine Quecke	6	7,1 – 1,4 (Gebrauchssorte)
Wiesen-Fuchsschwanz	8	4,3 – 1,1 (Gebrauchssorte)
Wolliges Honiggras	5	3,8 – 1,4 (Gebrauchssorte)

Fruktangehalte nach von Borstel & Grässler (2002), TM: Trockenmasse.
Futterwert: 1: giftig; 2: ohne oder sehr gering; 3: gering; 5: mittel; 7: hoch; 9: sehr hoch; 4, 6 und 8 dazwischen stehend (nach Dierschke & Briemle 2002).
Die Tatsache, dass Gräser Gifte enthalten können, ist bei diesem Futterwert nicht berücksichtigt.

Hochleistungs-Milchvieh in einem Bewegungslaufstall. Wer viel Milch gibt, braucht viel Energie. *Foto: Vanselow*

Ende der 1970er Jahre wurden viele alte Zweinutzungs-Grasländer, also Mähweiden, umgepflügt und mit modernen Weidelgras-Mischungen als Graslanderneuerung zur Vielschnittnutzung angesät.
Zu dieser Zeit ging man davon aus, dass die Pferde weitgehend aussterben würden, da sie als Arbeitstiere nicht mehr benötigt wurden. Mit dem dann folgenden Boom der Freizeitpferdehaltung hat damals niemand gerechnet. Das Grasland war auf Rinderhaltung abgestimmt. Die Tabelle 1.1 zeigt, welche Grasarten hohe Energiegehalte durch Zucker (hier: Fruktane) versprechen und also für die Rinderhaltung wirtschaftlich von Interesse sind. Ökologisch ist diese Entwicklung im Grasland sehr bedenklich.
DIERSCHKE & BRIEMLE (2002) beschäftigen sich mit der Frage, ob die Grünlandwirtschaft denn gut für die Zukunft gerüstet sei. Sie kommen zu dem Schluss:
„Dem ist aber nicht so! Die Uniformierung und damit auch Belastung des Ökosystems Grünland hat im Zuge dieser Intensivierung erheblich zugenommen. Nicht nur in den regenreichen steilen Lagen ist die hohe Besatzdichte, wie sie zum Beispiel mit intensiven Umtriebsweiden oder gar mit der Portionsweide praktiziert wird, häufig Ursache für die Beschädigung der Graslandnarbe. Lücken in der Vegetation und Verunkrautung müssen dann mit Nachsaaten oder Graslanderneuerung kostspielig repariert werden. Häufige Graslanderneuerung ist daher nicht als eine ordnungsgemäße und nachhaltig betriebene Graslandwirtschaft anzusehen. Außerdem erhöhen hohe Besatzdichten auf Weiden die Gefahr unerwünschter Nitratausträge (KÜHBAUCH 1995). Schließlich muß noch auf einen Trend aufmerksam gemacht werden, der zwar auf den ersten Blick erfreulich erscheint, aber in seiner ungebrochenen Fortsetzung die Graslandwirtschaft und Grasstandorte regelrecht bedroht: die stetige, genetisch verankerte Höherentwicklung der Leistungsfähigkeit der Milchkühe, auf die sich die Fütterung immer zwingender einstellen muß (...). Hierin liegt nicht nur ein sehr bedenklicher ethischer und ökologischer, sondern auch ein ökonomischer Konflikt. Ethisch bedenklich ist die Tatsache, daß das Hausrind unter ständiger Verkürzung seiner Lebenszeit geradezu 'zu Tode gemolken' wird. Ökologisch bedenklich ist, daß mit zunehmender Leistung der Milchkühe über Kraftfutter verstärkt Nährstoffe in die Graslandbetriebe importiert werden (...), denen keine entsprechenden Nährstoffexporte über Milch und Fleisch gegenüber stehen. (...) Es ist weitaus ökonomischer, mit einer 8000-Liter-Kuh das vorhandene Milchkontingent zu erzeugen, als mit zwei 4000-Liter-Kühen. Die eindeutige ökonomische Überlegenheit der Hochleistungstiere bringt aber die Graslandwirtschaft an die Grenzen ihrer Möglichkeiten. Selbst bei bester Graslandbewirtschaftung sind Energiegehalte von mehr als 7 MJ NEL je

kg TS nicht zu erzielen. Heu und Silage erreichen häufig nur etwa 5,7 MJ je kg TS. Das bedeutet, daß mit zunehmender Milchleistung der Tiere in immer stärkeren Umfang energiereiches Futter zugekauft werden muß. Damit kommt es zu einer Anreicherung von Nährstoffen auf den Grasflächen mit landschaftsökologischen Problemen der Stickstoffbilanz (Kühbauch 1996)" (Zitat aus: Dierschke & Briemle 2002).

Wer aus Angst vor Hufrehe die Weiden tief verbeißen lässt, zu viele Pferde auf kleinen Flächen hält und regelmäßig mit Standardsaatgut nachsät, fördert giftige Gräser

Ende der 1970er und Anfang der 1980er Jahre begannen auch die Probleme in der Pferdehaltung, die wir heute als „Wohlstandserkrankungen" bezeichnen. Die berechtigte Angst der Pferdehalter vor Wohlstandserkrankungen ihrer Tiere führt zu

- kleinen, „kontrollierbaren" Grasland-Flächen
- hohen Besatzdichten (man will dem Gras Herr werden)
- tiefem Verbiss (wenig Futter soll gegen Verfettung wirken)
- hohem Vertritt („grüner Auslauf")
- Bodenverdichtung und Staunässe
- Zerstörung der Vegetation
- Nutzung von Reparatursaatgut (GVo, das ist die Qualitätsstandardmischung „Grasland römisch fünf ohne Klee" bestehend zu 100 Prozent aus Deutschem Weidelgras zeitlich unterschiedlich blühender Zuchtsorten)

und somit zur unbeabsichtigten Selektion auf die Härtesten und Giftigsten!

Fruktane – das einzige Problem?

Die Saatgutproduzenten haben die durch die Forschung zu Thema Hufrehe belegten Probleme der Pferdehaltung mit den Fruktanen erkannt und sind dazu übergegangen, Saatgut-Rezepturen speziell für Pferde mit Zuchtsorten zusammenzustellen, die höhere Rohfasergehalte und geringere Fruktangehalte erwarten lassen und dennoch unter intensiver Beweidung wirtschaftlich sind. Diese Angebote sind als sogenannte fruktanarme Saatgut-Mischungen im Handel.

Weidelandschaft im Naturschutzgebiet Schäferhaus. Foto: Vanselow

Kaum bekannt ist, dass Gräser Gifte enthalten können, die ihre Widerstandskraft in ungewöhnlichen Witterungssituationen oder allgemein bei Stress erhöhen. Zu diesen Situationen zählen zum Beispiel ständige Überweidung, Dürre, Hitze oder auch parasitärer Pilzbefall wie beim fast alljährlichen großflächigen Gelbrostbefall im Herbst. Pferde reagieren auf diese Gifte besonders empfindlich und zeigen Vergiftungssymptome (Laven 2015).

Fachleute argumentieren, es gäbe in Deutschland keine Probleme mit den Giften resistenter Gräser, es seien keinerlei Fälle bekannt. Tatsächlich wird nur sehr selten über Verdachtsfälle von Vergiftungen durch Gräser berichtet, beispielsweise in kurzen Notizen der *freizeit im sattel,* Ausgabe Juli 2007, oder der *St. Georg,* Ausgabe April 2015. Der Grund dafür liegt zum einen im sehr schwierigen Nachweis der tatsächlichen Ursache der Vergiftung. Weit entscheidender für das Schweigen ist aber die Tatsache, dass dieses Thema in Deutschland ein Tabu ist: Ein Pensionsstall mit einem solchen Problem würde augenblicklich seine Einsteller verlieren, ein Zuchtbetrieb mit einem solchen Problem würde kein Pferd mehr verkaufen können und ein Futter- oder Saatguthändler mit einem solchen Problem wäre seine Kundschaft los. Also kann nicht sein, was nicht sein darf.

Veränderung der Pferdehaltung

Erkrankungen von Pferden auf Grasland haben derart zugenommen, dass immer mehr Pferdehalter ihre Tiere von der Weide nehmen. Die Pferde werden dann ganzjährig in befestigten Gruppenhaltungen gehalten, weitgehend ohne Grasland bei streng kontrollierten Heurationen. Die private Pferdehaltung könnte sich in der Zukunft aus der traditionellen Weidehaltung verabschieden. Ein Ökosystem wie Grasland zu lenken ist eine Kunst, die viel Erfahrung verlangt. Ein befestigtes Haltungssystem zu kontrollieren kann dagegen jeder in relativ kurzer Zeit erlernen. Eine solche Veränderung ist in ihrer Bedeutung nicht zu unterschätzen: Es geht um nicht weniger als den Untergang einer naturnahen, artgerechten Tierhaltung und um den Verlust einer von Viehweiden geprägten Landschaft mit besonders hohem Erholungswert für alle in ihr lebenden Menschen.

Weidetiere erhalten die Artenvielfalt

Als Beispiel kann uns das Naturschutzgebiet Bjergskov (Bergholz) bei Aabenraa (Apenrade) in Nordschleswig, Dänemark, dienen. Die etwa 30 Hektar sind laut dem offiziellen deutsch-dänischen Flyer (Aabenraa Kommune 2009) bereits seit 1929 geschützt.

Als Graslandschaft existiert Bjergskov seit über 300 Jahren und wurde nie gepflügt. Diese Landschaft enthält daher ihre ursprünglichen glazialen Steinformationen. Bjergskov wird seit Jahrhunderten durchgehend durch Beweidung genutzt. In dieser naturnahen Weidelandschaft finden sich mehr als 50 verschiedene Pflanzenarten pro Quadratmeter. Bjergskov ist einer der artenreichsten Naturräume Dänemarks. Hier finden sich extrem seltene Lebewesen wie die Arnika (Heilpflanze) und der Zwergbläuling (Schmetterling).

Pferdehaltung in befestigten Ausläufen ist von artgerechter, naturnaher Weidehaltung weit entfernt

Als zuletzt kein dänischer Landwirt mehr bereit war, die Fläche wenigstens mit Jungrindern zu beweiden, übernahm der deutsche Ökolandbaubetrieb Bunde Wischen aus Schleswig die Aufgabe der Erhaltung der Weidelandschaft Bjergskov. Die Pflege wird seither durch Gallowayrinder und Konik-Pferde gewährleistet. Ohne diese Pflege würde es zur Vergrasung, schließlich zu Verbuschung und Bewaldung kommen, die einzigartige Vielfalt ginge verloren.

Um den Verlust an Vielfalt und gesunder Futtergrundlage zu verhindern, bedarf es der Aufklärung der tatsächlichen Hintergründe für Erkrankungen der Pferde auf Gras. Artenreiche Weidelandschaften sind nur zusammen mit Weidetieren zu erhalten, und private Pferdehaltungen spielen dabei eine nicht zu unterschätzende Rolle. Es müssen praxisnahe Wege aus dieser Misere gefunden werden.

Grasland – gesund oder gefährlich fürs Pferd?

Nicht nur beim Menschen, auch bei den Pferden bereiten in den letzten Jahrzehnten schwere Stoffwechselerkrankungen Probleme (HERTSCH 2011). Zunehmend sind Pferdehalter aufgrund von Krankheiten verunsichert, was für ihr Tier als Futter überhaupt geeignet ist (VANSELOW 2014, LAVEN 2015). Als Ursache der Probleme gelten hohe Gehalte an Fruktanen, also Zuckern, in den Gräsern (HUNTINGTON & POLLITT 2002, POLLITT & VAN EPS 2002, ASPLIN ET AL. 2007, POLLITT 2011).

Grasfreie Haltungssysteme fördern Massentierhaltung

Als Folge davon werden immer mehr Pferde in nahezu grasfreien Haltungssystemen gehalten. Dabei handelt es sich um Bewegungslaufställe und sogenannte Paddock-Trails (ULLSTEIN 1996, KLABUNDE 2014) – das sind zumindest teilweise befestigte Gruppen-Ausläufe, die durch Wegenetze mit verschiedenen Zonen miteinander verbunden werden. Das ohnehin knapp gewordene Grasland wird zu grasfreien Ausläufen und Wegen mit Komfortzonen umgestaltet.

Auslaufvegetation ist kein Grasland

Stark betretene Bereiche wie unbefestigte Wege und Tierpfade zeigen eine Vertrittvegetation. Zwar kann solche Vegetation durchaus artenreich und bunt blühend sein, vor allem nach längeren Ruhephasen. Ein Beispiel ist das Mäuseschwänzchen (siehe Seite 34), ein unscheinbares Hahnenfußgewächs, welches zu Beginn der Weidesaison an Weidetoren und im Bereich von Viehtränken zu finden ist. Dennoch handelt es sich bei der sich einstellenden Vegetation stark betretener Böden primär nicht um Grasland.

Artenreiche Wegrandvegetation im Naturschutzgebiet Schäferhaus zwischen Wanderweg (rechts) und Weideflächen (links) mit Hasenklee, Rundblättriger Glockenblume, Schafgarbe, Sand-Thymian, Augentrost, Skabiose, Hopfenklee, Sauerampfer und Rainfarn. Leider sehen Wegränder in Pferdehaltungen zumeist anders aus.
Foto: Vanselow

Die auf den Wegen gerne angewendete Übersandung der natürlichen Böden schafft ein anderes Ökosystem. Anschaulich wird das an empfindlichen Standorten. Früher wurden viele entwässerte Moore übersandet, um sie landwirtschaftlich besser nutzen zu können. Das Ökosystem Moor war damit zerstört.

Grün nur noch zur Deko: Laufställe sind trotz des großen Bewegungsraums Massentierhaltungen, denn bei gleicher Grundfläche können weit mehr Pferde gehalten werden, als es auf Grasland möglich wäre. Foto: Fersing

Die Anlage von Bewegungslaufställen ist ein massiver Eingriff in den Standort. Die Argumentation, dass die Schaffung von Infrastruktur im Gegenzug die verkleinerten Grasflächen ökologisch aufwerten würde, bleibt zumeist ein frommer Wunsch oder ist eine freche Schutzbehauptung. Ohne Verständnis für den Organismus Grasland gelingt es Tierhaltern erfahrungsgemäß nicht, dieses Ökosystem aufzuwerten. Häufiger kann man die fortschreitende Verschlechterung seines Zustandes beobachten. Das gilt insbesondere dann, wenn die Tierhalter unbelehrbar die Anzahl der Pferde pro Fläche steigern.

Bewegungslaufställe sind bei zunehmender Graslandverknappung die intensivste Form einer Massentierhaltung bei größtmöglicher Vermeidung von Aggression, verursacht durch die ständige Unterschreitung der Individualdistanz bei für die Fläche eigentlich zu hohen Tierzahlen.

Bewegungslaufställe sind bei zunehmender Graslandverknappung die intensivste Form einer Massentierhaltung bei größtmöglicher Vermeidung von Aggression

So wundert es nicht, dass ein in Deutschland besonders verbreitetes Haltungssystem direkt aus der Schweinemast auf Sportpferde übertragen wurde: Der Bewegungslaufstall ist in der Schweinemast die dem Tierschutz geschuldete Reaktion auf die Forderung nach Gruppenhaltung und Bewegungs- beziehungsweise Beschäftigungsmöglichkeiten für die intelligenten Tiere bei größter möglicher Reduktion der Haltungsfläche (Massentierhaltung).

Die Übertragung auf Sportpferde zeigt, wie weit fortgeschritten die Graslandverknappung bereits ist. Extensive, artenreiche und weitläufige Flächen stehen Pferden fast nur noch im Naturschutz zur Verfügung. Alle anderen Flächen wurden mehr oder weniger intensiviert für die Hochleistungs-Rinderhaltung. Pferde zeigen sowohl auf stark überweideten Flächen als auch auf üppigen modernen Rinderweiden oft gesundheitliche Probleme.

Verunsicherung durch Umweltänderung

Die Luzerne, der traditionelle Ersatz der Ration aus Heu und Hafer, erfreut sich in Pferdehaltungen heute großer Nachfrage. Sogar Islandpferde werden inzwischen mit Luzerne gefüttert.

Verständlicherweise taucht daher unter Pferdehaltern die Frage auf, ob Pferde denn überhaupt Grasfresser seien, da man sie ja nicht mehr aufs Gras lassen könne, wenn sie gesund bleiben sollen (Rühl 2016). Doch tatsächlich sind Pferde – nachweislich – Grasfresser (Burnik Sturm et al. 2016). Es führt also kein Weg daran

vorbei, sich genauer anzuschauen, was es im Grasland für Veränderungen gegeben hat, will man diesen scheinbaren Widerspruch verstehen.
Auch die Herkunft der Pferde muss betrachtet werden. In der Lehre moderner Pferdehaltung wird immer wieder behauptet, das Pferd sei „ein Steppentier" (KARP 2004, BUNDESVERBAND DER LANDWIRTSCHAFTLICHEN BERUFSGENOSSENSCHAFTEN 2001, VON BORSTEL ET AL. 2003). Kaum ein Pferdehalter weiß jedoch, was Steppe überhaupt für eine Landschaft ist. Steppe ist ein Lebensraum, der von Natur aus nicht baumfähig ist, wo also aufgrund eines Mangels an flüssigem Wasser durch monatelange Trockenheit oder Frost kein Baum langfristig gedeihen kann (VANSELOW 2005a). Steppengräser wie das die ungarische Puszta ursprünglich dominierende Federgras (*Stipa*) entsprechen keineswegs den Vorstellungen deutscher Pferdehalter von einem Futtergras (KARP 2004, POSCH 2014, WACKERMANN 2016). Tatsächlich stellen sich heutige Pferdehalter eine Steppe oft als so etwas wie eine sattgrüne Weidelgras-Monokultur vor (VANSELOW 2002b).

„Das" Hauspferd gibt es nicht

Was ist denn nun tatsächlich eine gute oder gar naturnahe Nahrungsgrundlage für unsere Hauspferde? Um zu verstehen, was für vielfältige Bedürfnisse unterschiedliche Pferde haben, muss man ihre Herkunft kennen. Denn: *Das* Hauspferd gibt es nicht. Pferde sind extrem unterschiedlich. Genetische Untersuchungen der Pferde

Das Naturschutzreservat Cantera de Yeso, eine Gipskarststeppe in Andalusien. *Foto: Vanselow*

zeigen, dass über 70 Mutterlinien den Grundstock unserer Hauspferde bildeten. Sie stammten aus ganz unterschiedlichen geographischen Regionen und waren schon vor der Domestikation durch den Menschen genetisch verschieden (Jansen et al. 2002, Warmuth et al. 2012, Orlando et al. 2013). Hauspferde der Botai-Kultur bildeten den Grundstock heutiger Przewalskipferde, die demnach keine Wild-, sondern verwilderte frühe Hauspferde sind (Gaunitz et al. 2018). Was für ausgestorbene wilde Pferde die Basis dieser frühen und der kaum mit ihnen verwandten heutigen Pferderassen waren, ist unbekannt (Gaunitz et al. 2018).

Und wo lebten diese Vorfahren unserer Pferde? Europa war zu allen Warm- und Kaltzeiten des Quartärs, also der Zeit, in der wir heute leben, von Pferden bevölkert (Franzen 2007). In den Eis- und Warmzeiten fanden die Pferde keineswegs nur Steppen vor (Bunzel-Drüke et al. 1994). Ein Mosaik unterschiedlichster Strukturen in einer großräumigen Fraß-Savanne bildete, wie wir noch sehen werden, die Nahrungsgrundlage einer artenreichen Fauna, die in ihrer Vielfalt der Lebensformen an Afrika erinnert (Mega-Herbivoren-Theorie; Bunzel-Drüke et al. 2008, Bunzel-Drüke et al. 2015).

Im Detail das im Cantera de Yeso unter dem Flechtenteppich bodenbildende Marienglas. Foto: Vanselow

Nahaufnahme der Vegetation im Cantera de Yeso. Foto: Vanselow

Kräuter- und gehölzfreie Monokulturen aus Hochleistungsgräsern für Milchvieh werden unseren Pferden also nicht gerecht. Strukturreiche, artenreiche Standweiden sind jedoch in vielen Bereichen Deutschlands fast vollständig verschwunden – und damit auch die naturnahe Pferdehaltung unserer Vorfahren.

Zwei Beispiele für den von uns kaum wahrgenommenen Artenschwund in unserer Kulturlandschaft seien genannt: Die Schmetterlingsfauna von England zeigt im Zeitraum zwischen 1976 und 2014 einen Rückgang in Vorkommen und Häufigkeit von Schmetterlingsarten von 76 Prozent (Fox et al. 2015).

In Deutschland und anderen Ländern wird zusätzlich zum allgemeinen Artenschwund (Hallmann et al. 2017) seit 2012 ein drastisches Insektensterben beobachtet, für das moderne Beizmittel des Saatguts, sogenannte Neonikotinoide, in Verdacht stehen (Goulson 2013, Wenzel 2015, Anonymus 2016, Nabu 2016, Steidle et al. 2016). Kann eine solche Landschaft und das aus ihr gewonnene (Winter-) Futter für unsere Pferde gesund sein?

Was kann der Naturschutz Pferden bieten?

Pferde wurden über Jahrtausende geschätzt für ihre Genügsamkeit

Pferde sind nachweislich Grasfresser (Burnik Sturm et al. 2016). Deutschland ist aufgrund seiner geographischen Lage, seiner Böden und seiner kulturellen Geschichte reich an einer besonderen Vielfalt artenreicher Grasländer. Trotzdem ist Grasland in Deutschland zunehmend bedroht (Becker et al. 2014, BUND RLP 2012, Schöne, F. & J. Degmair 2012). Dafür gibt es viele Gründe.

Artenreiche Aufwüchse aus Wildpflanzen und alten Kulturformen, wie sie auf Naturschutzflächen vorkommen, sind für Hochleistungsrinder nicht geeignet (Briemle et al. 1991). Auch für Hochleistungspferde kommt Naturschutzheu kaum in Frage (Jansson 2015).

Weit über 90 Prozent der in Deutschland gehaltenen Pferde treiben jedoch keinen Hochleistungssport, und Pferde könnten in vielen Fällen zu idealen Partnern des Naturschutzes werden.

Pferde werden in Notzeiten zu Wanderwild. Sie können dann in sehr kurzer Zeit riesige Strecken bewältigen. Dabei nutzen sie wechselnde Futterangebote. Sie können sogar vorübergehend extreme Mangelversorgung überstehen. Gerade diese Eigenschaften machten die Pferde so nützlich bei Kriegen und im Transportwesen. Ohne sie wäre die menschliche Geschichte mit Handel, Kriegen und Völkerwanderungen anders verlaufen. Alexander der Große, die Hunnen oder Dschingis Khan nutzten Pferde. Sie überrannten ganze Landstriche in kürzester Zeit. Dabei führten die Reitervölker teilweise ganze Herden ihrer heimischen Pferde mit sich, um durch regelmäßige Pferdewechsel ohne Überanstrengung der Tiere große Strecken in kurzer Zeit bewältigen zu können. Auf Island ist diese Praxis noch heute üblich.

Im Zweiten Weltkrieg lernten die Deutschen die östlichen Landrassen zu schätzen. Ihre Ausdauer und Anspruchslosigkeit als Kriegspferde im Transportwesen – zum Beispiel Panjepferde – wurden legendär. Die Deutschen entführten die als energische Arbeitstiere begehrten polnischen Koniks aus Vetulanis Zucht bei Kriegsende kurzerhand nach Norddeutschland (Jezierski & Jaworski 2008).

Zwar hat der Mensch das Pferd züchterisch verändert und nach seinen Ansprüchen geformt. Die wichtigsten Eigenschaften wie Ausdauer, Schnelligkeit, Belastbarkeit auch in Extremsituationen oder Flexibilität bei auf der Reise wechselnden Futterrationen brachte das wilde Pferd aber schon mit. Die

Konik Polski-Wallache im Konik-Staatsgestüt Popielno, Polen, in Arbeitsanspannung. *Foto: Vanselow*

Landwirtschaft änderte sich, der Verdauungstrakt der Pferde blieb der gleiche. Der griechische Feldherr Xenophon (ca. 350 v. Chr.) hat ausführliche Anweisungen nicht nur zur Ausbildung, sondern auch zur Ernährung von Kriegspferden hinterlassen, die noch heute erstaunlich aktuell sind.

Das Pferd entwickelte seine grundlegenden Eigenschaften lange vor der züchterischen Formung durch Menschen

Was für Grundfutter brauchen Pferde? Und welche Aufwüchse könnten Pferde zu Partnern des Naturschutzes machen und so für beide Seiten Vorteile bringen?

Grundfutter im Vergleich: Pferd und Rind

Immer mehr Pferdehalter fragen sich, wovon sich frei in der Wildnis lebende Pferde ernähren. Was fressen Wildpferde, was fressen verwilderte Hauspferde und was fraßen die direkten Vorfahren der Pferderassen, die wir heute halten? Sind sie alle Grasfresser? Fressen sie überwiegend oder ausschließlich Gräser oder doch eher Kräuter? Wenn ja, welche? Wie viel Gehölze fressen sie und welche Sträucher und Bäume sind das?

Pferd und Rind teilen sich den gleichen Lebensraum und haben miteinander eine lange gemeinsame Anpassung durchlaufen. Der eine Ernährungstyp kann nicht ohne den anderen betrachtet und verstanden werden. Bei der Suche nach Antworten stößt man vor in die Paläontologie, also die Wissenschaft, die sich mit den Lebewesen und ihrer Umwelt in vergangenen Erdzeitaltern beschäftigt. Der jüngste Zeitabschnitt des Erdzeitalters, in dem wir heute leben, ist das Quartär. Es begann vor ungefähr 2,6 Millionen Jahren und dauert bis heute an. Das Quartär zeichnet sich aus durch den Wechsel von Warm- und Kaltzeiten (Eiszeiten). Über die Entwicklung der Pferde und ihrer nächsten Verwandten in diesem Zeitraum gibt es ein wunderbares Buch mit dem Titel „Die Urpferde der Morgenröte – Ursprung und Evolution der Pferde“, geschrieben von einem der bekanntesten Quartärpaläontologen weltweit, Jens Lorenz Franzen (Franzen 2007).

Bei der Beantwortung der Frage, wovon sich unsere heutigen Pferde ernähren und wie sie sich dabei von Rindern unterscheiden, beruft er sich auf Janis (1976, zitiert in Franzen 2007). Demnach wäre die Vormagenfermentierung (Wiederkäuermägen) der Rinder effektiver als die Enddarmfermentierung (Grimmdarm, Blinddarm) der Pferde. Als Ursache dafür wird angegeben, dass die Zelluloseverdauung beim Pferd im Blinddarm erst hinter dem Dünndarm geschieht. Das Pferd könne demnach diese Nahrungsbestandteile nicht vollständig nutzen und scheide sie über den Dung aus. Trotzdem könne das Pferd im Gegensatz zum Rind auch trockene, zellulosereiche Halme der Gräser verarbeiten, während die Rinder auf saftigere, zelluloseärmere Nahrung angewiesen seien (Franzen 2007). Pferde, Zebras und Esel könnten dadurch Trockensteppen besiedeln, Wiederkäuer nicht.

Franzen (2007) argumentiert weiter, dass bei jungem, noch niedrigem Pflanzenwuchs die Rinder vor allem faserarme und eiweißreiche Blätteranteile zu sich nehmen würden, während sich die Pferde mit einer größeren Menge des faserreicheren und eiweißärmeren Halmanteiles begnügen würden. (Jeder Pferdehalter, der täglich sein Pferd beobachtet, wird hier Einspruch erheben.)

Er schreibt im Weiteren, der Nahrungsbrei würde im Pferd doppelt so schnell ausgeschieden und das Pferd hätte nur 70 Prozent der Effizienz der Zelluloseverdauung im Vergleich zum Wiederkäuer. Laut Franzen (2007) ändere sich bei hohem und dichtem Pflanzenwuchs mit hohem Faser- und niedrigem Eiweißgehalt

dagegen die Situation zugunsten der Pferde. Diese behielten ihre Verdauungseffektivität von Zellulose in etwa bei, während die der Rinder so stark abnähme, dass sie für die Ernährung nicht mehr ausreichen würde. Daher seien Pferdeartige, also Pferde, Zebras, Esel und Halbesel, in Steppen und Halbwüsten gegenüber Wiederkäuern wie Rindern, Hirschen und Antilopen stark begünstigt.

Lange geltende Annahmen der landwirtschaftlichen Lehre über die Ernährung von Pferden und Rindern sind inzwischen überholt

Die Sichtweise der heutigen Landwirtschaft entspricht dem von Franzen (2007) gezeichneten Bild weitgehend. Die landwirtschaftliche Lehre gibt als natürliche Heimat des Grasfressers Rind den Wald an (von Borstel et al. 2001). In Wäldern findet sich Gras überwiegend auf Lichtungen. Statt völlig verdorrter harter Grashalme trockener Gebiete finden sich unter Bäumen zumeist zartere Gräser, die aufgrund der ausgeglichenen Witterung unter den Bäumen auch besser vor Dürre geschützt sind. Folgendes Bild würde sich mit dieser Lehre etwa ergeben: Dem wilden Auerochsen im Bruchwald einer Auenlandschaft, der ruhig durch den sumpfigen Untergrund watet, steht saftiges Grasland zur Verfügung, während der beständig zwischen Wasserloch und Futterplätzen wandernde Steppentarpan mit der Sommerdürre kämpft. Die Futterration der Waldlichtungen wird bei Bedarf ergänzt durch Knospen, Blätter und Zweige der Gehölze, also hochwertige, aber chemisch von der Pflanze gut geschützte Kost.

Wissenschaftliche Theorien im Naturschutz-Praxistest

Im Naturschutz wurde diese landwirtschaftliche Argumentation tatsächlich angeführt, um zu begründen, warum Pferde besser geeignet wären als Rinder, artenarme Massenaufwüchste zu vernichten auf üppigen Wirtschafts-Grasländern, die zur Renaturierung neu übernommen worden waren. Da das Pferd ein schlechter Verwerter sei, fresse es als Dauerfresser den ganzen Tag über und scheide wertvolle Bestandteile ungenutzt aus, während das Rind nur Hochwertiges fresse und ideal verwerte. Dazu müsse das Rind zwischendurch niederliegen und wiederkäuen. Pferde könnten daher viel mehr und schneller überschüssiges Pflanzenmaterial vernichten als Rinder.

Zu der Zeit hatte der Naturschutz mit Pferden noch wenige Erfahrungen gesammelt und wusste noch nichts von Verfettung, Hyperlipidämie oder Hufrehe, speziell bei den Robustpferderassen. Die Erkrankungen blieben nicht aus.

Ich persönlich vermute, dass hier Fakten übersehen oder nicht richtig interpretiert wurden. Jeder Pferdehalter, der sein Tier beobachtet, weiß, dass Pferde tatsächlich sehr selektiv fressende Feinschmecker sind. In einer strohigen, überständigen Wiese kauen sie keineswegs auf alten Halmen herum, sondern nehmen am Grund der Wiese gezielt nur die zartesten, jungen Blättchen und Kräuter auf. Solange keine Not herrscht, wird alles weniger Schmackhafte wenn möglich gnadenlos aussortiert, liegen gelassen und zertreten.

Rinder hingegen sind eigentlich Bakterienfresser. Sie fressen weniger das Gras als vielmehr die Mikroorganismen, die sie mit dem Gras im Pansen füttern. Das Gras dient der Befüllung der Gärkammern, in denen die Symbionten der Wiederkäuer leben. Diese Symbionten und deren Abbauprodukte der Gärsubstrate sind es, die der Wiederkäuer frisst. Mikroorganismen und gut aufgeschlossene Gärprodukte sind jedoch eine sehr eiweißreiche, energiereiche und leicht verdauliche Kost.

Rinder verfügen zusätzlich über ein Stickstoff-Recycling-System im eigenen Körper, den sogenannten ruminohepatischen Kreislauf:

„Der im Zuge der Ammoniumentgiftung in der Leber synthetisierte Harnstoff wird nur zum Teil mit dem Harn ausgeschieden; ein Teil des Harnstoffs gelangt durch Sekretion über die Speicheldrüsen und durch die Pansenwand in die Vormägen und wird damit der Proteinsynthese durch die Pansenflora zugänglich gemacht. Auf Grund der Symbiose mit der den Pansen bewohnenden Mikroflora sind die Wiederkäuer proteinautark; es ist wiederholt gezeigt worden, daß sich die Kühe proteinfrei ernähren lassen" (Zitat aus: SCHLEGEL 1985).

Im Winter steht den Gallowayrindern im Naturschutz überwiegend strohiges Material zur Verfügung. Gallowaybulle im NSG Schäferhaus. Foto: Vanselow

Der Mikrobiologe SCHLEGEL (1985) vertritt daher die Ansicht, die natürlichen Lebensräume der Rinder seien stickstoff- und proteinarme Savannen und Steppen – und stellt damit die gegenteilige Interpretation zu FRANZEN (2007) auf. Praktische Bestätigung bekommt SCHLEGEL (1985) durch die Tatsache, dass man Robustrinder wochen- und notfalls sogar monatelang nur mit Stroh und Wasser ernähren kann. Stroh, also überständiges totes Altgras, ist in Trockengebieten wie den Steppen monatelang die einzige Futtergrundlage der Weidetiere. Jeder erfahrene Gallowayhalter nutzt diese Eigenschaft seiner Tiere im Winter bei Schnee.

STUTZER (1922) stellt ohne Kenntnis des ruminohepatischen Kreislaufs fest: *„Der Harn des Rindviehs hat einen verschiedenen Gehalt an Stickstoff. Bei eiweißreichem Futter steigt er bis auf 16 g Stickstoff, bei eiweißarmem kann er bis auf 6 g sinken."* Bei stickstoffarmer Kost ist der Nährstoffeintrag in empfindliche Naturschutzflächen durch Rinder dank des ruminohepatischen Kreislaufs geringer als durch Pferde.

Inzwischen unterscheidet die Zoologie die großen Weidetiere in Raufutter-Fresser (Grasfresser) und Konzentrat-Fresser (Knospen, Zweige und Blätter von Gehölzen) sowie dazwischen die Intermediär-Typen, die beides fressen. BEHREND (1999) ordnet das Hausrind und seinen Vorfahren, den Auerochsen, als Raufutter-Fresser ein, das Wisent zwischen Raufutter-Fresser und Intermediär-Typ. In der mongolischen Steppe wurden dort wild lebende Przewalskipferde mit dort ebenfalls wild lebenden Halbeseln und Hauspferden der Nomaden verglichen (BURNIK STURM ET AL. 2016). Während beide Pferdetypen eindeutig ganzjährig Grasfresser waren, zeigten die Halbesel (Khulane) einen stark saisonal schwankenden Futterwechsel zwischen Raufutter-Fresser im Sommer zu Intermediär-Typ im Winter.

Unsere Hauspferde stammen nicht von Przewalskipferden ab (GAUNITZ ET AL. 2018). Die Hauspferde der Mongolen könnten möglicherweise eine spezielle Anpassung an die Verhältnisse der Steppe zeigen. Wo also ist unser Hauspferd als Futter-Typ anzusiedeln?

Das Märchen vom Waldpferd

Manche Pferdebox sieht aus, als würde ein Biber in ihr wohnen. Obwohl die Ursache in der Regel im Raufuttermangel zu suchen sein wird, ist die Frage berechtigt, inwieweit Gehölze zum Speiseplan frei lebender Pferde gehören. Tatsächlich wurde dem Vieh früher auch Gehölz gefüttert. Neben Heu wurden Zweige aus grün geschlagenen Niederwäldern (Kratts) getrocknet und als Winterfutter genutzt. Bei der Beweidung der Niederwälder konnten sich die Tiere am frischen Gehölz frei bedienen. Kratts und Obstwiesen stellen somit eine Doppelnutzung der Grünländer dar: Sie dienten als Holz- und Obstlieferanten ebenso wie als Futterfläche für Sommerweide und Winterfutter.

Heute wird aber gerne vergessen, dass Pferde früher extrem wertvoll und relativ selten waren. Sogar Rinder konnten sich die wenigsten Leute leisten. Die Gehölze als Winterfutter dürften viel eher den weit verbreiteten Nutztieren der Bevölkerung gedient haben. Die Kuh des kleinen Mannes war die Ziege, das Schaf der armen Leute war das Kaninchen. Diese Tiere können jedoch durch Gifte und schwer verdauliche Stoffe geschützte Konzentratfutter (Harborne 1995, Howe & Westley 1993) relativ unbeschadet fressen. Pferde sind dagegen dafür bekannt und bei Landwirten verschrien, dass sie ihre vergleichsweise schlechten Entgiftungsmöglichkeiten gezielt durch selektive Ernährung umgehen (Vanselow 2002a).

Die optimal getarnte Herde des Hengstes Osoviec im Bruchwald des Konik-Reservats Popielno. Foto: Vanselow

Polnische Wissenschaftler (Kownacki 1959 und 1962, zitiert in Jezierski & Jaworski 2008) analysierten die Inhaltsstoffe von Fell und Horn der Reservats-Koniks in Popielno, dem größten polnischen Konik-Reservat. Diese Koniks wurden an unterschiedlichen Standorten gehalten, um die Anpassung der Tiere an Böden und Biotopbedingungen zu überprüfen. Dabei zeigte sich, dass die Gruppe, die am bewaldeten Ufer auf morastigem Boden im Bruchwald gehalten wurde, im Vergleich zur Stallgruppe ein Defizit an Mineralstoffen aufwies. Eine verbesserte Mineralversorgung mit Angleichung der Werte an Kalzium, Mangan, Eisen, Aluminium und Silizium brachte die Haltung der Koniks im höher gelegenen Waldgebiet, obwohl sie bei einigen Mineralien – Kalium, Natrium, Magnesium – noch immer im Vergleich zur Stallgruppe im Rückstand waren.

Diese Ergebnisse zeigen, dass Koniks auf eine Haltung im Wald bereits nach einer stammesgeschichtlich sehr kurzen Zeit ungünstige Veränderungen aufweisen. Daher bezweifeln polnische Wissenschaftler (Kownacki 1984, zitiert in Jezierski & Jaworski 2008) Vetulanis Hypothese vom Waldtarpan und stellen in Frage, ob es diesen überhaupt jemals gegeben habe. Koniks meiden eher Walddickicht und halten sich bevorzugt am Waldrand, auf Kahlschlägen, auf Lichtungen, Waldwiesen

beziehungsweise Schneisen und anderen offenen Flächen auf: „*Nach* Kownacki *(1984) sind dies Beweise, die die Hypothese Vetulanis von einem echten Waldtarpan in Frage stellen. Die Tarpane waren nach* Kownacki *(1984) eher Steppentiere, die gelegentlich in Waldgebieten Zuflucht vor dem Menschen suchten*" (Jezierski & Jaworski 2008).
Die vom heutigen Naturschutz vielfach propagierte Mega-Herbivoren-Theorie betrachtet die europäischen Wildpferde vor allem als Bewohner der Fraßsavanne (Bunzel-Drüke et al. 2008, Bunzel-Drüke et al. 2015), in der sich Grasland und Gehölz die Waage halten, ganz so wie in Niederwäldern, Hutewäldern, spanischen Dehesas und beweideten Obstwiesen.

Pferde fressen, was sie finden

Pferde und Rinder besiedeln weltweit gemeinsam Landschaften ganz unterschiedlicher Lebensräume. Dabei gehen sich beide Verdauungstypen aus dem Weg oder ergänzen sich. Das Pferd wählt selektiv, Vergiftungen vermeidend, geeignete Futterbestandteile aus. Damit kann sich das Pferd als Enddarmfermentierer wechselnde Mixturen seiner Futterration leisten. Die Mixtur wird auf ihrem Weg durch den Verdauungstrakt zu einem geeigneten Brei vermischt. Erst am Ende des Verdauungstraktes dient sie der Versorgung der Mikroorganismen in den Gärkammern. Das wiederkäuende Rind benötigt dagegen große Mengen gleichförmigen Futters für seine Symbionten im Pansen gleich am Anfang des Verdauungstraktes. Das Rind kann auf eine Selektion der Futterpflanzen teilweise verzichten: Es überlässt seinen Mikroorganismen im Pansen einen Großteil der Entgiftung.
Pferde und Rinder sind weltweit ähnlich erfolgreich verbreitet wie Rotfüchse. Warum sollten sie weniger anpassungsfähig sein als diese? Macdonald (1993) hat gezeigt, wie flexibel der Rotfuchs seinen Speiseplan und seine Lebensgewohnheiten an völlig unterschiedliche Gegebenheiten anpasst. Israelische Rotfüchse verhalten sich völlig anders und sehen auch anders aus als englische Rotfüchse oder japanische Rotfüchse.
Die Erfahrungen jedes Pferdehalters, auch meine eigenen, sind kaum mit den dargestellten Überlegungen von Franzen (2007) in Einklang zu bringen. Altes strohiges Gras wird in größerer Menge nur als erzwungene Überlebensstrategie gefressen, wenn im Unterwuchs des Graslandes kein zartes Grün vorhanden und eine Abwanderung durch einen Zaun unmöglich gemacht ist. Strohiges Futter ist erst dann begehrt, wenn das Pferd konzentriertes eiweiß- und energiereiches Futter aufgenommen hat und die Rohfaser für das Gleichgewicht im Verdauungstrakt benötigt. Zu viel Stroh führt dagegen durch Verstopfung genauso zur Kolik wie zu hohe Kraftfuttermengen durch Fehlgärungen.
Im polnischen Konik-Reservat mit angeschlossenem Staatsgestüt in Popielno wurden die Fressgewohnheiten der Koniks untersucht (Jezierski & Jaworski 1995). Das Reservat Popielno liegt auf einer Halbinsel und umfasst etwa 1630 Hektar. Nur rund 80 Hektar des Reservats bestehen aus Wiesen und Weiden. Der Rest der Fläche ist Wald, überwiegend aus

Herdenchef Osoviec im Alter von 27 Jahren, Konik-Reservat Popielno. *Foto: Vanselow*

Nadelhölzern. Mehr als 50 Koniks ernährt dieses Reservat nicht. Alle Absetzer werden im Herbst als Gruppe ins Staatsgestüt überführt. Die Winter in Mazury (Masuren) können sehr hart sein mit monatelangem Dauerfrost und einer meterhohen Schneedecke. In dieser Zeit müssen die Reservatskoniks mit reichlich Heu versorgt werden (JEZIERSKI & JAWORSKI 2008).

Die Koniks halten sich 70 Prozent der Grasenzeit auf den Kahlschlägen auf. Dort fressen sie Gräser und Leguminosen. Nur vereinzelt werden andere Kräuter aufgenommen. 27 Prozent der Grasenzeit verbringen die Koniks im Wald. Auch dort fressen sie wiederum fast nur Gräser. Drei Prozent der Grasenzeit verbringen sie schließlich an den Ufern des Sniardwy-Sees (Spirdingsee), wo sie im Wasser junges Schilf und Seebinse fressen.

Die Stuten des Hengstes Osoviec, Konik-Reservat Popielno. Foto: Vanselow

Wie sieht die Futteraufnahme bei anderen wild lebenden Pferden in ihrer ursprünglichen Heimat aus?

„Im mongolischen Hustai Nationalpark kehrten das Wildschaf, die mongolische Gazelle und das Rotwild zurück, nachdem das Przewalski-Pferd wieder ausgewildert war. Die Pferde verwandelten die gleichmäßigen hohen Grasländer in typische, beweidete Mosaik-Grasländer, die für die anderen Pflanzenfresser attraktiv waren. Pferde sind in der Lage, auf nährstoffarmen Gräsern zu überleben, und fressen tote Gräser als einen Hauptanteil an ihrer Diät. Indem sie das tote Grasmaterial vernichten, stimulieren sie den Neuaufwuchs, was Auerochsen und Hirschen das Leben in größerer Anzahl in nährstoffarmen Landschaften ermöglicht. In nährstoffreichen Landschaften reduzieren weidende Hirsche, Bisons und Auerochsen die Mengen an hohen Gräsern und Kräutern auf das, was von den Pferden bevorzugt wird [NIEUWDORP 1998a].

Pferde wandeln und bewahren Grasländer in einem kurz gegrasten Zustand, der von Grasfressern wie Kaninchen und Gänsen bevorzugt wird.

Häufig sind nährstoffreiche Umgebungen saisonal verfügbar und Pferde und andere Weidetiere wandern von reichen Umgebungen im Sommer zu nährstoffarmen im Winter, nutzen also beide Habitattypen. (…)

Pferde lieben es, Pappeln, Weiden, Fichten und Buchen zu entrinden; dadurch lichten sie geschlossene Wälder auf. Wie auch immer, als Nicht-Wiederkäuer können sie die Rinde giftiger Arten wie Holunderbeere oder Traubenkirsche nicht verdauen. Daher lichtet die Kombination von Wiederkäuern und Nicht-Wiederkäuern die Wälder auf und schafft Raum für Offenlandarten wie Gebüsche, Kräuter, Gräser und die dazugehörigen Insekten und Vögel“ (Zitat aus: LINNARTZ & MEISSNER 2014).

Pferde gestalten ihr Weideland

Es hat sich gezeigt, dass auch das Przewalskipferd möglicherweise ein verwildertes Hauspferd ist, das wahrscheinlich nicht optimal an die mongolische Steppe angepasst ist (GAUNITZ ET AL. 2018). Der Ursprung aller heutigen Pferde ist nach wie vor unklar, da es keine echten Wildpferde als Vorfahren mehr gibt (GAUNITZ ET AL. 2018).

Abgestorbenes Altgras, wie es bei uns im Winter oder in Steppen während der Trockenzeit überwiegt, stellt als Alleinfuttermittel langfristig eine Mangelernährung dar. Auf Dauer müssen Pferde dieses Futter durch hochkonzentriertes, zucker- und mineralreiches Proteinfutter, also Zweige, Knospen, Rinde, Speicherwurzeln oder Ähnliches, ergänzen. Die Ernährung von Altgras alleine dient dem reinen Überleben. Wo immer es möglich ist, mästen Pferde sich mit zartem, süßem Gras im Stadium des Schossens.

Dabei stimulieren sie gleichzeitig den Neuaufwuchs der Vegetation. Durch ihr Verhalten gestalten sie ein Mosaik unterschiedlicher Strukturen. Selektives Fressen, intensives Beknabbern besonders schmackhafter Vegetation, Meiden der Kotplätze, Aufscharren von Wälzplätzen und Aufreißen der Vegetation bei wilden Verfolgungsjagden lassen eine extrem strukturreiche und damit artenreiche Fraßsavanne entstehen.

Bei extensiver Mischbeweidung und nicht zu hohen Weidetierdichten bietet die entstehende Wildnis eine große Vielfalt an Futter- und Heilpflanzen, aus denen die Tiere sich die ihnen optimal zusagende Ration selber gestalten.

Konikstute mit ihrem einen Tag alten Fohlen an einem Scharrplatz der Koniks im Naturschutzgebiet Schäferhaus. An der Abbruchkante legen die Pferde den in ungefähr einem Meter Tiefe unter dem ausgewaschenen Sand liegenden dunkleren, mineralreichen Ortstein des Podsolbodens frei. Das Fohlen lernt von der Stute von Geburt an, sich hier gezielt mit Mineralien zu versorgen.

Fotos: Vanselow

Überlebenskünstler Pferd: Extreme Rationen

Wer sich mit Pferdehaltung beschäftigt, der weiß, dass Pferde extreme Überlebenskünstler sind. Dennoch sind einige Rationen und Verhaltensweisen wenig bekannt und so erstaunlich, dass sie hier als Eckpfeiler des Gesamtbildes nicht fehlen sollen. In der Wüste waren Pferde eine unbezahlbare Waffe. Laut Hutten-Czapski (1876) ließ man die Kriegspferde in einigen Teilen der arabischen Wüste niemals grasen, um sie schlank zu halten. Die Ernährung dieser Araber bestand aus Kamelmilch, Gerste und einigen anderen Pflanzen (Hutten-Czapski 1876).

Haflinger zwischen wilden Krokussen auf einer Talweide in Garmisch, Oberbayern. *Foto: Vanselow*

Die verwilderten Hauspferde der Namib Wüste (Greyling 2005) trinken im Durchschnitt nur alle 30 Stunden im Sommer und nur alle 72 Stunden im Winter (Greyling 1994). Das Futter der Wüstenpferde besteht aus Gräsern und Sträuchern. Getrocknete alte Dunghaufen stellen in der Namib eine weitere Futterquelle der Pferde dar (Greyling 1994).

Ganz andere Bedingungen herrschten in der Landwirtschaft in Norwegen. Schäfer (1972) berichtet über die norwegische Literatur zum dort heimischen Fjordpferd, auch als Norweger bekannt. Diese robuste Ponyrasse war demnach äußerst ungünstigen Bedingungen ausgesetzt. Erst zu Beginn des 20. Jahrhunderts wurde man dort auf den Wert dieser Tiere für die heimische Landwirtschaft aufmerksam. Damals erreichten die Tiere laut Schäfer (1972) nur Widerristhöhen zwischen 110 und 130 Zentimeter. Diese Mangelexemplare glichen damit eher Islandpferden und großen Shetlandponys. Der Staat unterrichtete daraufhin die Bauern in der Pferdezucht und ließ die Fütterung intensivieren. Die verordnete Ration für die Pferde bestand aus Hafer, anderen Getreiden und Eiweißkonzentraten wie Fischmehl. Damit gelang es, die Fjordpferde auf ihre heute üblichen Maße von 140 Zentimeter Widerristhöhe sowie zu kräftigeren Formen zu bringen (Schäfer 1972). Nur das Vestland war so arm, dass seine Fjordpferde die Höhe von 130 Zentimeter nicht überschreiten konnten.

In Deutschland war Getreidebau noch zu Beginn der 1950er Jahre in vielen Gegenden mit Mooren, Sümpfen und Bergland nicht möglich. Hier mangelte es an Stroh als Einstreu. Als Alternative nutzte man Streuwiesen aus Wildgräsern auf sumpfigem Untergrund. Sie wurden im Herbst oder bei Frost im Winter als Einstreu gemäht. Kam es im Winter zur Heuknappheit, dann mussten insbesondere die Jungpferde der dortigen Haflinger und Süddeutschen Kaltblutpferde mit dieser minderwertigen Einstreu als Heuersatz überleben (Vogel & Schott 1953). Gerade die Arbeitspferde aus Oberbayern galten aber als besonders gesund und belastbar. Diese Haflinger und Süddeutschen Kaltblüter waren aufgrund ihrer Härte sehr

begehrt, weshalb ihre Aufzuchtbedingungen untersucht und von Vogel & Schott 1953 veröffentlicht wurden.
Die Inhaltsstoffe unterschiedlicher Aufwüchse aus Naturschutz und Landwirtschaft für Heu und Einstreu finden sich in Tabelle 5.1 auf Seite 90.

Traditionelles Pferdeheu aus Polen

Notzeiten machen auch heute noch erfinderisch. Der völlig verregnete Sommer 2011 führte zu extremer Heuknappheit in Deutschland, vielerorts auch zur Strohknappheit. Heu- und Strohpreise explodierten, hohe Transportkosten waren kein Hindernis mehr. Das brachte interessante Einblicke in die Heuwerbung im Ausland. So schickte mir eine Kundin aus dem Raum Köln im Winter 2011/2012 Heuproben verschiedener Chargen aus Süd-Polen zu Beurteilung zu. Das Heu wurde, vermittelt durch polnische Mitarbeiter, in einem Pferdebetrieb in ihrer Nachbarschaft verfüttert. Dieses polnische Heu kam aus traditioneller Landwirtschaft und war extrem locker gepresst in sehr kleinen Hochdruckballen bis zehn Kilogramm von hervorragender hygienischer Qualität.
Die erste Charge enthielt den Aufwuchs einer Rotschwingel-Straußgras-Wiese, geerntet als erster Schnitt nach der Blüte mit vielen Kräutern und Ruchgras. Die zweite Charge bestand aus Sauergräsern. Hier war ein Hochseggenried lange vor der Blütenbildung gemäht worden. Der sehr frühe Schnitt dieser harten, kieselsäurereichen Wildgräser im reinen Blattstadium ist notwendig, soll der Aufwuchs als Pferdefutter und nicht als Einstreu dienen. Auch die dritte Charge war deutlich vor der Blütenbildung gemäht worden. Hierbei handelte es sich um einen Land-Reitgras-Bestand (*Calamagrostis epigeios*, Landrohr, Sandrohr).

Bunte, artenreiche Wiese im naturnahen Naturschutzgebiet Schäferhaus. So sieht eine gesunde Futtergrundlage für Pferde aus. *Foto: Vanselow*

Diese traditionellen Heusorten aus dem Osten Europas aus Regionen, die den naturnahen Standorten in Deutschland gleichen, zeigen eindrücklich, wie weit wir in Deutschland mit unseren Weidelgras-lastigen Futterflächen von ursprünglichen Grasländern entfernt sind. Was für polnische Kleinbauern gewöhnliches Heu ist, erweckt bei deutschen Pferdehaltern heutzutage Argwohn. Wer nur Fast Food kennt, für den erscheint ein Butterbrot ungenießbar, ja, vielleicht gar gesundheitsschädlich.

Kapitel 2

Diese lebensgroße Holzsilhouette eines Europäischen Waldelefanten macht den Besucher des an der deutsch-dänischen Grenze gelegenen NSG Schäferhaus darauf aufmerksam, wer ursprünglich diese Weidelandschaft prägte. Ein Stoßzahn dieses größten Elefanten, der je unseren Planeten bevölkerte, wurde in einer Kiesgrube etwa vier Kilometer von Schäferhaus entfernt gefunden. Foto: Vanselow

Von der Fraßsavanne zur Kulturlandschaft

Warum lohnt es sich, einen Blick zurück zu werfen in längst vergangene Zeiten? Sollten wir nicht nach vorne schauen und die Probleme der Zukunft lösen wie Überbevölkerung, Nahrungsverknappung und Flächenverknappung?

Ja, das sollten wir. Aber die Pferde zeigen uns, dass es möglicherweise Themen gibt, die wir noch nicht vollständig verstehen. Manches Mal kann man die Gegenwart nur aus einem anderen Blickwinkel verstehen: Nur wer das Vergangene kennt, versteht die Gegenwart und sieht einen Weg in die Zukunft. Um also das Hier und Jetzt zu begreifen und Wege zu finden, müssen wir uns unserer Vergangenheit bewusst sein.

Spannend ist es, Pferde in unterschiedlichen Weidesystemen zu beobachten und zu sehen, wo und auf welcher Weide sie sich am wohlsten fühlen. Sicherlich bevorzugen Pferde nicht die abgenagte Trampelkoppel ohne Unterstand. Auch die fette Monokultur aus Wirtschaftsgräsern wird ihnen langfristig monoton. Sie benagen dann auffällig gerne Gehölze oder stürzen sich auf naturnahe Wildkräuter und Wildgräser an Wegrändern. Wenige Pferdehalter haben heute noch die Gelegenheit, Hauspferde auf artenreichen, naturnahen Standweiden mit Verbuschung, Schirmbäumen und Kleinstgewässern zu halten.

Wer hier die Pferde beobachtet, kann sehen, dass es den Tieren an nichts fehlt. Schirmbäume spenden Schatten und bieten Witterungsschutz. Das Dorngestrüpp ist ein idealer Kratzpfosten. Ist es groß genug, dann können sich Weidetiere in der Mittagshitze darin wie in einer Höhle vor den Bremsen verkriechen. Büsche bieten als natürliche Raumteiler Sichtschutz und helfen so, Spannungen zwischen rivalisierenden Tieren zu vermeiden. Kleine Gewässer wie Tümpel werden liebend gerne als Tränken angenommen. Beweidet wird alles, vom Ufer und kurzen Rasen über Wiesenstrukturen und Stauden bis hin zu Büschen und Bäumen.

Unterschiedliche Böden können als Mineralquelle genutzt werden, Ton und Humus sind hervorragende Giftbindemittel und stabilisieren das Gleichgewicht der Darmflora. Verrottendes Holz mitsamt eiweißreichen Insektenlarven wird auch nicht verschmäht. Löcher werden gebuddelt, um sich darin zu wälzen. Tierpfade werden in optimalem Abstand zu höherer Vegetation angelegt – denn hinter jedem Strauch und jeder höheren Staude könnte ein Raubtier lauern, auf jedem Baum eine Großkatze verborgen sein. Mit anderen Worten: Hier ist alles vorhanden, was die Natur für ein großes Weidetier der Savanne vorgesehen hat. In einer solchen Umgebung fühlen Pferde sich sichtlich wohl und zu Hause.

Natürliches Grasland bis zur Zeit der Jäger und Sammler

Tatsächlich entspricht eine solche extensive Standweide am ehesten der europäischen Fraß-Savanne, die laut der Mega-Herbivoren-Theorie – also der Riesen-Pflanzenfresser-Theorie, die den Einfluss großer Pflanzenfresser auf die Landschaft erklärt – ursprünglich weite Teile Europas als lichter Urwald bedeckte. Das Verhalten unserer Haustiere ist genetisch an eine solche Umgebung optimal angepasst und verlangt nach einer entsprechenden Haltungsform, sollen die Tiere sich wohl fühlen. Bekannte Maler wie Caspar David Friedrich hielten diese naturnahe Kulturlandschaft in ihren Bildern fest (siehe Seite 12).

Mit Haustieren beweidete Wälder wie Hutewälder, Kratts, Korbweidenpflanzungen und beweidete Obstwiesen waren lange Zeit nichts anderes als die gesteuerte Mehrzwecknutzung des Systems Savanne.

Gezielt wurden Vogelschutzgehölze in das Weideland eingefügt, um die nützlichen Vögel als Schädlingsbekämpfer zu integrieren. Die Gehölze dienten nicht nur als Ansitz, Versteck und Nistplatz, sondern mit ihren Früchten auch der Ernährung der Vögel. Stare und Meisen tilgen Blutsauger und Schadinsekten, in Korbweiden und alten Obstbäumen nistende Eulen die Mäuse. Nicht nur die Weideflächen sollten von diesen Helfern profitieren, auch die Äcker benötigten den Schutz vor Insektenplagen und Nagern. Nebenbei dienten die vielfältigen Strukturen auch Fledermäusen, Igeln oder Mardern als Unterschlupf. Marder und Wiesel sind weit bessere Ratten- und Mäusejäger als Katzen. Die Nager und ihre Flöhe spielten bei der Verbreitung von Seuchen wie der Pest in der Vergangenheit eine wichtige Rolle. Geier und Adler schließlich beseitigen alle gefährlichen Leichen in der Landschaft. Sie sind dabei aufgrund ihrer Verdauung zwar unempfindlich gegen Seuchen wie Tollwut, Geier und Adler können durch landwirtschaftliche Pestizide und Medikamente in Kadavern jedoch schweren Schaden nehmen.

Tierpfade der Weidetiere in Schäferhaus und ein Scharrplatz der Gallowayrinder zur Körperpflege. Hier kreuzen sich die Wege in verschiedene Weidegebiete. Foto aus Vanselow 2016

Mäuseschwanz im zertretenen Eingangsbereich einer Pferdeweide. Dieses winzige, seltene Hahnenfußgewächs ist auf genau diesen Lebensraum optimal angepasst. Foto: Vanselow

Die Landschaft wird von ihren Gärtnern angelegt

Beweidetes Grasland mit Tümpel unter Weidengestrüpp in Schäferhaus. Foto aus VANSELOW 2016

Wie entsteht eine vielgestaltige Weidelandschaft? Zum einen wird sie durch eine Vielzahl unterschiedlichster hungriger Mäuler geschaffen (BUNZEL-DRÜKE ET AL. 2008, BUNZEL-DRÜKE ET AL. 2015). Bevor Europa vom modernen Menschen erobert wurde, lebten hier Elefanten, Mammute, Nashörner, Riesenhirsche, Elche, Wisente, Auerochsen, Wildpferde, ein europäischer Wildesel, das europäische Flusspferd und andere Tierformen, wie wir sie heute nur noch aus der afrikanischen Savanne kennen. Jede Tierform hat ihren speziellen Speisezettel. Alle zusammen befressen alles, was pflanzlich ist.

Zum anderen wird die Landschaft von ihren Gärtnern angelegt. Solch ein ganz wichtiger Gärtner ist der Eichelhäher. Keineswegs ist er zu dumm, alle seine Vorräte wiederzufinden. Nein, er pflanzt mit seinen Verstecken im Überfluss den europäischen Urwald: Im Schutze von Dorngebüsch vergräbt er Eicheln. Keimende Eichen werden vom Dorngebüsch vor hungrigen Mäulern geschützt. Eichenlaub ist extrem begehrt und schmackhaft. Eichen zeigen ein enormes Ausschlagevermögen nach Fraß. Sie können als heckenähnliches Gebüsch intensivsten Verbiss überstehen, bis endlich ein Trieb es schafft, oberhalb der Mäuler den Stamm eines jungen Baumes zu bilden – ein neuer Schirmbaum entsteht. Die Lebenserwartung einer Eiche

Diese Konikherde in Schäferhaus sucht zur sommerlichen Mittagshitze Schutz unter einer Gehölzgruppe. Foto: Vanselow

Gallowayrinder schaffen sich Wellnessoasen: fressen, scheuern und dazu ein Sandbad nehmen.
Foto aus Vanselow 2016

Junge Eichen sind sehr schmackhaft und brauchen viele Jahre im Zwergwuchs, bis sie den hungrigen Mäulern entwachsen können.
Foto aus Vanselow 2016

Überreste eines nicht mehr genutzten Kratts in Schäferhaus.
Foto: Vanselow

beträgt etwa 500 Jahre. Den europäischen Urwald können wir uns also sehr licht und aus überwiegend Eichen als Schirmbäumen vorstellen, dazwischen beweidete Lichtungen und heckenartige Gebüsche. Dieser Urwald ist dabei nicht statisch, sondern ein dynamisches Mosaik der Strukturen. Wo heute Grasland ist, wächst morgen ein Gebüsch aus einer Geilstelle, in hundert Jahren eine junge Eiche, die in 500 Jahren zusammenbricht und Platz schafft für eine beweidete Lichtung.

Auch andere Tiere spielen eine wichtige Rolle als Gärtner. Vögel fressen bevorzugt rote Beeren, fliegen weiter und lassen an Rastplätzen Kot mit keimfähigen Samen fallen – schon ist neues Gebüsch angepflanzt. Wir kennen das von den Büschen, die unter Zaundrähten keimen. Eichhörnchen pflanzen Haselnüsse an. Ameisen verbreiten viele Samen von Kräutern, zum Beispiel Veilchen. Feldmäuse legen Vorräte aus Samen und Wurzeln an und sorgen so für die Verbreitung ihrer Nahrungspflanzen. Man könnte diese Auflistung unendlich fortführen. Alle Beteiligten dieses Ökosystems spielen ihre ganz individuelle Rolle und tragen so zum Gesamt-Kunstwerk einer polyphonen, improvisierten Inszenierung bei.

Das Resultat der Inszenierung ist ein lichter, extrem artenreicher und strukturreicher Urwald – die europäische Fraß-Savanne. Die wissenschaftliche Theorie, die alles zusammenfasst, ist die Mega-Herbivoren-Theorie, also die Theorie von den Riesen-Pflanzenfressern, die durch ihr Verhalten ihre eigene Umgebung schaffen.

Im dünn besiedelten Schweden ist die Viehhaltung im Wald nicht verboten. Vollbluttraber im Auslauf unter Fichten und Kiefern.

Trennung von Wald und Weide – das Ende der Fraßsavanne

Erst im Zuge des anhaltenden Bevölkerungswachstums und einer damit verbundenen gnadenlosen Überweidung der Wälder kam es vor etwa 200 Jahren per Gesetz zur Trennung von Wald und Weideland, um die Wälder zu schützen, und zur Intensivierung der bis dahin extensiven Landwirtschaft. War zuvor alles beweidet worden, so wurde nun der Wald der Beweidung entzogen.

Neben einer zunehmend ausgeräumten, produktiven Graslandschaft entstanden deshalb parallel dazu forstlich genutzte Hallenwälder – die ehemals naturnahe savannenartige Kulturlandschaft verwandelte sich.

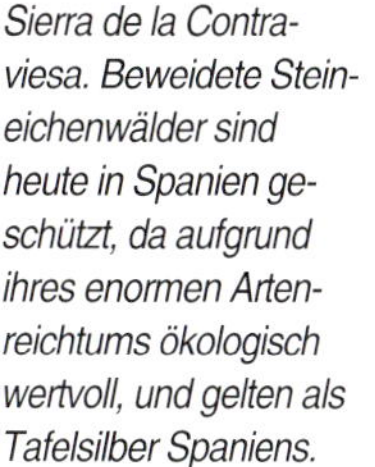

Naturnah beweideter Steineichenwald in der Sierra de la Contraviesa. Beweidete Steineichenwälder sind heute in Spanien geschützt, da aufgrund ihres enormen Artenreichtums ökologisch wertvoll, und gelten als Tafelsilber Spaniens.

Moderner artenarmer Buchen-Hallenwald zur forstlichen Nutzung.

Ackerland im Winter nach Rapsanbau. Der vordere Bereich wurde nach Auflaufen der Samen totgespritzt und liegt brach. Hinten wurde als Zwischenfrucht Ackergras eingesät als Schafweide im Winter.

Fotos (4): Vanselow

Wirtschaftsgräser vergangener Jahrhunderte

Wird je nach Grasart angepasst gemäht, ergibt sich oft wertvolles Futter aus Arten, die heute als Ungräser gelten

Die Bewertung von Futtergräsern unterliegt sehr starken Schwankungen. Durch die Umstellung von Sichel und Sense auf maschinellen Schnitt änderten sich die Ansprüche an die Vegetation. Laut WEBER (1909b) trug die Rasenschmiele (*Deschampsia caespitosa*) früher den Namen „De groot Meddel", was auf Plattdeutsch etwa „das große Futter" bedeutet. Rasenschmiele wird früh hart. Sie muss laut Weber vor dem Rispenschieben geschnitten werden. Später geschnitten, dient sie höchstens noch als minderwertige Einstreu. Heute wird die Rasenschmiele als das Ungras schlechthin angesehen. Die harten Horste dieses Grases stellen für Mähmaschinen, auch im Pferdezug, ein ernstes mechanisches Problem dar. Doch ist diese einseitige Bewertung berechtigt? Verschmielte Flächen sind für (Robust-) Pferde durchaus als Weide geeignet. Pferde fressen junge Rasenschmiele gerne. Sie reißen dabei oftmals die festen Horste mitsamt ihren Wurzeln aus dem Boden. Beweidung mit Pferden drängt daher dieses Gras zurück. Auf weichem Boden bieten die harten Horste den Hufen Halt. Im Schutz intensiv beweideter Horste können bodenbrütende Vögel wie der Kiebitz erfolgreich ihre Küken aufziehen.

Das Rote Straußgras (*Agrostis capillaris*) wurde laut LEHRKE (1888) als „Kleine Meddel" bezeichnet, also das kleinwüchsige Futtergras. Dieses dichte, kleinwüchsige Gras wird heute in speziellen Zuchtformen auf Golfgreens und Zierrasen verwendet. Es ist ausgesprochen tolerant gegenüber unterschiedlichsten Böden und Witterungsbedingungen und profitiert von intensivster Beweidung, die seine Konkurrenz, die höherwüchsigen Gräser und Kräuter, beseitigt.

Weitere Gräser werden in alter Literatur als Meddel bezeichnet. So verstand man unter dem „Witten Meddel", also dem weißen Futtergras, das Wollige Honiggras (*Holcus lanatus*). Honiggraswiesen entstehen, wenn spät gemäht oder wenig beweidet wird und dieses anspruchslose, früh samende Allerweltsgras seine Samen auf der Wiese ausstreut. Honiggraswiesen waren früher sehr weit verbreitet.

Schließlich wurde im Ostfriesischen der Windhalm (*Apera spica-venti*) als Meddel bezeichnet, möglichweise herrührend aus Zeiten der Dreifelderwirtschaft. Man ließ Acker-Brachen sich selber begrünen und nutzte sie als Weideland für das Vieh. Sicherlich stand überwiegend der einjährige Windhalm auf diesen Brachen. Mehrjährige Gräser stellen sich erst im Laufe einer Dauernutzung der Brache als Weide oder Wiese ein.

Extensiv genutzte Honiggraswiesen, hier in der Gräserblüte mit samendem Löwenzahn, können ideale Pferdeweiden sein. Foto: Vanselow

Bewertung der Wiesenpflanzen durch Thaer

Der Vater der modernen Landwirtschaft, Albrecht Daniel Thaer, nahm eine heute aufschlussreiche Einteilung des Wertes von Wiesenpflanzen vor (THAER 1810): Unter vorzüglichen Wiesenpflanzen (Wiesenpflanzen erster Art) verstand er wüchsige Gräser nährstoffreicher beziehungsweise feuchter Standorte, namentlich Wiesen-Fuchsschwanz (*Alopecurus pratensis*), Einjähriges Rispengras (*Poa annua*), Wiesen-Rispengras (*P. pratensis*), Gewöhnliches Rispengras (*P. trivialis*), Wiesen-Schwingel (*Festuca pratensis*), Flutenden Schwaden (*Glyceria fluitans*), Wasser-Schwaden (*G. maxima*), Knäuelgras (*Dactylis glomerata*), Kammgras (*Cynosurus cristatus*), Wiesen-Lieschgras (*Phleum pratense*), Goldhafer (*Trisetum flavescens*) und Glatthafer (*Arrhenaterum elatius*). Ebenso zählte er bei den Kräutern vor allem verschiedene Schmetterlingsblütler, also Wiesenklee (*Trifolium pratense*), Weißklee (*T. repens*), Feldklee (*T. campestre*), Goldklee (*T. aureum*), Echter Steinklee (*Melilotus officinalis*), Gemeiner Hornklee (*Lotus corniculatus*), Wiesen-Platterbse (*Lathyrus pratensis*), Vogelwicke (*Vicia cracca*), Zaunwicke (*Vicia sepium*), Hopfenklee (*Medicago lupulina*) sowie Schafgarbe (*Achillea millefolium*) und Wiesenkümmel (*Carum carvi*) in diese Kategorie. Da der Kümmel (Wild-) Schweine anziehen kann, versuchte man ihn teilweise auch loszuwerden.

Als minder erheblich, jedoch gut (Wiesenpflanzen zweiter Art) stufte Thaer neben Deutschem Weidelgras (*Lolium perenne*) den Echten Schafschwingel (*Festuca ovina*) und Falschen Schaf-Schwingel (*Festuca valesiaca subsp. parviflora*), andere Gräser wie Zittergras (*Briza media*), Wolliges Honiggras (*Holcus lanatus*, „Wolliges Rossgras"), Ruchgras (*Anthoxantum odoratum*), Rasenschmiele (*Deschampsia caespitosa*), Flaumhafer (*Helictotrichon pubescens*), Echten Wiesenhafer (*Helictotrichon pratense*), Knolliges Lieschgras (*Phleum nodosum*), Hunds-Straußgras (*Agrostis canina*), Behaarte Trespe (*Bromus hordeaceus*), Geknieter Fuchsschwanz (*Alopecurus geniculatus*) sowie die Kräuter Alpenklee (*Trifolium alpestre*), Wiesenkerbel (*Anthriscus sylvestris*), Echte Schlüsselblume (*Primula veris*), Scabiosen, Wiesenknöpfe (*Sanguisorba minor, S. officinalis*), Kleine Bibernelle (*Pimpinella saxifraga*), Echtes Tausendgüldenkraut (*Centaurium erythraea*), Wilder Thymian (*Thymus serpyllum*), Kleine Brunelle (*Prunella vulgaris*), Oregano (*Origanum vulgare*, Wilder Majoran) und die Wegeriche (*Plantago lanceolata, P. media, P. major*) ein.

Bernsteinschnecke auf Flatterbinse. Foto: Vanselow

Schließlich stufte Thaer als schlechte beziehungsweise zweifelhafte Wiesenpflanzen Seggen und Binsen ein sowie Schachtelhalme, Hahnenfüße, Klappertopf, Sumpfdotterblume, Ampferarten, Huflattich, Flohknöterich, Rainfarn, Wasserfenchel, Wasserdost, Ackerminze, Sonnentau, Kleines Habichtskraut, Moose und Flechten. Zuletzt zählt Thaer extrem giftige Pflanzen auf.

Neben oft jahrzehntelang durchgehend genutztem Dauergrünland und nur wenige Jahre genutztem Wechselgrünland wurden im Ackerbau auch hochwertige Futterpflanzen angebaut. So wurden bereits im Jahr 1786 von Schubart von Kleefeld die Futterpflanzen Klee und Luzerne eingeführt (BÜRGER 1928).

Wasser für Wachstum – die Hochkultur des Wasserbaus

Zu Thaers Zeiten war Dünger Mangelware. Die Bodenfruchtbarkeit führte man auf organischen Dünger und Humus zurück. Das Gesetz vom Minimum der Nährelemente und deren Wirkung auf Pflanzen wurde gerade erst entdeckt. Eine Möglichkeit, stark wüchsige Pflanzen dennoch zu kultivieren, war die Düngung mit Wasser. Es wurden ausgeklügelte Wässerwiesen angelegt, in denen große, kräftige Gräser für die Mahd oder intensiv nachwachsende kleinere Gräser zur Beweidung wachsen konnten.

Wasser düngt nicht nur, es wärmt auch und schützt vor Frost, wodurch die Weidesaison verlängert werden konnte. Diese Erfahrung war wichtig während der sogenannten „Kleinen Eiszeit“. Diese dauerte von Anfang des 15. Jahrhunderts bis in das 19. Jahrhundert hinein. Die Landwirtschaft reagierte darauf mit ausgeklügelten Wasserbautechniken. Im 19. Jahrhundert hatte die Bewässerungskultur ihren Höhepunkt erreicht.

Besondere Techniken dieser Kunst stellten in Deutschland der „Petersensche Wiesenbau“, das „System Wichulla“ und das „System Krause“ dar (Strecker 1923). Sogenannte „water meadows“ wurden von Spezialisten europaweit angelegt und versprachen bei korrekter baulicher Umsetzung und erfahrener jahreszeitlicher Wasserführung eine extreme Wüchsigkeit (Weber & Vanselow 2011).

Die begehrten Wirtschaftsgräser, die sich auf diesen stark bewässerten Kulturwiesen ansiedelten, waren insbesondere die Schwaden (*Glyceria fluitans* und *G. maxima*), Fuchsschwänze (*Alopecurus geniculatus* und *A. pratensis*), das meterlange oberirdische Ausläufer bildende Flechtstraußgras (*Agrostis stolonifera* – nicht zu verwechseln mit dem unterirdisch kriechenden Fioringras, auch Riesenstraußgras *A. gigantea* genannt) und das Rohrglanzgras (*Phalaris arundinacea*).

Weber (1928b) dokumentierte die Vielzahl der mit dem Rohrglanzgras vergesellschafteten Pflanzen. Dabei bewertete er folgende Gesellschaft der Rohrglanzgraswiesen als gute Nebenbestandteile im Futter: Sumpfplatterbse (*Lathyrus paluster*), Bastardklee (*Trifolium hybridum*), die Gräser der Gruppe Weißer Straußgräser (*Agrostis alba*, heute unterschieden in *A. stolonifera* und *A. gigantea*), Geknieter Fuchsschwanz (*Alopecurus geniculatus*), Sumpfrispengras (*Poa palustris*) und Gemeines Rispengras (*Poa trivialis*).

Auf weniger versumpften Wiesen fand Weber (1928b) zusammen mit dem Rohrglanzgras die Obergräser Wiesen-Schwingel (*Festuca pratensis*), Wiesen-

Gut getarnt fürs Auge sitzt eine Jungfer auf einer Kammgrasblüte.
Foto: Vanselow

Links: Vor und nach der Blüte ist die Rispe des Rohrglanzgrases zusammengezogen. Rechts: Rohrglanzgras in voller Blüte mit ausgebreiteten Rispen, im Vordergrund blühend die kleineren Obergräser Knäuelgras und Wiesen-Fuchsschwanz. Fotos: Vanselow

Lieschgras (*Phleum pratense*), Quecke (*Agropyron repens*) und als Untergräser Wiesen-Rispengras (*Poa pratensis*), Rotschwingel (*Festuca rubra*), Mittleres Straußgras (*Agrostis intermedia*) und Kammgras (*Cynosurus cristatus*).

Als Kräuter fand er daneben Wiesen-Platterbse (*Lathyrus pratensis*), Vogelwicke (*Vicia cracca*), Zaunwicke (*Vicia sepium*) und Hornklee (*Lotus uliginosus* und *L. corniculatus*).

Aus heutiger Sicht mag man sich sowohl über die genutzten Gräser als auch über die starke Bewässerung mit zeitweiser Überstauung wundern. Doch die Situation war eine gänzlich andere: Weiche Böden waren kein Problem, denn es kamen keine schweren Maschinen zum Einsatz. Gemäht wurde zumeist per Hand mit der Sense. Die dokumentierten Erntemengen dieser Wässerwiesen im Vergleich zu anderen Grasländern gaben den überzeugenden Ausschlag (Weber 1909b): Honiggraswiesen und Niederseggenwiesen waren weit verbreitet, doch ihr Ertrag war äußerst dürftig. Niederseggen erbrachten nur eine bis zwei Tonnen pro Hektar und Jahr. Großseggenrieder lieferten teilweise hohe Erträge, mussten aber vor der Blütenbildung für Heu geschnitten werden, um mehr als nur Einstreu zu ergeben. Weber (1928b) befasste sich intensiv mit dem Anbau von Rohrglanzgras (Havel-Mielitz, *Phalaris arundinacea*) mit Erntemengen von bis zu 16 Tonnen Pferde-Heu pro Hektar und Jahr in zwei Schnitten vor der Blüte geschnitten. Der ebenso wüchsige Wasser-Schwaden (Echte Mielitz, *Glyceria maxima*) lieferte vor der Blüte geschnitten entsprechende Erntemengen an wertvollstem Milchvieh-Heu, während der Flutende Schwaden (*Glyceria fluitans*) in Wässerwiesen der Beweidung diente.

Von der Futterpflanze zum Unkraut und Ungras

Viele für Pferde gesunde Futtergräser werden heute als bekämpfungswürdig eingestuft

Eine massive nutzungsbedingte Werteverschiebung hat seither stattgefunden: Einige der von Thaer zur Nutzung empfohlenen Arten werden heute im Wirtschaftsgrünland längst als Ungräser beziehungsweise Schadgräser eingestuft und gezielt bekämpft. Emmerling & Weber (1901) betrachteten die Behaarte Trespe (*Bromus hordeaceus*), die Rasenschmiele (*Deschampsia caespitosa*), das Wollige Honiggras (*Holcus lanatus*) und die Kleine Brunelle (*Prunella vulgaris*) als Ungräser beziehungsweise Unkräuter. Die Deutsche Saatveredelung (2004) sieht die Rasenschmiele (*Deschampsia caespitosa*), das Wollige Honiggras (*Holcus lanatus*) und das Gewöhnliche Rispengras (*Poa trivialis*) als bekämpfungswürdig an. Bereits Emmerling & Weber (1901) stuften tatsächlich von 75 auf norddeutschen Marschweiden gefundenen Pflanzenarten zwei Drittel (46) als Unkräuter ein, die nicht für Saatgutmischungen zu verwenden seien.

Weber betrieb umfangreiche und sehr genaue botanischen Studien, die bis heute den Grundstein des modernen Wirtschaftsgrünlandes bilden. Seine in der Rinder- und Pferdehaltung eingesetzten, bis heute weiterentwickelten Rezepturen dienten laut Emmerling & Weber (1901) der Mast der Weidetiere. Sie bezeichneten diese Grasländer daher als „Fettweiden" – nicht zu verwechseln mit dem Begriff „Fettweide" für wüchsige Grünlandstandorte, der damals in der Schweiz verwendet wurde (Weber 1926).

„Auf der einen Seite hatten wir fette Wiesen, in denen der gemeine Klee mit seinen rötlichen Blumen hoch gewachsen war: Zwischen diesem stuhnden die Scabiosen, die großen Maßlieben, die Wiesensalbei, die Halbermarken, verschiedene Gattungen des Hahnenfußes, viele Gräser, und sonderbar die nützlichen Schmaalen." (Schinz 1775, zitiert in Oppermann & Gujer 2003). In diesem Zitat von 1775 ist die Rede von Wiesenklee, Skabiosen, Margeriten, Wiesensalbei, Hahnenfuß, Wiesenbocksbart und Gräsern, namentlich Schmielen.

C-Falter auf Rotklee (Polygonia c-album).
Foto: Vanselow

Tatsächlich überwogen damals sogenannte „Hungerweiden". Dabei handelte es sich um extensiv betriebene Weideflächen, von denen die Weidetiere im Herbst mager in den Stall kamen und über Winter kostspielig gemästet werden mussten (Schneider 1926). Daher war Grasland für die Mast schon damals eine wirtschaftliche Forderung (Schneider 1926).

Neben sämtlichen Moosen und den Schachtelhalmen lehnten Emmerling

& WEBER (1901) wie bereits THAER (1810) alle Binsen und die oft auf Weideflächen vertretene Behaarte Segge (*Carex hirta*) ab.
Von 21 Süßgräsern lehnten EMMERLING & WEBER (1901) fünf als Ungräser ab, darunter den Rohrschwingel (*Festuca arundinacea*), ein Gras, das heute weltweit von großer wirtschaftlicher Bedeutung ist.
Von den Schmetterlingsblütlern duldeten sie Klee und Luzerne, verwarfen jedoch die Zaunwicke (*Vicia sepium*) und die Wiesen-Platterbse (*Lathyrus pratensis*). Diese Beurteilung änderte Weber später wieder und forderte den Samenbau von Wiesen-Platterbse (*Lathyrus pratensis*), Sumpf-Platterbse (*Lathyrus palustris*), Vogelwicke (*Vicia cracca*) und Zaunwicke (*Vicia sepium*) (BRENCHLEY & WEBER 1926).
Heute ist bekannt, dass es bei hohen Anteilen von Wicken (*Vicia*) und Platterbsen (*Lathyrus*) zu schwersten Viehvergiftungen kommen kann (Lathyrismus, Fabismus, ROTH ET AL.1994). In geringer Menge stellen sie aber nach wie vor ein wertvolles Eiweiß- und Mineralfutter dar und machen das Grasland für die Tiere schmackhaft.
Kräuter werden heute im Wirtschaftsgrünland als Platzräuber für die erwünschten Gräser betrachtet, denn die modernen Erntemaschinen zerschlagen die zarten Strukturen der Kräuter und lassen diese getrocknet als sogenannte Bröckelverluste auf dem Grasland zurück.
EMMERLING & WEBER (1901) lassen von 36 gefundenen Kräutern, die nicht zu den Schmetterlingsblütlern gehören, nur die Schafgarbe (*Achillea millefolium*), den Herbst-Löwenzahn (*Leontodon autumnalis*), Breit- und Spitz-Wegerich (*Plantago major, P. lanceolata*) und den Löwenzahn (*Taraxacum officinalis*) bestehen.

Wiesen-Bocksbart, samend.

Tauben-Skabiose.

Zaun-Wicke.

Margerite zwischen Wiesen-Labkraut.

Fotos (4): Vanselow

Vorbild bis heute: Die staatlichen Hauptgestüte

In der Vergangenheit waren Pferde für die (Land-) Wirtschaft und das Militär als Transportmittel von größter Bedeutung. In Deutschland wurden besonders leistungsfähige Pferde in einigen wenigen vorbildlich betriebenen staatlichen Gestüten, den sogenannten Hauptgestüten, produziert. Diese Hauptgestüte waren in keiner Weise mit den sonst üblichen Pferdehaltungen vergleichbar (Binding 1935). Aufgrund ihrer Wichtigkeit wurden sie mit Finanzen und Arbeitskräften staatlich enorm gefördert. Die damaligen Hauptgestüte gelten noch heute als Vorbild. Die dort entwickelten Standards werden in modernen Pferdehaltungen des 21. Jahrhunderts selten auch nur ansatzweise erreicht.

In den Hauptgestüten handelte es sich bereits zu Beginn des 20. Jahrhunderts um intensivstes Grasland für Leistungspferde

Auch ihre Grünlandwirtschaft war nicht vergleichbar mit der sonst üblichen Landwirtschaft. Es handelte sich in den Hauptgestüten bereits zu Beginn des 20. Jahrhunderts um intensivstes Grasland für Hochleistungspferde.

Weber (1909b, 1928a) favorisierte auf trockeneren Standorten zur Beweidung den schmackhaften „Echten Kriechenden Rotschwingel", den er als *Festuca rubra eurubra genuina planifolia* bezeichnete. Weber (1929) beklagte, dass sein Saatgut in guter, reiner Sorte auf dem Markt kaum zu bekommen war, und züchtete ihn daher seit 1904 formbeständig. Das Vollblutgestüt Altefeld bei Herleshausen (Hessen) erhielt von Weber persönlich dieses Rotschwingel-Saatgut und betrieb nach dessen Anleitung seine eigene Vermehrung (von Oettingen 1921). Weiterhin empfahl Weber das anspruchslose Gewöhnliche Rispengras (*Poa trivialis*) und zur Intensivierung Deutsches Weidelgras (*Lolium perenne*).

Die damals in den Hauptgestüten am besten bewerteten Gräser findet man bei von Oettingen (1921) aufgelistet. Es handelt sich um Wiesen-Rispengras (*Poa pratensis*), Deutsches Weidelgras (*Lolium perenne*), Echten Kriechenden Rotschwingel (*Festuca rubra subsp. rubra*), Kammgras (*Cynosurus cristatus*), Wiesen-Schwingel (*Festuca pratensis*), Wiesen-Lieschgras (*Phleum pratense*), Gewöhnliches Rispengras (*Poa trivialis*), Fioringras (*Agrostis [alba] gigantea*), damals oft nicht unterschieden von Flechtstraußgras (*A. [alba] stolonifera*), dem man ober- und unterirdische Kriechtriebe zuschrieb, sowie Goldhafer (*Trisetum flavescens*) und dazu folgende Leguminosen: Weißklee (*Trifolium repens*), Hopfenklee (*Medicago lupulina*), Gewöhnlicher Hornklee (*Lotus corniculatus*), Luzerne (*Medicago sativa*) und Esparsette (*Onobrychis sativa*). Über den Echten Kriechenden Rotschwingel in der von Weber empfohlenen und rein kultivierten Sorte schreibt von Oettingen (1921), es sei „vielleicht das für Pferde am besten geeignete Weidegras".

Trakehner Zuchtstute aus der Familie der Bergfriede. Die Stammstute Bergfriede wurde 1943 im Hauptgestüt Trakehnen geboren. Foto: Vanselow

Hauptgestüt Altefeld in Hessen

Der Oberinspektor des Preußischen Hauptgestüts Altefeld, A. Bürger, zählte die dort als wertvoll erachteten Gräser auf (Bürger 1928): Deutsches Weidelgras

(*Lolium perenne*), Echter Kriechender Rotschwingel (*Festuca rubra subsp. rubra*), Kammgras (*Cynosurus cristatus*), Wiesen-Rispengras (*Poa pratensis*), Gewöhnliches Rispengras (*Poa trivialis*), die Gruppe der Weißen Straußgräser (*Agrostis alba* – heute unterschieden in Fioringras *Agrostis [alba] gigantea* und *Flechtstraußgras A. [alba] stolonifera*), Wiesen-Schwingel (*Festuca pratensis*), Goldhafer (*Trisetum flavescens*), Schafschwingel (*Festuca ovina*), weniger jedoch Rotes Straußgras (*Agrostis capillaris*). An Kräutern waren erwünscht: Hopfenklee (*Medicago lupulina*), Weißklee (*Trifolium repens*), Gewöhnlicher Hornklee (*Lotus corniculatus*), Luzerne (*Medicago sativa*), Esparsette (*Onobrychis sativa*) und Wiesen-Kümmel (*Carum carvi*).

Bereits 1928 wies Bürger auf den der Intensivierung geschuldeten Rückgang der Kräutervielfalt auf den Altefelder Weiden hin

Bereits damals wies Bürger auf den der Intensivierung geschuldeten Rückgang der Kräutervielfalt auf den Altefelder Weiden hin. Das verwendete Saatgut der Gräser war keineswegs immer regional oder heimisch, sondern wurde oft gekauft und stammte dann meistens aus dem Ausland.

Trakehnen in Ostpreußen

Neben diesen Quellen gibt es Angaben zu den tatsächlich gefundenen Gräsern im ostpreußischen Hauptgestüt Trakehnen, heute Russland, auf unterschiedlichen Böden bei kontinentalem, trockenem Klima mit kalten Wintern (Burmeister in Grothe 1934): In Schlickbodenwiesen fanden sich Wiesen-Fuchsschwanz (*Alopecurus pratensis*), Wiesen-Lieschgras (*Phleum pratense*), Gewöhnliches Rispengras (*Poa trivialis*), Wiesen-Schwingel (*Festuca pratensis*) und Rotschwingel (*Festuca rubra*). In Schlickbodenweiden fanden sich Rotschwingel (*Festuca rubra*), Wiesen-Lieschgras (*Phleum pratense*), Gewöhnliches Rispengras (*Poa trivialis*), Wiesen-Schwingel (*Festuca pratensis*), Fioringras (*Agrostis gigantea*) und Weißklee (*Trifolium repens*) und in den höher gelegenen Weideflächen fanden sich bestandsbildend Rotschwingel (*Festuca rubra*) und Wiesen-Rispengras (*Poa pratensis*).

Trakehnen war in jeder Hinsicht vorbildlich modern und überließ auch das verwendete Saatgut keinerlei Zufall. Dieses Gestüt betrieb seine eigene Saatgutvermehrung. Damit machte es sich unabhängig von nicht standortangepassten Sorten des Handels. Folgende Futterpflanzen wurden in „gut gezüchteten Formen" (Burmeister in Grothe 1934) vermehrt: Wiesen-Rispengras (*Poa pratensis*), Wiesen-Schwingel (*Festuca pratensis*), Wiesen-Lieschgras (*Phleum pratense*), Wiesen-Fuchsschwanz (*Alopecurus pratensis*), Fioringras (*Agrostis gigantea*), Weißklee (*Trifolium repens*) sowie Rohrglanzgras (*Phalaris arundinacea*) und Sumpf-Rispengras (*Poa palustris*) für zeitweise nasse Standorte. Wilder Rotschwingel (*Festuca rubra*) und Gewöhnliches Rispengras (*Poa trivialis*) waren als Saatgut im Boden Trakehnens vorhanden. Sie wurden nicht angesät. Bei dem dort wild vorkommenden Rotschwingel (*Festuca rubra*) handelte es sich um eine harte, schmalblättrige Form. Sie entsprach nicht der von Weber empfohlenen Form des Echten Kriechenden Rotschwingels. Gemeinsam mit dem Gewöhnlichen Rispengras neigte dieser wilde Rotschwingel zu einem erdrückenden, dichten Filz mit Rohhumusbildung. Die Pferde verschmähten diesen Rohhumus-Filz, aber auch den Rotschwingel.

Wollen Pferde Rotschwingel nicht fressen, kann das ein ernst zu nehmender Hinweis sein: Möglicherweise liegt eine Infektion mit giftigen Pilzpartnern, genauer: mit Epichloë festucae, vor

Eine Verweigerung der Pferde, Rotschwingel zu fressen, kann ein ernst zu nehmender Hinweis darauf sein, dass diese Grasbestände infiziert sind mit giftigen Pilzpartnern, genauer mit *Epichloë festucae*. Auf diese interessanten, aber giftigen Gräser-Partner geht das Kapitel 6 ab Seite 102 näher ein.

Heute Nummer eins am Markt: Deutsches Weidelgras

Das in Deutschland im Handel heute am häufigsten verwendete Wirtschaftsgras ist das Deutsche Weidelgras; andere Namen dieses Grases sind Englisches Raigras, Englisches Raygras, Ausdauernder Lolch, *Lolium perenne*. Speziell für die moderne Rinderhaltung ist es in Deutschland unverzichtbar. Und auch die intensive Übernutzung vieler Flächen in der heutigen Pferdehaltung scheint dieses Gras zu verlangen. Doch wie war das in der Vergangenheit? War das Deutsche Weidelgras schon immer mit der Pferdehaltung in Deutschland verbunden?
Interessante Angaben zu dieser Fragestellung finden sich bei WEBER (1909a): *„Der Bestand des englischen Raigrases ist mir indes im Weichselgebiete niemals in jener reinen Form auf alten Dauerweiden begegnet, in der er an der Ems, Weser und Elbe wie in den Nordseemarschen so überaus häufig und in weitester Verbreitung auftritt. Der Grund der Erscheinung scheint mir darin zu liegen, daß sich die Dauerweidenbestände dieses Grases an der Weichsel bereits in der Nähe ihrer klimatischen Grenze befinden. Das englische Raigras kommt infolge des häufigen Anbaus weit hinaus über die Grenze seiner natürlichen horizontalen Verbreitung vor, die in Mittel- und Nordeuropa die Buchengrenze nur wenig zu überschreiten scheint, während sie in der vertikalen Verbreitung in den Alpen unter ihr zurück bleibt. Das Gras hat allem Anscheine nach bereits in Ostpreußen nur eine kurze Lebensdauer und erhält sich vornehmlich durch den Samenausfall eine Zeitlang an demselben Standorte, während es in Norddeutschland, Holland und England, wo es sehr ausgedehnte Bestände bildet, auf den Dauerweiden nur verhältnismäßig selten Gelegenheit zur Samenerzeugung hat, da es vom Vieh beständig kurzgehalten wird. Die Raigrasbestände des Westens werden in der*

Deutsches Weidelgras (Herbarblatt). Foto: Vanselow

Welsches Weidelgras (Herbarblatt). Foto: Vanselow

Florfliege auf Deutschem Weidelgras. Foto: Vanselow

Weidelgras-Monokultur zur Silageproduktion als Zwischenfrucht im Ackerbau. *Foto aus Vanselow 2016*

Weichselniederung meist ersetzt durch die des Wiesenrispengrases und des Rotschwingels, auf schwerem Boden durch die des Wiesenschwingels. [...] Erst nach Abschluß dieser Arbeit habe ich im Sommer 1909 ähnliche, freilich in ihrer Ausdehnung nur recht beschränkte, alte Raigras-Dauerweidenbestände wie in England auf diluvialem Höhenboden Norddeutschlands kennen gelernt, selbst so weit ostwärts wie in Mecklenburg-Strelitz. Es handelte sich allemal um Weiden, die reich mit tierischem Miste oder mit Jauche gedüngt werden. Solche Düngung ist offenbar ein Mittel, das die Verteidigungskraft des englischen Raigrases gegen Mitbewerber auch unter ihm nicht vollkommen zusagenden klimatischen Verhältnissen stärkt. Tierische Düngung wirkt auch meist da mit, wo wir dieses Gras im äußersten Osten auf Wegrändern, auf Hofplätzen und an ähnlichen Orten in größerer Menge antreffen" (Zitat aus: Weber 1909a).

Deutsches Weidelgras bevorzugt intensive Beweidung und viel Dünger – das hält Konkurrenzgräser fern

Die Verbindung zwischen Düngung und dem Vorhandensein von Deutschem Weidelgras hatten Emmerling & Weber (1901) bereits erkannt, als sie feststellten, dass die Weidelgras-Fettweide durch Stickstoff und Phosphor enorm gefördert wird. Das schien dem weltweit ältesten Düngerversuch seit 1843 in Rothamsted (Rothamsted Research, Hertfordshire, England; Langzeitversuch zur Reaktion von Grasland auf Düngung) zu widersprechen, denn Deutsches Weidelgras spielte zu Webers Zeit dort nur eine untergeordnete Rolle (Brenchley & Weber 1926).

Weber führte diesen scheinbaren Widerspruch darauf zurück, dass die Aufwüchse in Rothamsted als Heu geerntet wurden, Deutsches Weidelgras aber intensive Beweidung bevorzugt.

Intensivste Beweidung und ständiges Betreten halten die Konkurrenz des Deutschen Weidelgrases aus Grasland fern. Starke Düngung und viel Regen fördern das Deutsche Weidelgras in seiner Konkurrenzkraft. Die Auskunft, ob Deutsches Weidelgras ein traditionelles Futtergras in Deutschland war beziehungsweise ist, hat Weber (1909b) geliefert, indem er schreibt:

Monokultur von Deutschem Weidelgras als Pferdeweide. Foto: Vanselow

Das Deutsche Weidelgras war ursprünglich keineswegs ein in ganz Deutschland verbreitetes traditionelles Futtergras

„Ich halte es nicht für ausgeschlossen, daß da, wo eine Fernhaltung der Mitbewerber, wie die erwähnte, durch entsprechende Maßregeln dauernd gelingt, oder wo die Verteidigungskraft des englischen Raigrases durch entsprechende wirtschaftliche Maßnahmen dauernd gestärkt wird, oder aber, wofern es gelingt, durch Züchtung widerstandsfähigere, verteidigungskräftigere Rassen des englischen Raigrases zu gewinnen, auch bei uns auf ähnlichem Boden und in ähnlicher Lage wie in England ausgedehnte Dauerweiden mit dem Bestande des englischen Raigrases erhalten werden können. Die Frage dürfte nur die sein, ob der Gewinn mit dem Aufwande an Mühe und Kosten in Einklang stehen wird“ (Zitat aus: Weber 1909b).

Zu Webers Zeit war nach seiner Auskunft (Weber 1909b) Deutsches Weidelgras in Deutschland nur an der Ems, der Weser und der Elbe sowie in den Nordseemarschen in „reiner Form“, also dominante, artenarme Bestände bildend, auf alten Dauerweiden zu finden. Das Deutsche Weidelgras war damit keineswegs ein in ganz Deutschland verbreitetes, traditionelles Futtergras so, wie wir uns das heute vorstellen und wie wir es kennen.

Um zu verstehen, von welchen Mühen und Kosten Weber in diesem Zitat schreibt, muss etwas weiter ausgeholt werden, denn die Entwicklung der Grassamenproduktion und die mit ihr einher gehenden Maßnahmen der Bewirtschaftung spielen hier eine Rolle.

Graszucht – quo vadis?

Die Zuchtziele für Futtergräser waren lange Zeit verringerte Lignin- und Fasergehalte kombiniert mit erhöhten Zucker- und Eiweißgehalten (Baumgartner & Guler 2008, Eckardt 2007). Derartige Gräser sind energiereich und rohfaserarm (Longland & Byrd 2006, Asplin et al. 2007).

In Übersee beschäftigten Gifte in Gräsern die Tierernährung und die Graszucht (Cross 1997, Thompson et al. 2001, Strickland et al. 2011), siehe Kapitel 6. Die Gifte werden dabei zumeist von Pilzpartnern der Gräser hergestellt, die unsichtbar im Inneren des Graskörpers zwischen dessen Zellen leben, ohne die Zellen der Graspflanze zu schädigen. Man nennt Mikroorganismen, die innerhalb einer Pflanze leben, Endophyten, von griechisch 'endo' für innerhalb und 'phyto' für Pflanze. Bei den Partnern unserer wirtschaftlich wichtigsten Gräser handelt es sich um Pilze, die Partnerschaft kann von Parasitose bis hin zu Symbiose alle Formen einnehmen.

Angestrebt werden durch Wirkstoffe der Pilzpartner resistente Futtergräser bei gleichzeitiger Kontrolle der Gehalte an viehtoxischen Wirkstoffen der Endophyten (Finch 2018). Spezielle Zuchtgräser, entwickelt und vermarktet durch Firmen, können sogar extreme Stressstandorte wie beispielsweise giftige Böden nach Versalzung oder massiver Bodenverseuchung besiedeln, benötigen dabei keinen künstlichen Dünger und bieten trotzdem eine sichere Futtergrundlage fürs Vieh – eine Entwicklung, die nicht nur armen Bauern in Indien zugute kommen soll (Rodriguez 2018).

Naturnaher Magerrasen im Naturschutzgebiet Bültsee, bestehend aus Mausohr-Habichtskraut (schwefelgelb), Ruchgras und Feld-Hainsimse auf ärmstem Sandboden. Viele alte Haustierrassen haben sich über Jahrtausende auf derartigen Futtergrundlagen entwickelt. Foto: Vanselow

Heute werden Gräser und ihre wirtschaftlich interessanten symbiontischen Endophyten auch gentechnisch bearbeitet (Vijn & Smeekens 1999, Panaccione et al. 2001, Pollack 2004, Spiering et al. 2005, Vieweg 2006, Hopkins et al. 2007, Wang et al. 2007, Potter et al. 2008).

Spezielle Endophyten für sichere Futtergrundlagen werden entwickelt (Caradus 2018). Wirtsgräser sollen trotz Infektion zum Beispiel mit einem Designer-Endophyten eine optimale Fitness zeigen (Pilar Forte et al. 2018). Auch die Lebensfähigkeit der Pollen soll hoch sein (Zarean et al. 2018). Die Schaffung der angepeilten sogenannten „next generation forage crops“ macht aus Sicht einiger Wissenschaftler ein engineer plant microbiome der gesamten Wurzelsphäre wünschenswert. Derartige Systeme werden gegenwärtig erforscht (Omacini et al. 2018).

Heute werden Gräser und ihre wirtschaftlich interessanten symbiontischen Endophyten auch gentechnisch bearbeitet

Die Pferdehaltung ist nur ein ganz, ganz kleiner Mosaikstein in diesem großen Gefüge. Und doch kommt uns Pferdehaltern vielleicht eine wichtige Rolle zu, denn die Gesundheit von Pferden könnte als empfindlicher Indikator für eine tatsächlich gesunde (Futter-) Umgebung und gesunde Lebensmittel aus Graslandschaften verstanden und für Erkenntnisse genutzt werden.

Kapitel 3

Saatgut im Wandel der Zeit

Wilde Gräser und Kräuter, die offene Flächen besiedelten, standen am Anfang der Gründlandnutzung – vom Menschen gezielt gezüchtetes, spezielles Hochleistungssaatgut für verschiedene Einsatzzwecke ist heute die Norm.

Ursprünglich entwickelte sich Grasland durch Selbstberasung. Darunter versteht man die ungeregelte Besiedlung von Acker-Brachen mit ortstypischen wilden Gräsern und Kräutern. Durch Beweidung oder Schnitt entstand aus solchem Grasland das Dauergrünland als nachhaltig über Jahrzehnte, manchmal über Jahrhunderte ohne Unterbrechung genutzte Wiesen und Weiden.

Über seit Generationen gewachsenes Dauergrünland, damals als „beständige Weiden" bezeichnet, schreibt Thaer (1810):

„... man sieht sie und die in ihnen steckende Kraft als einen von den Voreltern überlieferten und von den Nachkommen aufzubewahrenden Schatz, als ein Heiligthum an, und erkläre Den für einen Verschwender und Frevler, der sich an ihren Umbruch macht, und sich den daraus zu ziehenden Vortheil zueignet. Man schreibt diesen alten Weiden eine bewunderungswürdige nährende Kraft zu, und glaubt, daß sie einmal aufgebrochen, nie wieder in diese Kraft gesetzt werden können, wenn gleich dem Anscheine nach ein ebenso starker Graswuchs erzeugt würde. Das hohe, starke Gras, gibt man zu, könne wieder darauf entstehen, aber das feine, dichte Untergras sey auf keine Weise wieder herzustellen" (Zitat aus: Thaer 1810).

Dauergrünland benötigt kein zusätzliches Saatgut, also Reparatur-, Nach- oder Übersaat

Geschickt zieht das Pony die schmackhaften Samen von den Grashalmen ab. Foto: Fersing

Selbstberasung und Saatgutübertragung

Saatgut von vergleichbaren Spenderflächen bietet die Chance auf optimal an den Standort angepasste Pflanzen

Dauergrünland benötigt kein zusätzliches Saatgut, also Reparatur-, Nach- oder Übersaat, im Gegenteil: Saatgut, das nicht vom Standort selber stammt, ist möglicherweise genetisch an die dort gegebenen Bedingungen nicht optimal angepasst. Entsprechende Beobachtungen hatte bereits THAER (1810) gemacht und stattdessen die Verwendung regionalen Saatguts durch die Übertragung aus geeigneten benachbarten Spenderflächen empfohlen.

Die besten Erfolge erzielte Thaer, indem er den Samen an Ort und Stelle von Wiesen gleicher Natur nahm. Besonders schlechte Ergebnisse wurden dagegen mit Saatgut von Saatguthändlern aus dem Tiefland erzielt. Thaer empfahl daher, für die Anlage von Dauergrünland zuerst eine Spender-Wiese mit vorzüglichem Grasaufwuchs zu suchen, welche die gleiche Grundbeschaffenheit, also insbesondere Humusgehalt und Feuchtigkeit, aufweist wie die Empfängerfläche. Die Spenderfläche ist von jeglichem Unkraut zu reinigen. Diese Samenschule ist zur Stärkung der Gräser zu düngen. Wenn die früh blühenden Gräser reifen, ist die Spenderfläche teilweise zu mähen. Das Mähgut ist möglichst wenig zu verarbeiten und als Heu abzuräumen. Den anderen Teil soll man erst mähen, wenn die spät blühenden Gräser reifen. Dann ist das Mähgut ebenso zu behandeln wie der erste Teil. Das Heu beider Teile ist zu vermengen und in der Dreschtenne auszuschlagen. Mit dieser samenhaltigen Spreu ist die Empfängerfläche anzusäen. Rotklee ist im durch Saatgutübertragung entstandenen Grasland durch frühen Schnitt vor seiner Blüte in Schach zu halten, bis die später erstarkenden Gräser seine Lücken füllen.

Pflanzen im wertvollen Dauergrünland müssen regelmäßig absamen dürfen

Nicht optimal angepasstes Gras wächst nicht nur schlecht, es gerät auch leicht unter Stress. Gestresste Gräser können hohe Fruktangehalte aufweisen. Sie können sich jedoch auch mit giftigen Wirkstoffen schützen (siehe Kapitel 6). Altes Dauergrünland aus standortangepassten Pflanzen ist folgerichtig genetisch äußerst wertvoll, wenn es sich um Pflanzen handelt, die sich über einen langen Zeitraum – Jahrzehnte oder Jahrhunderte – ungestört anpassen konnten. Die Pflanzen im Dauergrünland müssen dazu regelmäßig absamen dürfen. Wenigstens alle drei Jahre muss auf jeder Fläche Samenbildung möglich sein. Schnittnutzung sollte maximal

Artenreiche Wiesen, die der Saatgutübertragung dienen sollen, dürfen blühen und Samen bilden, bevor das Mähgut mitsamt den Samen von der Spenderfläche auf das neue Saatbett gefahren wird. Hier besuchen zwei Schwebfliegen Blüten der Flockenblume (links) und ein Käfer die Blüte der Nelke (Mitte). Rechts: Blühender Wundklee und – gut versteckt – ein Junikäfer unten am Blütenstand.

Fotos: Vanselow

zweimal im Jahr erfolgen. Eine entsprechend extensive Beweidung muss an der Witterung und am Boden orientiert werden.

Im modernen Naturschutz wird auf die von Thaer beschriebene Saatgutübertragung oftmals zurückgegriffen, denn das Bundesnaturschutzgesetz schreibt die Verwendung von Wildsaatgut aus regionaler Herkunft vor, um eine genetische Verfälschung der heimischen Flora zu verhindern. Pflanzen einer Art unterscheiden sich genetisch, wenn sie sich über sehr lange Zeit an spezielle Standorte angepasst haben. Ein Beispiel: Eine Wildpflanze wie das Bergsandglöckchen gleicht äußerlich in Schleswig-Holstein dem aus Bayern vollständig. Es handelt sich jedoch um unterschiedliche Ökotypen einer Art.

Im modernen Naturschutz wird häufig auf die schon von Thaer beschriebene Saatgutübertragung zurückgegriffen

Um Artenvielfalt und spezielle standörtliche Anpassung zu erhalten, experimentiert der Naturschutz seit Langem mit unterschiedlichsten Methoden der Saatgutgewinnung und -übertragung (Kirmer & Tischew 2006).

Heute wird, anders als zu Zeiten Thaers, der Aufwuchs der Spenderfläche gemäht, wenn die überwiegende Zahl der Pflanzen in der Samenreife und im Absamen ist. Statt das Mähgut zu trocknen und zu dreschen, wird es direkt auf einen Miststreuer geladen und sofort zur Empfängerfläche gefahren, wo der Aufwuchs mit dem Miststreuer ausgebracht wird.

Die Erfahrung zeigt, dass die besten Ergebnisse erzielt werden, wenn das Mähgut fünf bis zehn Zentimeter dick ausgebracht wird. Der kompostierende Mulch schafft den Keimlingen ein geeignetes Mikroklima an der Bodenoberfläche und so den günstigsten Schutz vor der Witterung. Der negative Effekt der Beschattung der Samen wird ausgeglichen durch besonders kräftige Keimlinge. Der Mulch bildet die neue Humusschicht des davor bloßen Oberbodens (Kirmer & Tischew 2006).

Ein Gerät, dass viele Pferdehalter zum Mulchen und Abäppeln von Geilstellen kennen, hat sich im Naturschutz in der Saatgutübertragung samenhaltiger Aufwüchse bewährt: ein Multifunktionsgerät zum Mulchen und Aufsammeln. Ein solcher Mulcher nimmt nicht nur den Aufwuchs auf, sondern auch Teile des Oberbodens und darin enthaltene Samen und Wurzeln. Nicht nur für die Kompostierung ist das ideal, da der neu angesetzte Kompost bereits mit Mikroorganismen der Humusschicht beimpft ist, sondern auch für die Mähgutübertragung: Die Maschinen bieten eine optimale Ausbeute an Samen sowie die Übertragung vegetativer Verbreitungsorgane, also von Wurzelresten und anderen Pflanzenteilen, die in neuer Umgebung ausschlagen und wachsen können.

Bei allen Vorteilen haben Mähgutübertragungen auch Nachteile. Selten wird darauf geachtet, ob mit giftigen Endophyten infizierte (Wirtschafts-) Gräser der Gattungen Weidelgras (*Lolium*) und Schwingel (*Festuca*) als Samen oder Pflanzenrest übertragen werden. Für die Pferdegesundheit kann das jedoch entscheidend sein, egal ob das Futter frisch als Gras gefressen oder getrocknet als Heu aufgenommen wird (siehe Kapitel 6).

Der an sich gute Gedanke der Saatgutübertragung kann somit bei mangelnder Umsicht durch möglicherweise eingeschleppte giftige Endophyten auch zur großflächigen Durchseuchung der Landschaft und damit bisher guter Futtergrundlagen führen. Mit stark giftigen Endophyten vergesellschaftete Gräser können sich wie Problempflanzen verhalten, die sich ähnlich invasiven Neophyten auf Kosten anderer Organismen ausbreiten (Bunzel-Drüke et al. 2015, Clay et al. 2005, Gundel et al. 2006, Rudgers et al. 2010).

Saatguthandel im 19. Jahrhundert

Bereits im 19. Jahrhundert wurden Zoll-Statistiken über gehandelte Sämereien geführt (Nobbe 1873). Gehandelt wurden demnach in Deutschland neben Ackerfrüchten auch Kleesamen und „*nicht namentlich aufgeführte Sämereien mit Einschluß von Senf*". Das Ausland, mit dem der Saatguthandel betrieben wurde, bestand aus Österreich, der Schweiz, Frankreich, Holland, Belgien und Russland.

Kleesamen, überwiegend aus Österreich, ging nach Preußen, Bayern und Sachsen. Deutscher Kleesamen wurde an die Schweiz verkauft, nach Belgien, Holland, Hamburg und nach „der Ostsee" (Schleswig-Holstein war 1800 dänisch und ging 1867 an Preußen). Das jährliche Mittel gehandelter Kleesamen in den Jahren 1854 bis 1866 betrug beim Import 5 801 135 Kilogramm, beim Export 7 316 481 Kilogramm.

Ob und wie viel Grassamen in dieser Zeit gehandelt wurden, ist unbekannt. Allerdings wurden namentlich nicht aufgeführte Samen ein- und ausgeführt: jährlich im Mittel 804 705 Kilogramm Import, 1 822 745 Kilogramm Export. Ein großer Anteil dieser nicht aufgeführten Samen bestand dabei aus Senf. Im Jahr 1864 waren das konkret 283 650 Kilogramm Import und 2 611 400 Kilogramm Export.

Mittlerer Klee (rot).

Hopfenklee.

Weißklee.

Luzerne.

Ganz rechts: Hornklee.

Fotos (5): Vanselow

Erste Futterpflanzenzucht und frühe Kultursorten

Die Pflanzenkenntnisse früherer Landwirte waren keineswegs besser als heute: 95 Prozent der Landwirte waren vor 100 Jahren nicht in der Lage, Gräser und Kräuter ihres Grünlandes zu erkennen und also zu wissen, was für Pflanzen sie nutzten und brauchten (NIGGL 1930). Andererseits wird seit 1677 in England als ältestes Kulturgras für den Futterbau das Deutsche Weidelgras (*Lolium perenne*) gezüchtet (LENUWEIT ET AL. 2002). Dem folgt als zweitältestes Kulturgras das Wiesen-Lieschgras (*Phleum pratense*) (VON OETTINGEN 1921).

Zu Beginn des 20. Jahrhunderts forderten verschiedene Fachleute die Zucht der wichtigsten Futterpflanzen aus den am besten an den jeweiligen Standort angepassten Wildpflanzen (VON OETTINGEN 1921, WEBER 1928A und NIGGL 1930). Rund 90 Prozent des in Deutschland benötigten Grassamens und ein großer Teil anderer Futterpflanzensämereien wurden in der Zeit vor dem Ersten Weltkrieg aus dem Ausland eingeführt (NIGGL 1930). Aufgrund der Erfahrungen des Ersten Weltkriegs schien die Unabhängigkeit von Nachbarstaaten und folglich der vollständige Verzicht auf Saatgut aus dem Ausland sinnvoll.

Das Saatgut von Gräsern aus dem Ausland gedieh in Deutschland mit mehr oder weniger Erfolg. VON OETTINGEN (1921) schrieb, dass Deutsches Weidelgras (*Lolium perenne*) besser aus einheimischen als aus englischen oder schottischen Rassen stammen sollte. Die fremden Rassen würden bei uns zu starker Fruchthalmbildung neigen. Beim Wiesenschwingel (*Festuca pratensis*) warnt er vor amerikanischem Saatgut. Dieses litte unter Rost, während dänisches Saatgut gleichwertig der deutschen Saat sei. Weißklee (*Trifolium repens*) empfahl er von deutschen Wildpflanzen zu gewinnen. Bei dem aus Oberitalien stammenden Saatgut von Gewöhnlichem Hornklee (*Lotus corniculatus*) bemängelte VON OETTINGEN (1921) die mangelnde Anpassung an das deutsche Klima. Für den Luzerneanbau (*Medicago sativa*) lobte VON OETTINGEN (1921) die Alt-Fränkische Luzerne als die beste Sorte. Für empfehlenswerte ausländische Luzerne-Saaten hielt er die Sorten aus Ungarn, Italien und Südfrankreich, während er vor amerikanischer und russischer Saat ausdrücklich warnte. Das beste Saatgut der Esparsette (*Onobrychis sativa*) boten laut VON OETTINGEN (1921) die Sorten aus dem Schwarzwald, der Pfalz, dem Breisgau und dem Elsass, empfehlenswertes Saatgut der Esparsette stammte aus Mähren, während er vor Saatgut aus Frankreich warnte.

Gewöhnlicher Hornklee (oben) und Welsches Weidelgras (Italienisches Raygras, unten) wurden schon früh in Kultur genommen und werden heute weltweit angebaut. Fotos: Vanselow

Artenreichtum der Rezepturen für Grasland

Kulturgrasländer wurden schon vor 1900 zu ganz unterschiedlichen Zwecken genutzt und angelegt. In LEHRKE (1888) finden sich Rezepturen für Wechsel- und Dauer-Weiden und -Wiesen, zur Bodenbefestigung an Hängen und Ufern, für Wässerwiesen (zum Beispiel nach dem Petersenschen System, siehe FUCHS 1885), Obstgärten, Park- und Waldweiden. Unter Wechsel-Grünland verstand man Ansaaten, die angelegt wurden, bis der Ertrag nach etwa fünf bis sechs Jahren wegen Kleemüdigkeit, Unkraut oder Schädlingen zurückging und wieder Hackfrucht-Ackerbau betrieben wurde. Bei Wechselweiden handelte es sich also um eine Zwischenfrucht im Ackerbau mit kurzlebigem Grünland (FALKE 1920). In Wechselwiesen zur Heugewinnung durften keine Ausläufer treibenden Pflanzen verwendet werden. Sie hätten im späteren Ackerbau gestört.

Wechselweiden, also im Ackerbau betriebenem Grünland, wurden zehn Prozent Gewürzpflanzen zugesetzt.

Wechselweiden wurden zehn Prozent Gewürzpflanzen zugesetzt. Die Gewürze sollten das Weideland schmackhafter machen (LEHRKE 1888).

Über 80 Pflanzen wurden im Weideland ausgesät

Insgesamt bot LEHRKE (1888) etwa 60 Saatgut-Mischungen, in denen über 80 Pflanzen in unterschiedlichen Zusammensetzungen verwendet wurden:
Schafgarbe (Achillea millefolium), Flecht-Straußgras (*Agrostis alba var. stolonifera*), Riesen-Straußgras (*Fioringras, Agrostis alba var. gigantea*), Rotes Straußgras (*Agrostis capillaris*), Rasenschmiele (*Deschampsia caespitosa*), Drahtschmiele (*Deschampsia flexuosa*), Geknieter Fuchsschwanz (*Alopecurus geniculatus*), Wiesen-Fuchsschwanz (*Alopecurus pratensis*), Ruchgras (*Anthoxantum odoratum*), Wundklee (*Anthyllis vulneraria*), Saat-Hafer (*Avena sativa*), Gewöhnlicher Strandhafer (*Ammophila arenaria*), Fieder-Zwenke (*Brachypodium pinnatum*), Wald-Zwenke (*Brachypodium silvatum*), Zittergras (*Briza media*), Behaarte Trespe (*Bromus hordeaceus*), Quellgras (*Catabrosa aquatica*), Wiesen-Kümmel (*Carum carvi*), Kammgras (*Cynosurus cristatus*), Knäuelgras (*Dactylis glomerata*), Quecke (*Elymus repens*), Rohrschwingel (*Festuca arundinacea*), Falscher Schaf-Schwingel

Rohrglanzgras.

Knick-Fuchsschwanz.

Knaulgras.

Wiesen-Platterbse.

Weißer Steinklee.

Schafgarbe.

(*Festuca valesiaca subsp. parviflora*), Riesen-Schwingel (*Festuca gigantea*), Schaf-Schwingel (*Festuca ovina*), Wiesen-Schwingel (*Festuca pratensis*), Rot-Schwingel (*Festuca rubra*), Flutender Schwaden (*Glyceria fluitans*), Wasser-Schwaden (*Glyceria maxima*), Flaumhafer (*Helictotrichon pubescens*), Echter Wiesenhafer (*Helictotrichon pratense*), Wolliges Honiggras (*Holcus lanatus*), Weiches Honiggras (Moorquecke, *Holcus mollis*), Roggen-Gerste (*Hordeum secalinum*), Gerste (*Hordeum vulgare*), Wiesen-Platterbse (*Lathyrus pratensis*), Deutsches Weidelgras (Englisches Raygras, *Lolium perenne*), Welsches Weidelgras (Italienisches Raygras, *Lolium multiflorum*), Gewöhnlicher Hornklee (*Lotus corniculatus*), Sumpf-Hornklee (*Lotus uliginosus*), Blaue Lupine (*Lupinus angustifolius*), Gelbe Lupine (*Lupinus luteus*), Hopfenklee (*Medicago lupulina*), Bastard-Luzerne (*Medicago x varia*; Bastard aus *Luzerne M. sativa* x Sichelklee *M. falcata*), Luzerne (*Medicago sativa*), Weißer Steinklee (*Melilotus albus*), Saat-Esparsette (*Onobrychis sativa*), Serradella (*Ornithopus sativus*), Rohr-Glanzgras (*Phalaris arundinacea*), Wiesen-Lieschgras (*Phleum pratense*), Schilf (*Phragmites australis*), Kleine Bibernelle (*Pimpinella saxifraga*), Einjähriges Rispengras (*Poa annua*), Platthalm-Rispengras (*Poa compressa*), Bastard-Rispengras (*Poa hybrida*), Hain-Rispengras (*Poa nemoralis*),

Kleiner Wiesenknopf.

Zaun-Wicke.

Vogel-Wicke. Fotos: Vanselow

Sumpf-Rispengras (*Poa palustris*), Wiesen-Rispengras (*Poa pratensis*), Gewöhnliches Rispengras (*Poa trivialis*), Kleiner Wiesenknopf (*Sanguisorba minor*), Roggen (*Secale cereale*), Mohrenhirse (*Sorghum bicolor*), Wilde Mohrenhirse (*Sorghum halepense*), Gold-Klee (*Trifolium aureum*), Feld-Klee (*Trifolium campestre*), Kleiner Klee (*Trifolium dubium*), Erdbeer-Klee (*Trifolium fragiferum*), Bastard-Klee (Schwedenklee, *Trifolium hybridum*), Inkarnat-Klee (*Trifolium incarnatum*), Berg-Klee (*Trifolium montanum*), Wiesen-Klee (Rot-Klee, *Trifolium pratense*), Kriechender Klee (Weiß-Klee, *Trifolium repens*), Purpur-Klee (*Trifolium rubens*), Moor-Klee (*Trifolium spadiceum*), Goldhafer (*Trisetum flavescens*), Dinkel (*Triticum spelta*), Weizen (*Triticum vulgare*), Stechginster (*Ulex europaeus*), Futter-Wicke (*Vicia sativa*), Vogel-Wicke (*Vicia cracca*), Zaun-Wicke (*Vicia sepium*), Zottige Wicke (*Vicia villosa*).

Dauergrasland ist für Ökologen mindestens 30 Jahre altes Grünland – die moderne Landwirtschaft nutzt den Begriff schon für erst fünf Jahre bestehende Grasflächen

Wir sehen, dass damals eine Vielzahl von Pflanzen als nutzbar und erwünscht galt. Ihre Zusammenstellung aus riesigen Tabellen nach groben Vorgaben wie Boden, Nutzung und Wasserverfügbarkeit war aber zu pauschal, zu wenig den tatsächlichen regionalen Gegebenheiten geschuldet. Zudem war das gewünschte Saatgut oft überhaupt nicht im Handel und wenn doch, dann handelte es sich selten um standörtlich angepasste Ökotypen dieser Pflanzen. Das Gießkannenprinzip mit genetisch nicht gut angepassten Pflanzen erbrachte enttäuschende Ergebnisse und setzte sich nicht durch.

Ansprüche an Dauer-Grasland

Schon damals unterschied man Wechsel- und Dauer-Grasland. Im Gegensatz zu den Wechselweiden wurde Dauer-Grünland mindestens für Jahrzehnte angelegt. Die Betonung liegt hier auf Jahrzehnte, da aufgrund unserer modernen Gesetzgebung heute gerne alles, was länger als fünf Jahre nicht umgepflügt wurde, gesetzlich als „Dauergrasland" gilt. Diese aktuelle Umdeutung des Begriffes ist aber alleine den Gesetzen geschuldet und wird dem eigentlichen Sinn des Begriffes nicht gerecht. Während Ökologen auch heute noch einen Zeitraum von mindestens 30 Jahren ansetzen, um von Dauergrasland zu reden, gehen viele moderne Landwirte heutet tatsächlich von fünf Jahren nach der letztmaligen Pflügung aus. Das führt leicht zu Missverständnissen in der Verständigung.
Wo liegen die Unterschiede? Was verstand die Landwirtschaft vor ihrer Auftrennung in die Fächer „Ökologie" und „moderne Landwirtschaft" unter diesen Nutzflächen? Auf Dauer ausgelegte Weiden und Wiesen müssen besondere Eigenschaften aufweisen:

- Ausdauernde Pflanzen, gerne mit Ausläufern und Speicherwurzeln, sind hier erwünscht (Lehrke 1888).
- Bei den Weidepflanzen ist Vertritt- und Verbissfestigkeit erforderlich (Falke 1920). Dies gilt insbesondere für die tief und intensiv verbeißenden Pferde. Der hohe Bewegungsbedarf der Pferde kann trittfeste, rutschfeste Vegetation auf trittfesten Böden erforderlich machen (von Oettingen 1921).
- Weideland soll eine besonders lange Vegetationsperiode aufweisen. Dies minimiert die kostspielige Stallzeit (Lehrke 1888).
- Das Vieh soll das Futter akzeptieren (Emmerling & Weber 1901).
- Bei Mähwiesen wird zudem eine hohe Wüchsigkeit gewünscht (Weber 1909b).

Daumenwerte für die Ansaat

Früher hieß es, man müsse das „gerechte Verhältnis“ der Wiesenpflanzen untereinander und zum Boden treffen (THAER 1810). Unter dem gerechten Verhältnis verstand man das Verhältnis der Ober- zu den Untergräsern sowie der früh blühenden zu den spät blühenden Gräsern. Generationen von Landwirten sammelten Erfahrungen mit Mischungsverhältnissen in Ansaaten, die bis heute wegweisend sind. Anfang des 20. Jahrhunderts finden sich erprobte Mischungsverhältnisse zwischen Ober- und Unter-Gräsern, Leguminosen und anderen Kräutern (LEHRKE 1888, VON OETTINGEN 1921, FRECKMANN 1932).

Gewöhnlicher Hornklee in einem Rasen im Dürresommer 2018. Während das Gras verdorrt ist, bleibt der gut mit Nährstoffen selbstversorgte und intensiv wurzelnde Klee grün und saftig. Foto: Vanselow

Pflanzen und ihre Funktion

Grundsätzlich gilt: Untergräser bilden den Bewuchs der Viehweiden und werden zum Lückenschluss in der Heuwiese eingesetzt, während die Obergräser den Massenaufwuchs der Heuwiesen hervorbringen (LEHRKE 1888).

Die Schmetterlingsblütler – Leguminosen, also Klee, Wicken, Platterbsen, Luzerne und andere – versorgen die Gräser mit Stickstoff (EMMERLING & WEBER 1901) und die Tiere mit Eiweiß und Mineralien (PIRKELMANN 1991). Kräuter dienen als natürliche Apotheke und runden die Mahlzeit ab (VANSELOW 2002a).

Gewürzpflanzen machen die Ration schmackhaft (LEHRKE 1888). Spezielle Kräuter, zum Beispiel sogenannte Akkumulatorpflanzen, können Versorgungslücken durch aus dem Boden angereicherte Mineralstoffe füllen, aber auch zu (Schwermetall-) Vergiftungen führen (ERNST 1974, KINZEL 1982).

Kleearten haben noch heute in Pferdehalterkreisen keinen guten Ruf. Im vorigen Jahrhundert wurden einige Kleearten von Vollblutzüchtern konsequent abgelehnt und bekämpft. Die Araber schätzten die mageren, feinen Pferde der Wüste höher als die wohlgenährten, fettglänzenden Pferde der Oasen und fruchtbaren Böden, während Unkundige die mageren Wüstenpferde verspotteten (Hutten-Czapski 1876). Klee, dem man an den Fettweiden die entscheidende Funktion beimaß, war folgerichtig in Rennpferdegestüten als „Fettfutter" und Mastfutter verpönt. Von Oettingen (1921) schildert, dass am Araber-Gestüt Slavuta des polnischen Fürsten Sangusko in Wolhynien, heute überwiegend Teil der Ukraine, die Kleepflanzen mit der Pinzette aus den Weiden entfernt wurden. Freckmann (1932) lässt jedoch die Ansicht, Leguminosen lieferten ein eiweißreicheres Futter als Gräser, nicht stehen und stellt an Hand von Messungen klar, dass der Schnittzeitpunkt der Gräser entscheidend ist: Das zum Beginn der Blüte bereits ausgesprochen grobe Rohrglanzgras (*Phalaris arundinacea*) entspräche vor dem Schossen geschnitten in seinem Futterwert dem Rotklee (*Trifolium pratense*).

Ansaatempfehlung für Pferdeweiden

Für Pferdeweiden gibt von Oettingen (1921) Anfang des 20. Jahrhunderts an:
Dauerweide: Obergräser zwölf Prozent, Untergräser 68 Prozent, Leguminosen (ohne Luzerne und Esparsette) 20 Prozent. Ohne Leguminosen beträgt somit das Verhältnis 15 Prozent Obergräser zu 85 Prozent Untergräser.
Für Viehweiden gibt Freckmann (1932) an:
Wiese: Obergräser 50 Prozent, Untergräser 30 Prozent, Leguminosen 20 Prozent.
Weide: Obergräser 20 Prozent, Untergräser 60 Prozent, Leguminosen 20 Prozent.
Diese Angaben seien ungefähr zu nehmen.

Schaf im Strandroggen einer Düne im NSG Königshafen auf Sylt. Die großen Wanderdünen des angrenzenden NSG Listland auf Sylt sind vor Jahrhunderten durch massive Überweidung mit Vieh und Übernutzung aller Ressourcen entstanden. Foto: Vanselow

Weiden für Rinder, Schafe und Schweine

Viehweiden wurden und werden in erster Linie für Rinder und Schafe angelegt. Pferde spielten mengenmäßig im Vergleich zu diesen Wiederkäuern kaum eine Rolle. Weltweit hat sich daran nichts geändert, obgleich in Deutschland in manchen Regionen die Pferdehaltung die ursprüngliche Viehhaltung komplett ersetzt hat. Die Mischungen entwickelten sich je nach Boden und Nutzung unterschiedlich, was zu allgemeinen Erfahrungen führte. Auf armen Sandböden konnten sich keine Untergräser halten. Daher wurde empfohlen, gegebenenfalls auf Untergräser in der Ansaat auf Sandboden zu verzichten (Freckmann 1932). Deutlich mehr Untergräser könne man auf humosen, fruchtbaren Böden ansäen. Im Vergleich zu anderem Vieh könnten Pferde im Heu einen geringeren Untergrasanteil haben.
Doch nicht nur Wiederkäuer, auch Schweine und Hühner nutzten früher Weideland und waren in Pferdehaltungen nützliche Ergänzungen (Von Oettingen 1921).

Für Schweineweiden wünschte man einen hohen Leguminosen-Anteil bis hin zu reinen Kleeweiden. Die Dauerweiden für Schweine sollten 30 bis 40 Prozent Gräser enthalten, denn im Gemisch mit Gräsern halte der (Weiß-) Klee länger durch. Für den Gräser-Anteil für die Schweine empfahl FRECKMANN (1932) Wiesen-Schwingel (*Festuca pratensis*), Deutsches Weidelgras (*Lolium perenne*), Wiesen-Lieschgras (*Phleum pratense*) und Wiesen-Rispengras (*Poa pratensis*).

Geflügelweiden sollten Untergräser und 30 bis 40 Prozent Weißklee aufweisen. Als Gräser für Geflügel fanden Wiesen-Rispengras (*Poa pratensis*) rein oder mit etwas Deutschem Weidelgras (*Lolium perenne*), auf frischen Böden dagegen Straußgräser (*Agrostis spec.*) rein oder mit etwas Wiesen-Schwingel (*Festuca pratensis*) Verwendung.

Allgemein empfahl FRECKMANN (1932) Leguminosen-Anteile bis 40 Prozent zur Stickstoffversorgung der Gräser, auch in Wiesen. Im Gegensatz dazu lehnte FALKE (1920) hohe Anteile an Klee strikt ab und setzte in seinen Mischungen Kleeanteile von unter 20 Prozent ein. Nach LAMBERGER (1911) sollten auf Moorböden nur Weißklee (*Trifolium repens*) und Sumpf-Hornklee (*Lotus uliginosus*) eingesetzt werden, nicht jedoch Rotklee (Wiesen-Klee, *Trifolium pratensis*) oder Schwedenklee (Bastardklee, *T. hybridum*), da Letztere die Gräser zu sehr beschatten würden.

Klee (*Tri*folium) kann, wie wir heute wissen, in Anteilen von über 30 Prozent in der Ration zur Klee-Vergiftung (Trifoliose) führen. Monotone Aufwüchse bergen daher gesundheitliche Risiken.

Hühner in einem Auslauf unter alten Lindenbäumen. Der Boden ist von abgefallenen Lindenblüten übersät. Hühner stammen ursprünglich aus Wäldern und können besonders gut im Halbdunkel sehen. Wo die Möglichkeit besteht, sollten sie Zugang zu Gehölzen haben. *Foto: Vanselow*

Wildschwein-Schäden im Konik-Reservat Popielno. Der reich mit Samen und Wurzeln besetzte Boden sorgt über Sommer für eine rasche Begrünung der aufgerissenen Erde. Schweine lassen spezielle Biotope für spezielle Gewächse entstehen, etwa den bei uns ausgestorbenen Kleefarn. In der intensiven Landwirtschaft ist dafür heute kein Platz mehr. Damit Weideschweine keine Wühlschäden anrichten konnten, wurde ihnen früher ein Metallring in die Nase gesetzt. *Foto: Vanselow*

Kapitel 4

Intensivierung und Artenschwund

Ein Ökosystem kann verglichen werden mit einem lebenden Wesen, und es reagiert auf menschliche Eingriffe in vielfältiger Weise. Verändern wir das natürliche Grasland, hat dies konkrete Folgen für die Weidetiere – und weit darüber hinaus.

Ökosysteme entstehen über extrem lange Zeiträume durch das immer feiner optimierte Zusammenspiel unterschiedlichster Lebewesen, die allesamt von der Stabilität dieses Systems profitieren. Ich hatte im Kapitel 1 die über 300 Jahre alte Weidelandschaft Bjergskov mit ihrem beeindruckenden Artenreichtum vorgestellt. Ökosysteme verhalten sich nicht statisch, sondern zeigen dynamische Gleichgewichte, sogenannte Fließgleichgewichte. Schwankungen der Witterung, das Auftauchen und Verschwinden einzelner Mitspieler und andere Faktoren können durch Anpassung aufgefangen werden. Ein Ökosystem ist durchaus vergleichbar einem Lebewesen mit Organen, Stoffwechsel, Ekto- und Endosymbionten auf der Haut und im Verdauungstrakt sowie einem Immunsystem, wie es auch die Gaia-Hypothese von James Lovelock und Lynn Margulis beschreibt.

Körper wie Ökosystem verfügen über eine Selbstregulation. Ist diese Selbstregulation ernsthaft gestört, zum Beispiel durch eine schwere Infektion oder einen Organschaden, dann gerät das System in eine bedrohliche Schieflage. Für einzelne Mitspieler kann eine derartige Schieflage dramatische Folgen haben. Das gilt nicht nur für die Zusammensetzung der Darmflora, also die am Darminhalt quasi weidenden Organismen, bei einem schweren Infekt oder einer Antibiotikagabe. Es gilt auch für Weidetiere des Graslands in einem sterilisierten Umfeld einer verarmten Futterumgebung oder gar einer Weidelgras-Monokultur. Da unsere Pferde direkt betroffen sind, möchte ich die Zusammenhänge im Folgenden darlegen.

Links: Junge Milchkühe auf einer Standweide – ein heute selten gewordener Anblick. Stattdessen leben Hochleistungsmilchkühe zunehmend in Bewegungslaufställen und bekommen das Gras geschnitten in den Stall gefahren. Foto: Vanselow

Amphibien wie Frösche und Molche benötigen Kleingewässer zum Laichen, die möglichst frei sind von Fischen und Enten, denn beide jagen Kaulquappen. Diese winzige Erdkröte ist optimal getarnt.
Foto: Vanselow

Größere Laichgewässer haben idealerweise einen üppig bewachsenen Ufergürtel, der den Kaulquappen Schutz vor diesen Räubern bietet. Dieser dicht mit Wolfstrapp, Bittersüßem Nachtschatten, Weidengestrüpp und Entenflott (Wasserlinse) besiedelte Teich ist die Kinderstube unzähliger Erdkröten.
Foto: Vanselow

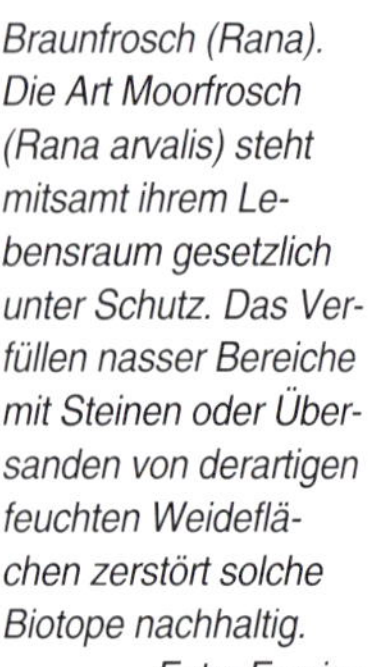

Braunfrosch (Rana). Die Art Moorfrosch (Rana arvalis) steht mitsamt ihrem Lebensraum gesetzlich unter Schutz. Das Verfüllen nasser Bereiche mit Steinen oder Übersanden von derartigen feuchten Weideflächen zerstört solche Biotope nachhaltig.
Foto: Fersing

Die Folgen der Mahd

Milchvieh wird zunehmend in Bewegungslaufställen gehalten. Das Gras wird geschnitten und in diese Ställe gebracht. Arten- und strukturreiches Dauergrünland wird heute in Schleswig-Holstein mit Mutterkuhhaltung oder durch Pferde beweidet (Dierking 2017). Nach Angaben von Dierking (2017) befinden sich in Schleswig-Holstein in Pferdehaltungen über 50 000 Hektar artenreiches Grasland, auf Golfplätzen 3000 bis 5000 Hektar und im Straßenbegleitgrün 7000 bis 8000 Hektar. Pferdehaltung ersetzt immer häufiger die Rinderhaltung. Entsprechend intensiv versucht der Deutsche Verband für Landschaftspflege (DVL) nicht nur in Schleswig-Holstein, Pferdehalter als neue Partner für den Artenschutz zu gewinnen.

Während Beweidung Artenvielfalt enorm fördert, hat Mahd einen katastrophalen, ja vernichtenden Einfluss auf die Fauna des Graslandes, beispielsweise auf Insekten wie die Zikaden und Heuschrecken (Humbert et al. 2009, Humbert et al. 2010, Nickel & Mühlethaler 2017). Je großflächiger der Eingriff, je weniger kleinräumige Rückzugsbereiche an Rändern oder in Inseln für die fliehenden Tiere wie Insekten, Vögel, Amphibien und Reptilien, desto größer der Schaden an der Vielfalt (Humbert et al. 2012). Dabei wirkt sich der Verlust an Vielfalt auf der Ebene der Pflanzen und Pflanzenfresser auch auf die Vielfalt der Räuber aus und wird nicht durch die Steigerung der Biomasse aufgrund der Intensivierung aufgefangen (Simons et al. 2014).

Die fast vollständige Vernichtung der Amphibien- und Reptilienbestände im Mähgrasland wurde bereits durch die

Technisierung der Landwirtschaft mit Balkenmäher hinter Pferdezug statt Handarbeit mit Sense und Sichel in den 1920er Jahren herbeigeführt, und schon damals wurde darüber berichtet: *„Weite Wiesen, ehemals die froschreichsten in hiesiger Gegend, in der Mark Brandenburg, sind seit Benutzung von Mähmaschinen einfach ohne Frösche. In den ersten Jahren ihrer Einführung war das Mähen mit Maschinen wegen der Menge der in die Messer geratenen Frösche oft sehr schwer, alle zwanzig Meter fast mußten die verstümmelten und zerquetschten Frösche daraus entfernt werden. Ein furchtbarer Anblick für den Naturfreund! Heute passiert das kaum mehr, eben weil keine Frösche mehr da sind“* (Zitat aus: RANGNOW 1934*).*

Molch (Triturus), wahrscheinlich der gesetzlich mitsamt seinem Biotop geschützte Nördliche Kammmolch (T. cristatus).
Foto: Fersing

Wasserfrosch, vermutlich der Teichfrosch (Rana esculenta).
Foto: Fersing

Heufütterung statt Weidegang ist keine Lösung

Pferde vom Weideland zu nehmen und stattdessen mit Heu zu füttern dient also keineswegs dem Erhalt der Artenvielfalt. Die Mahd ist nicht die Lösung, sondern Teil des Problems. Es droht ein letzter Rest an Artenvielfalt verloren zu gehen, wenn Weidelandschaften verschwinden und einer industriellen, monotonen Landwirtschaft vollständig das Feld räumen. Artenreiche Blumenwiesen werden sowohl durch die extrem frühen und häufigen Schnittzeitpunkte der Vielschnittwiesen zur Futtergras- und Silageproduktion als auch durch die hohen Düngergaben, die dieses extreme Graswachstum erst ermöglichen, vernichtet.

Grashüpfer finden in modernen Mähmaschinen den sicheren Tod.
Foto: Vanselow

Die Folgen der Aufdüngung

Das im vorangegangenen Kapitel über die Folgen der Mahd wiedergegebene Zitat von RANGNOW (1934) setzt sich fort mit den Beobachtungen zur künstlichen Düngung in seiner Zeit:

„Sie [die Frösche] wären ohnehin hier verschwunden – sie hätten verhungern müssen. Die künstliche Düngung nämlich hat aus den von millionenfachem Kleinleben wimmelnden Wiesen tote Graseinöden gemacht. Weder Würmer und Käfer noch Raupen überleben das Überstreuen mit Düngechemikalien, und wenn auf solcher Wiese noch Falter fliegen, dann sind sie an anderer Stelle groß geworden und werden, wenn ihnen auch diese Gelegenheit genommen ist, bald ganz ausgerottet sein, und mit ihnen die Schwalben und andere gefiederte Freunde, denen sie Nahrung sind." (Zitat aus: RANGNOW 1934)

Bläuling. *Foto: Vanselow*

Gamma-Eule. *Foto: Vanselow*

In Rothamsted (Rothamsted Research, Hertfordshire, England: Düngerversuche und Forschung) wird seit 1843 ein weltweit einmaliger Langzeitversuch durchgeführt. Das ursprüngliche Anliegen war, die Reaktion von Grasland auf die Düngung des Bodens über Jahre und Jahrzehnte zu untersuchen. BRENCHLEY & WEBER (1926) fassten die vorläufigen Ergebnisse des Versuchs aus dem Zeitraum von 1856 bis 1919 folgendermaßen zusammen (siehe Tabelle 4.1):

- Stickstoff- und Mineraldünger führen zu hohen und schweren Ernten.
- Ohne Düngung werden 30 bis 40 Arten gefunden, die große jährliche Schwankungen aufweisen.
- *„Je stärker die Düngegaben, insbesondere die des Stickstoffs, werden, nimmt in gleichem Maße die Artenzahl ab, bis bei sehr starken Gaben von schwefelsaurem Ammoniak nur etwa 8 bis 10 Arten übrig bleiben; und von diesen sind nur zwei oder drei durch ihre Masse von Bedeutung"* (BRENCHLEY & WEBER 1926).
- Durch schwefelsauren Ammoniak werden Schmetterlingsblütler fast vollständig verdrängt.

ELLENBERG (1986) verdeutlicht die Wirkung von Stickstoff durch die allgemeinen Regeln „Stickstoff ersetzt Wasser" und „Stickstoff ersetzt Sauerstoff": Bei guter Stickstoffversorgung können Pflanzen eigentlich feuchter Standorte auf trockeneren Böden wachsen beziehungsweise sauerstoffärmere Böden besiedeln.

1913 ging das Verfahren zur Ammoniakgewinnung aus Luftstickstoff in die Praxis, bekannt als „Haber-Bosch-Verfahren“. Gleichzeitig erforderten zunehmend schwere und große Maschinen im Zuge der Industrialisierung der Landwirtschaft entwässerte Böden. Der neu verfügbare Stickstoffdünger ermöglichte die Trockenlegung produktivster Feuchtstandorte mit teilweise hohen Humusauflagen ohne Ernteverluste. Eine Jahrhunderte alte Bewässerungs-Kultur (Treuding 1865, Fuchs 1885, Schroeder 1937, Weber & Vanselow 2011) und die Jahrtausende alte Humuswirtschaft (Blume 1990, Cordsen 1990) wurden damit beendet. Die Drainage bei gleichzeitiger Aufdüngung ganzer Landschaften setzte ein. Zwei Weltkriege und eine Wirtschaftskrise verzögerten diese Intensivierung. Aufhalten konnten sie sie nicht. Seit dem deutschen Wirtschaftswunder der fünfziger Jahre geht es mit der Artenvielfalt bei uns messbar bergab (Wesche et al. 2009, Wesche et al. 2012). Gleichzeitig zogen mit der sogenannten Grünen Revolution, initiiert durch Norman Borlaug, seit den 1960er Jahren enorm konkurrenzstarke Hochleistungs- und Hochertragssorten in der Landwirtschaft ein, die Basis der modernen artenarmen Monokulturen.

Werbung für industrielle Düngemittel

Ein führender deutscher Düngemittelhersteller machte mit dem Slogan „Warum sich quälen? Dünge einfach und richtig mit [...]“ unter Landwirten Werbung. Geschickt wurde die Arbeitsüberlastung des sich um die Betriebsführung mühenden Landwirts ins Bild gesetzt. Größter Nutzen bei geringstem Aufwand wurde in Aussicht gestellt. Im Vergleich zum vorhandenen hofeigenen Mist mit hohem Volumen durch Humus- und Wassergehalt wurde die leichtere und gleichmäßigere Ausbringung dieses rein mineralischen Konzentrats gelobt. Mangels Wassergehalt fiel das erheblich geringere Transportgewicht positiv in die Waagschale. Ein weiteres Argument war die einfache Beschaffung über den Handel.

Ein Werbe-Argument zur Verwendung von industriellen Düngern war die einfache Beschaffung über den Handel

Die Werbung suggerierte dem Landwirt, er sei die Verantwortung für Mischungsfehler, ungünstige Nährstoffverhältnisse und eine optimale Pflanzenernährung auf einen Schlag bequem los. Stattdessen durfte er laut der Werbung mit dem höchstmöglichen Düngererfolg rechnen.

Die Phosphoraufdüngung auch des Graslandes wurde mit einer verbesserten Qualität des Bullenspermas, zum Beispiel Energie und Lebensdauer des Samens, angepriesen und begründet (Pilaski & Fleischel 1961): „‚*Gute Dauerweiden können denselben Ertrag bringen wie gutes Ackerland; sie brauchen dazu ebensoviel Dünger und Wasser wie Zuckerrüben, aber weit weniger Arbeit‘. Das schreibt Professor Dr. Könekamp in seinem neuen Buch „Der Grünlandbetrieb“ (Tierzucht-*

Tabelle 4.1: Die Langzeitwirkung stickstoffhaltigen Düngers

Anzahl Pflanzenarten	Mittelwert	Maximum	Minimum
ohne Düngung	35	40	30
stark gedüngt	9	10	8

Die Langzeitwirkung von stickstoffhaltigem Dünger, dokumentiert durch die Rothamsteder Wiesendüngungsversuche (Brenchley & Weber 1926).

Phosphor wurde den Böden häufig in Form einer sogenannten Schocktherapie zugeführt

Bücherei 1959, Herausgeber: Prof. Dr. W. ZORN). Der Verfasser ist Direktor des Instituts für Grünlandwirtschaft und Futterkonservierung in Völkenrode; außerdem lehrt er an der Tierärztlichen Hochschule Hannover. Sein Buch ist der Niederschlag von 35 Jahren Arbeit am deutschen Grünland. Professor KÖNEKAMP rät, die Dauerweide nicht nach dem Nährstoffentzug zu düngen, sondern stets für einen reichlichen Vorrat an Phosphorsäure und Kali zu sorgen und damit den Boden biologisch zu beleben. Von der Phosphorsäure sagt er: ‚Wo Phosphorsäuremangel nachgewiesen ist, und das ist auf der erdrückenden Mehrzahl der Grünlandböden der Fall, helfen die üblichen Düngergaben nicht. Hier muß nach dem Prinzip der Schocktherapie vorgegangen werden! Kleine Gaben dienen immer erst dazu, den Phosphorsäurevorrat des Bodens aufzufüllen. Erst wenn das leer gewordene Phosphorsäurereservoir im Boden aufgefüllt ist und dann gewissermaßen überzufließen beginnt, kommt die Pflanzenwurzel in den Genuß dieses Nährstoffes'" (Zitat aus: PILASKI & FLEISCHEL 1961; Dr. W. PILASKI war Leiter der Beratungsstelle der Thomasphosphaterzeuger in Oldenburg/Nds.).

Nährstoffungleichgewicht als Folge falscher Lehrmeinungen

Aus heutiger Sicht sind diese Aussagen nicht zu halten. Zur tatsächlichen Pflanzenverfügbarkeit des Phosphors stellt Professor Dr. Hans-Peter BLUME im Jahr 1990 im „Handbuch des Bodenschutzes" fest: *„Während in der Vergangenheit die Vorstellung, dass auch langfristig eine maximale P-Ausnutzung von 50-80 % nicht überschritten wird, zur Rechtfertigung einer über den Pflanzenentzug hinausgehenden P-Düngung selbst bei guter Versorgung diente, weisen neuere Untersuchungen eine langfristig annähernd vollständige Ausnutzung des gesamten anorganischen Phosphats nach*" (Zitat aus: BLUME 1990a).

Im Sommer austrocknende Tümpel werden durch das Trockenfallen von Enten und Fischen, also den Feinden der Kaulquappen, befreit und sind daher wichtige Laichgewässer von Amphibien. Foto: Vanselow

Als unbeabsichtigte Nebenwirkung des massenhaften Einsatzes von phosphorhaltigen Thomasmehlen kam es hin und wieder zu hohen Kalkgehalten mit hohen pH-Werten des Bodens, was wiederum mit einem „Säurestoß“ durch Schwefelsauren Ammoniak oder Montansalpeter behoben wurde: *„Im Laufe der Zeit kann sich in der obersten Bodenschicht des Grünlandes etwas zu viel Kalk ansammeln. Hiergegen hilft der sogenannte ‚Säurestoß‘, also die Düngung mit Schwefelsaurem Ammoniak oder Montansalpeter. Zweckmäßig gibt man jedenfalls ein bis zwei Stickstoffgaben jährlich als Schwefelsauren Ammoniak. Man erzielt hierdurch ein besseres Wachstum, außerdem lockert der Säurestoß die im Thomasphosphat enthaltenen Spurenelemente und macht sie für Pflanzen und Tiere noch besser nutzbar“* (Zitat aus: PILASKI & FLEISCHEL 1961).

Voluminösen Festmist zu verteilen ist zwar heute durch Einsatz moderner, großer Miststreuer einfacher geworden, erkauft wird diese Erleichterung jedoch durch irreparable Bodenschädigung per Verdichtung (siehe auch Seite 204). *Foto: Fersing*

LIEBIG (zitiert in PFAFF 1951) forderte: *„Die Aufgabe des Landwirts besteht nicht allein darin, die höchsten Erträge von seinem Feld zu gewinnen, sondern sein Ziel soll auf die ewige Dauer und die Wiederkehr dieser höchsten Erträge gerichtet sein.“*

Phosphor in unseren Böden

Welche Folgen hat der im Oberboden heute noch vorhandene Phosphorüberschuss?

Wie enkeltauglich ist unsere Landwirtschaft noch? Welche Folgen hat unser Tun? Stickstoff wird schnell verbraucht beziehungsweise abgebaut oder in Gewässer geschwemmt. Kalium bleibt je nach Boden länger verfügbar. Der Phosphor ist jedoch auch über Jahre und Jahrzehnte kaum aus dem Oberboden verlagerbar. Die bilanzierte Phosphor-Überschussdüngung in Deutschland stellt ein Problem als Nährstoffungleichgewicht dar, das noch viele Jahrzehnte bestehen wird. Je nach Boden gilt das in unterschiedlichem Ausmaß (VANSELOW 2005a), wobei fruchtbare Böden stärker betroffen sind als unfruchtbare.

Während also die anderen Nährelemente früher oder später verloren gehen und nach LIEBIGS Satz des Minimums das Wachstum begrenzen, verbleibt der Phosphor fast unverändert hoch und stellt dann ein bekanntes Probleme bei der Renaturierung ehemals aufgedüngter Böden dar (GILBERT ET AL. 2003). Eine den Pferdehaltern bekannte Folge des Ungleichgewichts kann der massenhafte Kleeaufwuchs sein, auf den ab Seite 196 gesondert eingegangen wird.

Weiniger bekannt ist, dass Kreuzkraut, genauer das Gewöhnliche Kreuzkraut, *Senecio vulgaris*, nachweislich ein deutlicher Zeiger für löslichen Phosphor im Boden ist (ELLENBERG ET AL. 1992). Möglicherweise gilt das auch für verwandte Kreuzkräuter. Haben wir unsere Böden soweit aus dem Gleichgewicht gebracht, dass uns daher das gelbe Kreuzkraut-Wunder blüht? Gegenfrage: Könnten wir vielleicht in großem Stile Jakobs-Kreuzkraut auf Renaturierungsflächen anbauen und immer schön vor der Blüte ernten und kompostieren, um wertvollen Phosphordünger zu gewinnen? Das wäre eine Win-win-Situation für den Naturschutz und die Landwirtschaft: Die Naturschutzflächen würden den Phosphorüberschuss loswerden und die Landwirtschaft hätte wertvollen Dünger.

Noch heute sehr aufschlussreich: Saatmischungsempfehlungen vom Anfang des 20. Jahrhunderts

Tabelle 4.2: Saatmischungen zur Anlage von (Vieh-) Weiden

Grasart	Nr. 1 [kg]	Nr. 2 [kg]	Nr. 3 [kg]	Nr. 4 [kg]	Nr. 5a [kg]	Nr. 5b [kg]	Nr. 5c [kg]	Nr. 6a [kg]	Nr. 6b [kg]
	– Bedeutung der Nummern siehe unten –								
Wiesen-Lieschgras	3,5	3,5	-	3,5	4,4	4,4	-	-	-
Flechtstrauß-gras, Fioringras	-	-	10,1	-	-	5,0	-	-	-
Gewöhnliches Rispengras	4,2	-	4,8	-	-	6,0	0,2	1,2	6,0
Wiesen-Rispengras	4,3	8,8	-	8,6	6,9	0,9	4,3	-	-
Kammgras	1,4	2,8	-	4,2	3,5	-	3,5	-	-
Kriechender Rotschwingel	-	1,2	-	0,7	1,2	-	1,0	1,0	-
Wiesen-Schwingel	-	-	-	-	-	3,1	-	-	3,8
Deutsches Weidelgras	-	-	-	-	-	-	15,2	76,0	30,4
Sumpf-Hornklee	1,2	-	1,2	-	-	-	-	-	-
Weißklee	7,7	7,7	6,9	7,7	7,7	7,7	7,7	10,8	10,8
Hopfenklee	-	-	-	-	3,8	-	-	-	-

Die Bedeutung der Nummern der Mischungen sind:

Nr. 1: für Sand und länger kultiviertes Hochmoor (Grundwasser 40 bis 50 Zentimeter im Sommer), für unbesandetes Niederungsmoos (Grundwasser 60 bis 70 Zentimeter unter Oberfläche im Sommer).

Nr. 2: für Sand und unbesandetes Niederungsmoor (Grundwasser 60 bis 75 Zentimeter bei Sand oder 90 bis 105 Zentimeter bei unbesandetem Niederungsmoor).

Nr. 3: für Sand, Lehm, Ton, Marschklei und Niederungsmoor, bei geringer Entwässerung und gelegentlicher Überflutung.

Nr. 4: für Hochmoor bei stärkerer Entwässerung als in Nr. 2, für hochbesandetes, rund einen Meter tief entwässertes, als Moordammkultur eingerichtetes Niedermoor.

Nr. 5a: für Weiden auf Lehm und lehmigem Sand, Sommerwasserstand 50 bis 75 Zentimeter unter Oberfläche.

Nr. 5b: für Weiden auf Lehm und lehmigem Sand, Sommerwasserstand 30 bis 45 Zentimeter unter Oberfläche.

Nr. 5c: für Höhenweiden auf dräniertem lehmigem Boden.

Nr. 6a: für Kleiboden (Lettboden) der Marschen bei 75 bis 120 Zentimeter Sommerwasserstand unter Oberfläche.

Nr. 6b: für Kleiboden (Lettboden) der Marschen bei 45 bis 70 Zentimeter Sommerwasserstand unter Oberfläche.

Tabelle nach C. A. Weber, verändert aus Lamberger (1911).

Auswirkungen der Weltkriege auf die Saatgutrezepturen

Wie sahen Ansaaten vor dem Ersten Weltkrieg und vor den damit verbundenen Hungersnöten mit der Notwendigkeit einer Intensivierung um jeden Preis aus? Welche Pflanzen wurden nach all den gemachten Erfahrungen angesät, welche Rolle spielten die heute übrig gebliebenen Wirtschaftsgräser wie zum Beispiel Deutsches Weidelgras? Hiervon gibt Tabelle 4.2 auf Seite 70 einen Eindruck: Dargestellt sind Saatmischungen zur Anlage von (Vieh-) Weiden berechnet in Kilogramm pro Hektar bei einem Gebrauchswert von 100 Prozent.

Den Gebrauchswert einer Samenart findet man, wenn man die Prozente der Reinheit mit denen der Keimfähigkeit multipliziert und durch 100 teilt. Zum Beispiel bei einer festgestellten Reinheit bei Wiesen-Lieschgras von 98 Prozent und einer Keimfähigkeit von 90 Prozent errechnet sich ein Gebrauchswert von 88,2, denn 98 mal 90 durch 100 ergibt 88,2.

Die wirklich auszusäenden Mengen der einzelnen Samenarten ergeben sich aus der Tabelle, wenn man den in der Tabelle angegebenen Wert mal hundert nimmt und durch den jeweiligen Gebrauchswert teilt.

Zum Vergleich auf Millimeterpapier: Links Wildsaatgut für Pferdeweide aus unterschiedlichen Wildgräsern, rechts Haferkörner. *Foto: Vanselow*

Am Beispiel Wiesen-Lieschgras für die Mischungen Nr. 1 und Nr. 2 heißt das: 3,5 mal 100 durch 88,2 ergibt 3,97, also rund vier Kilogramm benötigtes Saatgut.

Die Angaben für die Grasarten in Tabelle 4.2 sind in Kilogramm, also Gewicht. Das Gewicht sagt nichts darüber aus, wie viele pflanzliche Individuen (Samen) ausgesät werden. Gräser haben extrem unterschiedlich große und schwere Samen. Besonders große, schwere Samen hat das Deutsche Weidelgras, besonders kleine und leichte Samen bilden Straußgräser. Weber unterschied die verschiedenen Gräser der Gruppe der Weißen Straußgräser (*Agrostis alba*) noch nicht in die beiden getrennten Arten Flechtstraußgras (*Agrostis stolonifera*) und Fioringras (Riesen-Straußgras, *Agrostis gigantea*). Um zu erfahren, um wie viele Samen es sich handelt, benötigt man zur Umrechnung das Tausendkorngewicht der Grassamen, also die Angabe, wie viel tausend Samen des jeweiligen Grases in Gramm wiegen. Beispielsweise wiegen tausend Samenkörner des Flecht-Straußgrases 0,03 bis 0,08 Gramm und des Deutschen Weidelgrases 0,9 bis 3,5 Gramm. Samen der Wildformen wiegen dabei deutlich weniger als die der Zuchtformen.

Die vor hundert Jahren noch als Samenbank im Boden enthaltenen Pflanzenarten sollten heute artenreichen Ansaaten beigemischt werden

Die damals als Samenbank im Boden enthaltenen standorttypischen weiteren Pflanzenarten sollten heute, hundert Jahre später, zur Erhaltung der Artenvielfalt beigemischt werden, denn die Samenbanken der allermeisten Standorte sind heute leer, sprich: Die unerwünschte Begleitflora, also die Wildpflanzen des Standortes, wurde erfolgreich bekämpft.

Die für damalige Heuwiesen (WEBER 1929) interessanten Obergräser – Rohr-Glanzgras, Riesen-Schwaden, Flutender Schwaden, Westsibirisches Doppelährengras, Wiesen-Fuchsschwanz, Glatthafer, Goldhafer, Knäuelgras, Wehrlose Trespe, Welsches Weidelgras, Sumpf-Rispengras – und einige für Wiesen und Weiden interessante Leguminosen wie Gewöhnlicher Hornklee, Saat-Luzerne, Esparsette und Wundklee wurden in diesen reinen Weide-Mischungen nicht verwendet.

Die Gründe für die Einschränkung sind vielfältig.

- Ökonomisch: Der Landwirt wünscht möglichst wenige preisgünstige Samen und optimalen Saaterfolg.
- Mangelnde Standortanpassung: Einige dieser Gewächse sind nicht heimisch oder stellen sehr spezielle Ansprüche, das heißt, auf Dauer können sie sich oft nicht halten.
- Nicht genügend weidefest: Obergräser sind oft empfindlich gegen intensiven Verbiss und Vertritt.
- Kein Saatgut erhältlich: Die Saatgutgewinnung ist vielleicht schwierig, die Saat daher nicht im Handel. Manche Gewächse haben eine sehr uneinheitliche Samenreife, sie lassen den Samen nicht los, der Same fällt bei der Ernte leicht weg oder sie bilden nur wenig Samen.
- Einsaat unnötig: Standorttypische Wildgräser und -kräuter waren damals fast immer als Samen im Boden bereits vorhanden, die Samenbank war intakt.

Das folgende Kapitel „Artenverarmung der Saatgutrezepturen bis heute“ widmet sich diesen Gründen ausführlicher.

Wiesen-Fuchsschwanz in einer Feuchtwiese. Gute Düngung, gerne mit Festmist, und späte Nutzung fördern die Fuchsschwanz-Monokultur, die nicht nur den Hahnenfuß erdrücken kann. Wiesen-Fuchsschwanz wird durch intensive Beweidung und Mangel an Nährstoffen zurückgedrängt. Foto: Vanselow

Von dem damaligen Saatgut von Rotklee und Schwedenklee rät WEBER (1929) ganz und bei Vogelwicke, Zaunwicke und Wiesenplatterbse von größerer Menge ab, da die angebotenen Samen mit Massenaufwüchsen im Dauergrasland die wertvolleren Mitspieler erdrückten, ohne selber langfristig Erträge zu bieten. Dieser Rat ist heute noch gültig und kann um mögliche Vergiftungen durch Massenaufwüchse von Schmetterlingsblütlern ergänzt werden. Wer das Gleichgewicht von Vergrasung und Verkrautung (siehe Kapitel „Weideprobleme“, Seite 195) geschickt steuert, muss jedoch derartige Massenaufwüchse nicht befürchten. Massenaufwüchse, im Extremfall die Monokultur, zeigen aus ökologischer Sicht immer eine extreme Gleichgewichtsverschiebung als Folge einer Misswirtschaft an.

Artenverarmung der Saatgutrezepturen bis heute

Zeitgleich mit der Mechanisierung und Aufdüngung setzte vor etwa hundert Jahren eine drastische Reduktion der verwendeten Arten im Saatgut für Grünland ein. Führende Graslandexperten (EMMERLING & WEBER 1901, WEBER, AUGSTIN, BRÜNE UND SCHNEIDER in LAMBERGER 1911, FALKE 1920, VON OETTINGEN 1921, STRECKER 1923, BÜRGER 1928, FRECKMANN 1932, WÖLFER 1932) deckten nun ganz Deutschland mit jeweils etwa zehn Rezepturen ab. Alle Autoren zusammen nutzten weniger als 40 Arten, und unter 30 Arten davon wurden häufiger eingesetzt. Pro Rezeptur kamen oft nur noch vier bis sechs Arten zur Anwendung.

Tabelle 4.3 Verwendete Pflanzenarten in Saatgut-Rezepturen vor und nach 1900

Rezepturen	Gräser	Leguminosen	andere Kräuter
LEHRKE 1888	50	28	4
nach 1900	ca. 16	ca. 8	ca. 2

Genutzt wurden in Rezepturen um 1900 nur noch weniger als 40 Arten, und weniger als 30 davon wurden häufiger eingesetzt.

Bei den verbleibenden Pflanzen handelt es sich um folgende Arten (EMMERLING & WEBER 1901, WEBER, AUGSTIN, BRÜNE UND SCHNEIDER in LAMBERGER 1911, FALKE 1920, VON OETTINGEN 1921, STRECKER 1923, BÜRGER 1928, FRECKMANN 1932, WÖLFER 1932):

Heute beherrschen zu 90 Prozent Weidelgräser die Saatgutmischungen des Handels

Schafgarbe (*Achillea millefolium*), Rotes Straußgras (*Agrostis capillaris*), Riesen-Straußgras (Fioringras, *Agrostis gigantea*), Flecht-Straußgras (*Agrostis stolonifera*), Wiesen-Fuchsschwanz (*Alopecurus pratensis*), Wundklee (*Anthyllis vulneraria*), Westsibirisches Doppelährengras (Fischgras, *Beckmannia eruciformis*, aufgeführt als Saatgut von der Landwirtschaftskammer Königsberg in Ostpreußen), Glatthafer (*Arrhenatherum elatius*), Behaarte Trespe (*Bromus hordeaceus*), Unbegrannte Trespe (*Bromus inermis*), Wiesen-Kümmel (*Carum carvi*), Kammgras (*Cynosurus cristatus*), Knäuelgras (*Dactylis glomerata*), Rohrschwingel (*Festuca arundinacea*), Verschiedenblättriger Schwingel (*Festuca heterophylla*), Schaf-Schwingel (*Festuca ovina*), Wiesen-Schwingel (*Festuca pratensis*), Rotschwingel (*Festuca rubra* und *subsp. rubra*), Falscher Schaf-Schwingel (*Festuca valesiaca subsp. parviflora*), Wasser-Schwaden (*Glyceria maxima*), Herbst-Löwenzahn (*Leontodon autumnalis*), Welsches Weidelgras (Italienisches Raygras, *Lolium multiflorum*), Deutsches Weidelgras (Englisches Raygras, *Lolium perenne*), Gewöhnlicher Hornklee (*Lotus corniculatus*), Sumpf-Hornklee (*Lotus uliginosus* und *var. villosus*), Hopfenklee (*Medicago lupulina*), Luzerne (*Medicago sativa*), Bastard-Luzerne (*Medicago x varia*; Bastard aus Luzerne *M. sativa* x Sichelklee *M. falcata*), Saat-Esparsette (*Onobrychis sativa*), Rohr-Glanzgras (*Phalaris arundinacea*), Wiesen-Lieschgras (*Phleum pratense*), Sumpf-Rispengras (*Poa palustris*), Wiesen-Rispengras (*Poa pratensis*), Gewöhnliches Rispengras (*Poa trivialis*), Bastardklee (Schwedenklee, *Trifolium hybridum*), Wiesen-Klee (Rot-Klee, *Trifolium pratense*),

Naturnahe artenreiche Bergwiese in den Făgăraș-Bergen, rumänische Karpaten, mit Klappertopf, Teufelskralle, Hahnenfuß, Nelken, Spitzwegerich, Goldhafer, Zittergras, Mädesüß, Knautie, Kammgras und vielen anderen Pflanzen. Foto: Würth

Kriechender Klee (Weißklee, *Trifolium repens*, und Sorte „Morsö", niedrigwüchsig) und Goldhafer (*Trisetum flavescens*).

Ein Blick zurück in das Kapitel „Artenreichtum der Rezepturen für Grasland" mit der Pflanzen-Liste aus Lehrke (1888) ab Seite 56 zeigt, um wie viel enger die Auswahl der ansaatwürdigen Pflanzen in dieser kurzen Zeitspanne geworden ist.

Dieser Verlust an Artenvielfalt in Saatgutmischungen für die Landwirtschaft setzt sich bis heute fort. Crofts & Jefferson (1999) schreiben: „*Of all the agricultural grass seed sold, about 90 per cent is rye-grass (62 per cent perennial, 18 per cent Italian, 10 per cent hybrid) (Brockman 1988) and numerous different cultivars have now been developed*" – mit 90 Prozent beherrschen also die Weidelgräser das Bild. Statt Artenvielfalt mit vielen unterschiedlichen Gräsern und Kräutern werden nur Zuchtsorten einer einzigen Art, überwiegend des Deutsches Weidelgrases, oder sehr weniger Arten – meistens neben Deutschem Weidelgras Wiesen-Schwingel, Wiesen-Rispengras, Knäuelgras und Wiesen-Lieschgras – verwendet. Diese Reduktion auf wenige Arten hat auch praktische Gründe:

- Schwierig zu gewinnende Samenpflanzen fielen heraus. Sie waren zu teuer.
- Die Aussaat von Samen mit unterschiedlichen Eigenschaften (schwere und leichte Samen, Licht- oder Schattenkeimer) kann mehrere Schritte erfordern. Das war kompliziert und teuer. Einzelne Arten, die schnell keimen und sehr

wüchsig sind, können einen jungen, artenreichen Bestand erdrücken. Früh stark entwickelte Arten wurden daher erst im etablierten Bestand zugesetzt. Andere Arten, die sich langfristig nicht halten konnten, da sie nicht an den Standort angepasst waren, dienten als Starthilfe. Sie überbrückten mögliche Ertragseinbußen in den ersten Jahren, verhinderten ein Keimen der konkurrierenden Unkräuter und räumten dann ihren Platz zu Gunsten sich langsamer entwickelnder, standortangepasster Mitbewerber. Zu diesen sogenannten „Füllgräsern" zählte FALKE (1920) auch das Deutsche Weidelgras (*Lolium perenne*), „das in vielen Gegenden ebenfalls nicht heimisch ist und darum nicht aushält". Heute, da auf Widerstandskraft selektierte Zuchtsorten des Deutschen Weidelgrases fast überall wachsen und gar nicht mehr zu verdrängen sind, mutet diese Feststellung von vor einhundert Jahren seltsam an.

Heute wachsen auf hohe Widerstandskraft selektierte Zuchtsorten des Deutschen Weidelgrases fast überall und sind nicht mehr zu verdrängen

- Ohne die Berücksichtigung der Ansprüche einer Pflanze und ihrer Samen keimen viele Samen gar nicht erst. Das falsche Saatgut am falschen Ort falsch ausgebracht schafft also Kosten und Frustration, ergibt aber kein Grasland. Auch deutsches Saatgut aus anderen Regionen enttäuschte. FALKE (1920) beschrieb den missglückten Versuch eines Landwirts in Sachsen, eine Samenmischung „von bester Marschweide" aus Oldenburg bei sich anzusäen. Die Enttäuschung war groß „obgleich es doch von so guter Herkunft sei".
- Zudem stellte FALKE (1920) fest, dass bei der Aussaat von Mischungen ein im Vergleich zur Reinsaat (Monokultur) wesentlich erhöhter Samenbedarf vorläge. Der Samenbedarf sei umso höher, je größer die Zahl der verwendeten Arten sei und je verschiedenartiger sie seien (FALKE 1920). Das machte die Ansaat teuer und das Resultat oft unbefriedigend.
- Das Saatgut mancher Pflanzenarten war nur schwer oder gar nicht im Handel zu bekommen. Saatgut aus der heimischen Region war zumeist schwer erhältlich. Zudem war es teurer als Import-Saatgut von nicht an den Standort angepassten Ökotypen aus dem Ausland.

Das Dilemma der Saatgutmischung

BÜRGER (1928) gab eine Methode zur Etablierung naturnaher Grasländer an, die heute noch im Naturschutz Bestand hat:

„Die Auswahl der einzelnen Gräser an sich, die zur Aussaat gelangen, kann niemals nach einem allgemeinen Rezept erfolgen. Die Frage läßt sich stets nur an Ort und Stelle lösen. Irgend ein altes Naturland in der Nähe, eine Kuhtrift oder sonstige Ödung, wird stets die beste Antwort erteilen, sonst wird sich oft mit der Zeit ein ganz anderes Weidebild entwickeln, als angelegt war."

Ein altes Naturland in der Nähe der anzulegenden Fläche gibt Auskunft darüber, was am besten anzusäen ist

FALKE (1920) legte das Dilemma dar, in dem sich der Landwirt damals stets bewegte: die ökonomische Abwägung zwischen einerseits dem Gießkannenprinzip, bei dem der Natur überlassen wird, aus dem Angebot geeignete Bewerber auszuwählen, und andererseits einer artenarmen Mischung mit dem Risiko, die geeigneten Arten ausgelassen zu haben.

Von Heublumen, Heusamen beziehungsweise Saatgutübertragung riet FALKE (1920) ab. Sie enthielten neben Unkraut und tauben Samen oft nur wenige, gerade reife Arten. Offensichtlich wurden die von THAER (1810) ausgeführten Bedingungen zur Saatgutübertragung (ab Seite 52) zu der Zeit von FALKE (1920) nicht mehr eingehalten.

Ursachen der Hungerjahre: Saatgut am falschen Ort

Neuansaaten von Grasland wurden im 19. Jahrhundert begleitet durch die sogenannten Hungerjahre:

„Als man in der ersten Hälfte des vorigen Jahrhunderts in Deutschland anfing, das Grünland planmäßig anzusäen, nachdem man seine Begrünung vorher meist ganz der Natur überlassen und ihr höchstens durch Überstreuen von Heublumen nachzuhelfen versucht hatte, benutzte man dazu Lieschgras, Weidelgras, Rotklee, Bastardklee und Weißklee, Pflanzen, die man im Feldgrasbau schätzen gelernt hatte. Später fügte man auch dieses oder jenes andere Gras hinzu, wie man es gerade im Handel bekam. Der Erfolg war immer derselbe: anderthalb bis zwei Jahre großartige Ernten, dann ein starker Ausfall, der gewöhnlich fünf bis sechs Jahre, manchmal noch länger, anhielt, als ‚Hungerjahre' bezeichnet und als etwas Unvermeidliches hingenommen wurde“ (Zitat aus: Weber 1929).

Als Gegenmaßnahmen wählte man die bereits erwähnten Füllpflanzen in den Mischungen sowie eine verstärkte Düngung. Da die Saatbettbereitung die Bodenschichtung und die Humusschicht zerstören, können höhere Düngergaben vorübergehende Einbrüche in der Fruchtbarkeit des gestörten Bodens auffangen.

Zur üblichen, aus Kostengründen niedrigen Saatdichte fand Weber (1929) deutliche Worte:

„Dichte Saat ist geboten, um einen raschen und dichten Schluss des Rasens zu bewirken, das Eindringen von Unkräutern zu verhüten, Schattengare und eine baldige hohe Nutzbarkeit der Neuanlage zu erreichen. Wenn jemand sich einmal berufen fühlte, die im Getreidebau erstrebenswerte und unter Umständen gerechtfertigte Dünnsaat auch für das Grünland zu empfehlen, so zeugt das nur von einem bedauerlichen Mangel an Einsicht“ (Zitat aus: Weber 1929).

Auch Lamberger (1911) geht auf die fachlichen Hintergründe dichter Saat ein:

Acker-Kratzdistel dringt gern in lückige Bestände ein und wird von Wühlmäusen verschleppt, ist aber auch Futterpflanze vieler Insekten. Foto: Vanselow

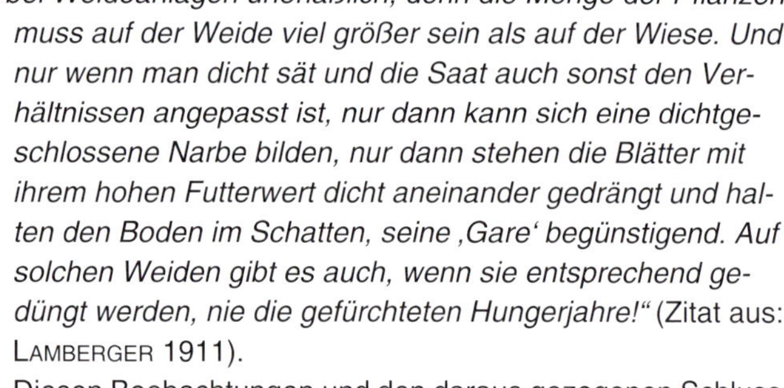

„Eine dichte Saat ist bei Weideanlagen unerläßlich, denn die Menge der Pflanzen muss auf der Weide viel größer sein als auf der Wiese. Und nur wenn man dicht sät und die Saat auch sonst den Verhältnissen angepasst ist, nur dann kann sich eine dichtgeschlossene Narbe bilden, nur dann stehen die Blätter mit ihrem hohen Futterwert dicht aneinander gedrängt und halten den Boden im Schatten, seine ‚Gare' begünstigend. Auf solchen Weiden gibt es auch, wenn sie entsprechend gedüngt werden, nie die gefürchteten Hungerjahre!“ (Zitat aus: Lamberger 1911).

Diesen Beobachtungen und den daraus gezogenen Schlussfolgerungen der damals führenden Graslandexperten ist auch heute, ein Jahrhundert später, nicht viel hinzuzufügen. Ich gehe allerdings davon aus, dass auch eine dichte Saat damals den tatsächlich sich entwickelnden Keimlingen genug Platz für die individuelle Entwicklung gelassen hat – oder aber dass eine frühe Selektion auf die wüchsigsten Exemplare erwünscht war.

Standort dominiert Nutzung: Angepasste Rezepturen sind das Ideal

Der akribische Beobachter Weber (1929) fand andere Gründe für die enttäuschenden Aufwüchse der Hungerjahre und leitete aus seinen Erfahrungen vier Grundsätze für die Praxis ab:

„In den achtziger Jahren des vorigen Jahrhunderts hatte ich nämlich in Holstein die Gelegenheit, den Entwickelungsgang mehrerer in der geschilderten Weise angesäter Wiesen und Weiden eine Reihe von Jahren hindurch zu verfolgen. Ich bemerkte, daß die angeführten Pflanzen allmählich verschwanden und, wie die Leute sagten, denen der Vorgang längst bekannt war, durch ‚Naturgras' ersetzt wurden, dessen allmähliche Ansiedlung und Ausbreitung, zumal wenn sie durch Düngung gefördert wurde, im Laufe der Zeit die Hungerjahre beendete. Nur wenn zufällig in der Saatmischung ein der Örtlichkeit zusagendes Gras enthalten war, ging die Sache um so rascher vonstatten, je reichlicher man es ausgesät hatte. Indem ich die sich entwickelnden Bestände mit denen verglich, die sich unter gleichen Verhältnissen der Feuchtigkeit, des Bodens und der wirtschaftlichen Behandlung auf besserem alten Grünlande fanden, kam ich zu dem Ergebnis: um rasch eine gute Wiese oder Weide unter Vermeidung der Hungerjahre zu erhalten, müssen wir das ansäen, was die Natur für die gegebene Örtlichkeit verlangt, und dementsprechend die Saatmischung aus den von der Natur angezeigten, wirklich ausdauernden besten Gräsern und Schmetterlingsblühern zusammenstellen. In der weiteren Verfolgung der Sache ergab sich mir, um nur einiges Grundsätzliches zu nennen,

Wo im Winter die Nutzung den Standort zerstört hat, kann im Sommer eine Wildsamenmischung mit Ackerkräutern den Insekten Nahrung bieten. Foto aus Vanselow 2016

1. *dass das Mengenverhältnis der einzelnen Arten in den Saatmischungen für Wiesen und Dauerweiden dem flächenprozentischen Verhältnis, wie es sich in der Natur findet, anzunähern ist;*
2. *dass die Saat so dicht auszuführen ist, wie sich nur irgend mit den Kosten vereinen lässt, und dass Sparsamkeit an dieser Stelle einen Grundfehler bedeutet;*
3. *dass von den meisten Arten inländische, unseren natürlichen, namentlich klimatischen und wirtschaftlichen Verhältnissen angepasste Herkünfte der Samen zu wählen sind;*
4. *dass es kein Universalrezept für die Ansaat dauernder Wiesen oder Weiden gibt, sondern dass zunächst wenigstens von Fall zu Fall an der Hand der Befunde auf den unter gleichen natürlichen und wirtschaftlichen Bedingungen befindlichen Wiesen oder Weiden die Saatmischung für die Neuanlage zu bestimmen war"* (Zitat aus: Weber 1929).

Vier Grundsätze der Einsaat von Grünland wurden 1929 formuliert, die bis heute gültig sind

Diesen vier Grundsätzen ist nichts hinzuzufügen, sie sind zeitunabhängig gültig. Im Naturschutz werden sie teilweise berücksichtigt. Pferdehaltern, die artenreiche Grasländer anlegen möchten, sind sie leider meist unbekannt, weshalb viel Saatgut gutgemeint am falschen Standort landet.

Nutzung dominiert Standort: die landwirtschaftliche Praxis

Die Landwirtschaftskammern, die als öffentlich-rechtliche Körperschaften im Interesse ihrer obligatorischen Mitglieder (alle grünen Berufe) im Bereich Produktionstechnik forschen und beraten, empfehlen Qualitätsstandard-Mischungen (QS) für Pferdegrünland.

Sämtliche Saatgutempfehlungen der Landwirtschaftskammern enthalten Weidelgräser – in Anteilen zwischen 16 und 100 Prozent

Tabelle 4.4: Qualitätsstandard-Mischungen für Pferdegrünland, Stand 2018

Einsatzempfehlung (Gewichtsanteile der Art jeweils in Prozent)	**Extensive Nutzung Pferdeweide**	**Frisch bis feucht Extensive Nutzung**	**Alle Standorte Mähweide**	**Bessere Lagen Intensivnutzung**	**Sehr trockene Standorte Mähweide**	**Nachsaaten und Wechselgrünland**	
QS Mischung	**GPI**	**GIo**	**GIIo**	**GIIIo**	**GIV**	**GV**	**GPV**
Deutsches Weidelgras Früh	5	5	13	20		25	-
Deutsches Weidelgras Mittel	5	5	20	26		25	40
Deutsches Weidelgras Spät	6	6	20	27	27	50	40
Wiesenlieschgras	24	17	17	17	17	-	20
Wiesenrispe	20	10	10	10	10	-	-
Wiesenschwingel	20	47	20	-	-	-	-
Rotschwingel	20	10	-	-	-	-	-
Knaulgras	-	-	-	-	40	-	-
Weißklee	-	-	-	-	6	-	10
Aussaatmenge	30 kg/ha					20-30 kg/ha	

Tabelle 4.4: Qualitätsstandard-Mischungen für Pferdegrünland. Deutsches Weidelgras wird unterteilt in früh, mittelfrüh und spät blühende Zuchtsorten. In allen Mischungen gelten jeweils die aktuellen Sortenempfehlungen im „Grünen Faltblatt".
Diese Tabelle mit den in der Pferdehaltung (P) üblichen Standardmischungen I bis V für Grasland (G) mit oder ohne (o) Klee ist dem sogenannten „Blauen Faltblatt Pferdehaltung" der QS-Mischungen für Pferdegrünland der Arbeitsgemeinschaft der norddeutschen Landwirtschaftskammern entnommen.

Von Wiesen-Fuchsschwanz dominiertes, über Generationen gewachsenes Feuchtgrünland. Dieses alte Kulturgrasland gibt es nicht im Sack zu kaufen. Foto: Vanselow

Folgende Beschreibungen aus dem blauen und aus dem grünen Faltblatt der Arbeitsgemeinschaft der norddeutschen Landwirtschaftskammern, beide online abrufbar, erläutern die Angaben in der Tabelle 4.4:

„Mischungskonzept für Pferdegrünland
Wir empfehlen in der Regel bei den für Pferde empfohlenen Ansaatmischungen auf die Beimengung von Weißklee zu verzichten, da dieser sich bei der stark selektiven Beweidung durch Pferde zu stark ausbreiten könnte.
QS-Mischungen
Die QS Mischung GP I wird für die Etablierung einer extensiven Pferdeweide mit hoher Anpassungsfähigkeit an verschiedene Standorte und Nutzungen empfohlen. Der Weidelgrasanteil ist gering und die Mischung ist auch gut für die Heunutzung geeignet.
Die QS-Mischung G Io ist für die Schnittnutzung (Heu, Gärheu, Silage) konzipiert. Der Anteil der Untergräser (Weidelgras,Wiesenrispe, Rotschwingel) wird deutlich begrenzt. Die Bestände sind besonders obergrasreich (Wiesenschwingel, Wiesenlieschgras) und eignen sich daher weniger für die Beweidung.
Die QS-Mischungen G IIo und G IIIo sind für die Mähweide (G IIo) bzw. Weidenutzung auf Betrieben mit sportlich genutzten Pferden einzusetzen. Diese Mischungen erfordern grundsätzlich bessere Standorte, bedarfsgerechte Grund- und Stickstoffdüngung sowie mindestens viermalige Schnitt- oder Weidenutzung. Bei intensiver Weidenutzung (G IIIo) wird Wiesenschwingel durch Deutsches Weidelgras ersetzt. Das ermöglicht ein schmackhaftes Weidefutter und eine dichte Grasnarbe.
Die QS-Mischung G IV wird nur für extrem sommertrockene Standorte empfohlen. Bei dem Knaulgras empfehlen wir Sorten mit relativ später Reifeentwicklung und weidetauglichem Wuchstyp. Hierzu sollte die Beratung der Landwirtschaftskammer angefordert werden. Die Mischung G IV eignet sich besonders für die Heunutzung mit anschließender Beweidung durch leichtfuttrige Pferderassen. Im Vergleich zur GP I werden auf den sehr zur Trockenheit neigenden Standorten geringere Narbendichten erzielt. Der Weißkleeanteil im Bestand kann durch angemessene Stickstoffdüngung sowie einen Heuschnitt im Juni begrenzt werden.
Die QS-Mischungen G V uns GP V sind ideal für die Nachsaat geeignet. Eine rasche Keimung und die Jugendentwicklung von Weidelgras und Wiesenlieschgras rechtfertigen eine Übersaat im Frühjahr oder das Einstriegeln bzw. „Schlitzen“ im Sommer und Herbst. Die GP V enthält 20% Wiesenlieschgras und sollte gezielt dort zum Einsatz kommen, wo ausreichend frische bis feuchte Standorte vorherrschen“ (Zitat aus dem „blauen“ Online-Flyer „Qualitätsstandard Mischungen für Pferdegrünland, Arbeitsgemeinschaft der norddeutschen Landwirtschaftskammern“, abgerufen am 22.8.2018.)

Hinweise zur Anlage von Pferdeweiden finden sich ebenfalls in den Empfehlungsfaltblättern der Arbeitsgemeinschaft:
„Grünlanderneuerung ist im Allgemeinen bei sehr hohem Anteil minderwertiger Grasarten erforderlich, da andere Pflegemaßnahmen dann meist wirkungslos bleiben. Auf umbruchfähigen Standorten mineralischer Herkunft ist eine Ansaat mit vorausgehender Bodenbearbeitung sinnvoll, denn dies sichert eine gleichmäßige Entwicklung. Moorböden sollten, wenn notwendig, nur sehr flach bearbeitet werden, um verfilzte Altnarben zu zerkleinern.
Direktsaat
Eine Direktsaat ohne vorausgehende Bodenbearbeitung wird für die nachfolgend benannten Standorte empfohlen: schwere Brackmarschen, vermullte Moorböden, echte Niedermoorstandorte, flachgründige Magerstandorte und starke Hanglagen. Das Verfahren beinhaltet die völlige Ausschaltung der Altnarbe durch Nutzung eines zugelassenen Totalherbizids. Danach ist der Einsatz von Schlitzsaatverfahren mit Spezialmaschinen zum Eindrillen in die Altnarbe erforderlich“ (Zitat aus dem grünen Online-Flyer: „Qualitätsstandard Mischungen für Grünland Sortenempfehlung 2016-2018, Arbeitsgemeinschaft der norddeutschen Landwirtschaftskammern“, abgerufen am 22.8.2018).

Pferde gehen mit ihrer Spielwiese keineswegs pfleglich um. Manche Fläche sieht aus, als wäre eine Rotte Schwarzwild darüber hergefallen. Foto: Vanselow

Die Sortenempfehlungen für die Standardmischungen der Landwirtschaftskammern sind jeweils nur wenige Jahre gültig, weil dann neue, vermeintlich bessere Zuchtsorten im Angebot sind. Die Flyer enthalten auch Düngertabellen für die Standorte zur ordnungsgemäßen Pflege des Wirtschaftsgraslandes.

Pferdehaltern ist selten bewusst, dass ihr Winterheu meist eine Monokultur ist

Nach meiner Beobachtung wird in der Pferdehaltung am häufigsten die GV ohne Klee eingesetzt. Pferdehalter wollen ihre Tiere auf dem Gras sehen und das gerne bei jedem Wetter. Pferde gehen aber mit ihrer Spielwiese keineswegs pfleglich um, und so sieht manche Fläche nach wenigen Wochen kaum besser aus, als wäre eine Rotte Schwarzwild darüber hergefallen. Die Schäden werden dann mit den Hochleistungsgräsern neu begrünt.
Die wohl am zweithäufigsten gekaufte Mischung dürfte die GIIo sein. Je nach Saatgutproduzent variieren die Mischungen minimal.
Als Winterfutter wird oft Heulage gekauft, die als Wechselgrünland oder Zwischenfrucht im Ackerbau produziert wurde. Auch dies ist zumeist reines Weidelgras ohne Klee. Den Pferdehaltern ist selten bewusst, dass dieses Futter eine Monokultur ist. Vielen ist aber auch das egal, vorausgesetzt, die hygienische Qualität des Futters stimmt und das Futter ist für ihr Tier bekömmlich und preisgünstig.

Deutsches Weidelgras hat klare Nachteile

Ist das Deutsche Weidelgras wirklich so hervorragend und unersetzlich, dass dies seine enorme Verbreitung und Nutzung im konventionellen Grasland durch die Standardmischungen uneingeschränkt rechtfertigt? Diese Frage ist berechtigt: Beobachtungen von Weber (1909a) und Falke (1920) zeigten, dass Deutsches Weidelgras (*Lolium perenne*) nur bei starker Düngung wirtschaftlich von Bedeutung und langfristig auf ungünstigen Standorten (sommertrocken, kontinentales Klima mit frostigen Wintern) zu halten war. Crofts & Jefferson (1999) bestätigen diese Beobachtungen beinahe 80 Jahre später:

„However, when managed without artificial inputs, and especially without soluble nitrogen fertiliser, the performance of these commercial rye-grasses drops back to the wild-type level or less. Under seminatural or organic regimes then, wild species of grass can still out-perform rye-grass (Newton 1993).“

Zierrasen im Dürresommer 2018. Die angesäten Süßgräser (Weidelgras, Rispengras, Straußgras, Rotschwingel) sind oberirdisch verdorrt. Kräftig grün trotzt die nicht angesäte Behaarte Segge, ein bekämpftes Sauergras, das von Beweidung und Bodenverdichtung profitiert. Foto: Vanselow

Die Autoren stellen also fest, dass unter annähernd natürlichen oder ökologisch orientierten Bedingungen und ohne Zugabe künstlichen Stickstoffdüngers die Wirtschaftsgräser zurückfallen auf das Niveau von Wildgräsern oder sogar darunter.

Männliche und weibliche Blüten der Behaarten Segge. Foto: Vanselow

Der Mensch zwingt der Natur seinen Willen auf. Er gibt die Nutzung unabhängig vom Standort vor und macht den Standort dann für die Nutzung passend. Dafür zahlt er einen Preis, zum Beispiel die Düngung. Pferdehalter wollen aber oft nicht düngen. Zum einen führen Pferdehalter Wohlstandserkrankungen der Pferde auf die Düngung zurück. Zum anderen wollen manche Pferdehalter umweltschonend agieren und Böden und Grundwasser schützen – und verzichten daher auf Düngung. Das kann jedoch im Falle von am falschen Standort angesiedelten Gräsern diese stressen, und gestresste Gräser können sich gegen Fraß und Vernichtung mit Hilfe von Wirkstoffen wehren.

Am falschen Standort gesäte Gräser können leicht unter Stress geraten – und sich dann mittels Wirkstoffen wehren

Aus diesem Grunde würden diese Pferdehalter mit standorttypischen artenreichen Mischungen sicherlich besser fahren.

Artenreiche Rezepturen – das Ideal wird kaum verfolgt

Für Heuwiesen und Pferdeweiden sind Alternativen zu den üblichen Standardmischungen denkbar. Vor allem in den vielen kleinen Pferdehaltungen, die nicht als Landwirtschaft gelten, könnte regionales Wildsaatgut eingesetzt werden (VANSELOW ET AL. 2018).

Die vier grundsätzlichen Empfehlungen für Saatgutmischungen von WEBER (1929, siehe Seite 77) sind auch heute noch richtig, aber schwer umsetzbar. Inkompetent zusammengestellte artenreiche Rezepturen nach dem Gießkannenprinzip bringen viel Saatgut an den falschen Standort. Im günstigsten Falle ist das einfach nur teuer, da viel Saatgut nicht aufläuft. Weniger günstig ist die folgende Ansiedlung giftiger Kräuter im dann lückigen Bestand. Im schlechtesten Fall setzen sich mit Endophyten infizierte Gräser auf den Flächen wieder durch oder wandern ein. Zielgenaue Rezepturen erfordern eine vorherige Begehung eines jeden Standorts.

Erste Beweidung: Diese Fläche wurde mit einer artenreichen Mischung für Pferdeweiden frisch angesät. Foto: Vanselow

Die Nachfrage aus Pferdehaltungen macht aktuell jedoch nur wenige Prozent des Umsatzes von Saatgutproduzenten aus. Diese stellen fest, dass es sich nicht lohnt, in diesen Bereich zu investieren. Hier sind die Pferdehalter ganz direkt gefragt: Nur ein wachsendes Bewusstsein für das Problem, mehr Kenntnisse auch zu den Lösungsmöglichkeiten und resultierend eine stark steigende Nachfrage können hier eine Änderung bewirken! Stattdessen führt Frust durch falsches Saatgut am ungeeigneten Standort bei Pferdehaltern dazu, dass artenarme Standardmischungen zum Einsatz kommen, weil diese bei permanenter Düngung und Pflege fast unabhängig von Boden und Witterung sozusagen idiotensicher funktionieren – auf Kosten der Umwelt.

Artenarme Standard-Mischungen funktionieren überall – auf Kosten der Umwelt

Leider wird Wildsaatgut heute von Flächen gewonnen, die eigentlich Extremstandorte sind. Naturschutzflächen sind fast durchgängig Areale in Randbereichen, die für die Landwirtschaft uninteressant waren. Alle Flächen, die gute Wuchsbedingungen, auch für Wildpflanzen, boten, sind heute längst unter intensivster landwirtschaftlicher Nutzung. Hier haben Hochleistungs-Zuchtsorten die natürliche Vegetation verdrängt. Pflanzen an Extremstandorten, insbesondere Südhängen, Trockenrasen, Mooren, dünnen Bodenschichten mit Hanglage über Gestein und Überschwemmungsflächen, sind aber für die Pflanzenzüchter gerade darum interessant, weil hier nur besonders widerstandsfähige Individuen und Ökotypen überleben können.

Für Gräser bedeutet das, dass hier züchterisch interessante Endophyten mit speziellen Fähigkeiten, Wirkstoffe unter besonderen Stressbedingungen zu bilden, zu erwarten sind. Beispielsweise stammten die etwa 450 wilden Ökotypen von Deutschem Weidelgras (*Lolium perenne*), die die Deutsche Saatveredelung Herrn Reinholz für seine Dissertation über den Lolitrem B-Gehalt in Deutschem Weidelgras zur Verfügung stellte, von Stressstandorten in Rumänien (Reinholz 2000). In Wildsaatgut von Extremstandorten ist also mit Endophyten zu rechnen, die das Potenzial haben, besonders hohe Wirkstoffgehalte zu bilden und möglicherweise viehgiftig zu werden – oder im günstigsten Falle ein patentierter Zuchtendophyt zu werden.

Auch in Saatgut für den ökologischen Landbau ist mit potenziell giftigen Endophyten zu rechnen, denn im Ökolandbau muss auf den Pestizideinsatz verzichtet werden, weshalb die Pflanzen von innen heraus geschützt sein müssen. Das Bundessortenamt kontrolliert, ob die neuen Zuchtsorten die gesetzlich vorgeschriebenen Eigenschaften, auch Resistenzen, aufweisen. Wie die Pflanze das schafft, ob sie möglicherweise mit giftigen Endophyten infiziert ist, ist nicht Gegenstand der Prüfung durch das Bundessortenamt. Egal welches Saatgut eingesetzt wird, entscheidend ist, ob durch Selektion die genetische Vielfalt der Gräser und ihrer Endophyten so sehr eingeschränkt wird, dass das Grasland giftige Exemplare nicht mehr verdünnt und der Bestand als solcher giftig wird.

Robustrinder beweiden Dauergrasland im Naturschutz und im ökologischen Landbau.
Foto: Vanselow

Auch im ökologischen Landbau werden giftige Endophyten zum Schutz der Pflanzen verwendet

Zwar können wir nicht alle unsere Hauspferde mit Futter aus naturnahen Weidelandschaften ernähren. Wir können aber unseren jetzigen Standpunkt überdenken, einen Blick zurück werfen auf bewährtes Wissen, und versuchen, neue Wege für die Zukunft zu finden.

Kapitel 5

Grasland für Pferdeheu

Mahd reduziert die Artenvielfalt extrem. Wer Tiere und Pflanzen unterstützen möchte, sollte daher die Weidetiere so viel und so lange wie möglich auf ausreichend großen Flächen weiden lassen. Jedoch geht es im Winter meist nicht ohne Heu.

Schon SCHNEIDER (1926) hat der Viehhaltung in der Weidelandschaft eine Lanze gebrochen, wenn auch aus wirtschaftlichen Gründen, um die Gesundheit und Leistungsfähigkeit der Tiere zu erhöhen. Dennoch kommen wir in Deutschland in den meisten Haltungen an einer Stallhaltung im Winter mit Heufütterung nicht vorbei.

Regionale Pferderassen und alte Haustierrassen stellen oft eine sehr innige, Jahrhunderte lange Anpassung an das Futterangebot dar

Es wird Zeit, dass sich Pferdehalter darüber klar werden, wie unterschiedlich, ja, vielfältig die Futtergrundlagen der einzelnen Pferderassen in der Vergangenheit waren. Die vielfältigen Kulturlandschaften Deutschlands zwischen den Alpen und den Küsten waren die Grundlage der Tierzucht: Was an einem Standort keine gute Entwicklung zeigte, ging zum Metzger statt in die Zucht. Regionale Pferderassen und alte Haustierrassen stellen daher oft eine sehr innige, Jahrhunderte lange Anpassung an das Futterangebot dar. Das eine kann ohne das andere nicht bewahrt werden. Der Bedarf desselben Tieres kann sich zudem aufgrund sportlicher Aktivität, Zuchteinsatz oder Alter extrem verändern.

Einheitsheu für das Einheitspferd mag zwar dem Wunsch manches Großproduzenten entsprechen, geht aber an der Wirklichkeit oft vorbei. Hier kommen Kleinproduzenten ins Spiel, die individuelle Nischen besetzen und manchen Pferdehalter glücklich machen könnten. Könnten – denn händeringend nach speziellem Heu für ein besonderes Problem suchende Pferdehalter suchen zumeist vergeblich.

Doch ist traditionelles Heu, wie es heute beispielsweise in den Grasländern der Naturschutzgebiete wächst, für unsere Tiere überhaupt gesund?

In Deutschland ist in der Regel kein ganzjähriger Weidegang möglich. Jedoch hängt die Zusammensetzung des Heus natürlich von den Heuwiesen ab. Wiese im Naturschutzgebiet Schäferhaus. Foto: Vanselow

Tiergesundheit als Argument für Naturschutzheu

Dass die Aufwüchse guter Naturschutzflächen frisch und im schneereichen Winter als Heu sowie die ganzjährige freie Haltung in diesen Weidelandschaften den Tieren bei professioneller Betreuung nicht schaden, zeigt die Veröffentlichung von Kämmer 2004. Der in dieser Veröffentlichung aus der Praxis errechnete Wert von vier Euro pro Jahr und Hektar an Tierarztkosten für sämtliche dort lebenden Gallowayrinder und Konikpferde im Stiftungsland Schäferhaus ist auch dann noch extrem niedrig, wenn man die geringen Tierzahlen pro Hektar berücksichtigt.

Auch Schilf kann als Heu gemäht werden, wenn es noch deutlich vor dem Blütenschieben ist. Zootiere, aber auch Ziegen und Pferde mögen dieses rohfaser- und mineralreiche Heu durchaus gerne. Foto: Vanselow

Der ehemalige Truppenübungsplatz Stiftungsland Schäferhaus befindet sich auf ärmstem Sandboden und hat höchsten Schutzstatus als Naturschutzgebiet. Auf 260 Hektar „Schäferhaus Nord" lebten im Jahr 2003 über Sommer 100, im Winter 80 Tiere – Kühe, Kälber, Ochsen, sieben ausgewachsene Koniks und zwei Fohlen – und verursachten alle zusammen für Tierarzt und Hufschmied Kosten in Höhe von etwa 1000 Euro, die für Rinder gesetzlich vorgeschriebenen Blutuntersuchungen inklusive. Da Schäferhaus ein von Wanderwegen und Aussichtshügeln durchzogenes, stark frequentiertes Naherholungsgebiet der Stadt Flensburg ist, stehen die Weidetiere unter ständiger intensiver Beobachtung. Kranke Tiere fallen sofort auf.

Marktsituation für Naturschutzheu

Manche Pferdehalter beziehen ihr Heu aus Überzeugung tatsächlich aus dem örtlichen Naturschutz. Die Qualität der Aufwüchse entspricht hinsichtlich Artenzusammensetzung, Schnittzeitpunkt, Lagerung und Hygiene dabei leider oft nicht den hohen Ansprüchen der Pferdehaltung (Vanselow et al. 2018, Wackermann 2016), denn Pferde stellen besondere Anforderungen an ihre Futtergrundlage (Lengwenat 2014, Karp 2004, Jansson 2015). Dadurch hat Naturschutzheu seinen ehemals guten Ruf unter den Pferdehaltern in den vergangenen Jahrzehnten vielfach eingebüßt.

Wie hoch der bundesweite Bedarf nach hochwertigem, durch Analysen kontrolliertem Heu für Pferde ist, belegen gut nachgefragte Angebote. Das Projekt „Kräuterheu für Pferde" des NABU Oberberg, das 2013 startete, kann beispielsweise gar nicht genug geeignete Flächen finden. Die Nachfrage nach diesem Heu kommt aus dem ganzen Bundesgebiet.

Pferdegerechtes Heu erspart Tierarztkosten

Eine international tätige deutsche Firma bietet unter anderem Spezialheu für Zoos an. Dazu gehört auch sogenanntes Feuchtwiesenheu, durchsetzt mit Schilf, das für Elefanten, Ziegen, Lamas, aber auch Pferde angeboten wird. Die Firma bezieht ihr umfangreiches Heuangebot laut Homepage aus Deutschland, Frankreich, den USA und Kanada. Sie liefert europaweit. Auch andere Futterhändler verkaufen Heu in Deutschland teilweise aus Übersee. Offensichtlich rechtfertigt die Nachfrage derart weite Transportwege.

Historische Entwicklung und Nachfrage von Pferdeheu

Jahrzehntelang hat Weber Grasländer genau beobachtet und untersucht: Vegetationsaufnahmen, Bodenuntersuchungen, Witterung, Akzeptanz der Pflanzen durch Weidetiere, Verhalten der Pflanzenarten und mehr. Dabei hat er den damaligen Norden Deutschlands, heute teilweise Polen und Russland, abgedeckt (Weber 1909a, Weber 1909b, Weber 1929, Emmerling & Weber 1901), während sein Sohn diese Aufgabe für Bayern übernommen hat (Weber 1926). Seine Erkenntnisse (Emmerling & Weber 1901, Brenchley & Weber 1926, Weber 1929) bilden die Grundlage für die Intensivierung der Grünlandwirtschaft und für den Verlust an Artenvielfalt. Gleichzeitig legen sie den Grundstein zu den heutigen Wohlstandserkrankungen insbesondere der Pferde, denn zu den Kriterien zählte die Wertschätzung einer Pflanze durch die Tiere.

Die größte Begierde der Tiere stellte Weber gegenüber Deutschem Weidelgras (*Lolium perenne*), Wiesen-Lieschgras (*Phleum pratense*) und Wiesen-Schwingel (*Festuca pratensis*) fest. Heute handelt es sich bei eben diesen Gräsern um die in Deutschland am intensivsten genutzten und züchterisch vor allem für die Rinderhaltung bearbeiteten Wirtschaftsgräser (Lenuweit et al. 2002, von Oettingen 1921). Seit Ende der 1970er Jahre boomt die Haltung von Freizeitpferden. Zunehmend werden keine Rinder mehr mit den Aufwüchsen dieser Flächen ernährt, sondern Pferde. Der Überlebenskünstler Pferd wurde also in der Folge mit diesen besonders energiereichen Wirtschaftsgräsern (von Borstel & Grässler 2003) ad libitum, nämlich bei traditioneller Weidehaltung zumindest während der Vegetationsperiode Tag und Nacht auf der Weide, konfrontiert, also gemästet wie ein Mastrind, und im Winter mit den Aufwüchsen gefüttert. Wie sehr sich jedoch die Zusammensetzung der Weidetiere in der Anzahl von Rindern und anderen Weidetieren pro grasendem Pferd, ebenso wie die der Futterpflanzen, verändert hat, haben die vorangehenden Kapitel gezeigt. Die ehemals bewährte Haltungsform führt unter diesen veränderten Bedingungen zu Problemen – mit all den benannten Folgen für die Tiergesundheit und die Gesundheit des gesamten Ökosystems.

Heu für unterschiedlichste Bedürfnisse

Unterschiedliche Pflanzenbestände und unterschiedliche Erntezeitpunkte ermöglichen Heuqualitäten für vielfältige Ansprüche. Je nach Pflanzenbestand und Erntezeitpunkt kann Heu wertloser sein als Stroh oder auch gleichwertig mit Kraftfutter. Man muss schon genau hinschauen.

Je nach Pflanzenbestand und Erntezeitpunkt kann Heu wertloser sein als Stroh oder auch gleichwertig mit Kraftfutter

Bewertungen von Futtermitteln sind oft kurzlebig. WEBER (1909b) schreibt, dass für Milchvieh am Berliner Markt Heu von Wasserschwaden (Echte Mielitz, *Glyceria maxima*), vor der Blüte geschnitten, gefragt war, während für Zug-, Kutsch- und Reitpferde Heu von Rohrglanzgras (Havel-Mielitz, *Phalaris arundinacea*), ebenfalls vor der Blüte geschnitten, gewünscht war. Beide Gräser werden schnell hart. Sie ergeben zur Blüte oder später geschnitten nur noch minderwertige Einstreu (WEBER 1909b, VANSELOW & WEBER 2012). Beide Gräser stehen bevorzugt nass bis feucht auf Überschwemmungsböden. Sie ertragen Bodenverdichtung und häufigen Vertritt nicht. Daher sind sie mit schweren Maschinen nicht zu ernten. Sie fielen als Wirtschaftsgräser der Mechanisierung, also der Umstellung von Mähen per Hand mit Sense und Sichel auf Balkenmäher hinter Pferdezug, zum Opfer (siehe dazu auch das Zitat von RANGNOW 1934 auf Seite 65 und 66).

Diese historischen Aufnahmen (oben und rechts) zeigen zwei Gespanne der kaiserlichen Familie mit ihrem Fahrer August Walberg (1871, † 1937), angestellt als „Prinzlicher Jockey" bis zur Abdankung des Kaisers Wilhelm II 1918. Die Rappen rechts ziehen eine Kutsche mit Feldmarschall Paul von Hindenburg, der Schimmel vor der Gig oben diente als Transportmittel der Söhne Prinz Heinrichs bei deren Urlaub auf Amrum. Pferde waren damals die wichtigsten Verkehrsmittel. Sie waren durchtrainierte Sportler mit täglich stundenlangem Arbeitseinsatz.* *Fotos: Archiv R. Vanselow.*

FRECKMANN (1932) schreibt, dass Wiesen-Lieschgras (*Phleum pratense*) aus Schweden auf dem Berliner Heumarkt mehr nachgefragt sei als das Heu von Knäuelgras (*Dactylus glomerata*) und Weidelgräsern (*Lolium-Arten*). Er empfiehlt, Lieschgras (*Phleum*) für die Rinder vor der Blüte zu schneiden. Pferde könnten laut FRECKMANN (1932) auch noch zur Blüte geerntetes Heu bekommen.

Arbeitspferde waren damals keineswegs gemütliche Kaltblutpferde, sondern es handelte sich um extrem hart arbeitende Pferde aller Rassen für alle nur denkbaren Einsätze. Diese Tiere wurden nicht gemästet, sondern sie wurden gefordert in einer Weise, die wir heute als Hochleistungs-Sport bezeichnen würden. Je mehr Arbeitsleistung bei möglichst wenig Futter, desto besser. Die für diese sportlichen Arbeitspferde von WEBER (1909b) und FRECKMANN (1932) empfohlenen Gräser sind nach wie vor für moderne Sportpferde und Arbeitspferde geeignet.

Arbeitspferde waren hart arbeitende Hochleistungssportler

Heu – in Varianten von Einstreu bis Leistungsfutter

Über den Schnittzeitpunkt des Graslandes, die Artenzusammensetzung und die Wahl der Zuchtsorten oder Wildpflanzen ergibt sich ein extrem weites Spektrum für das Futterangebot. Damit lässt sich sowohl der extrem hohe Energiebedarf von Rennpferden oder Zuchtstuten mit Fohlen (JANSSON 2015) abdecken als auch der sehr hohe Rohfaserbedarf bei niedrigem Energiegehalt von Robustponys in Winterpause ohne Arbeitsleistung (VANSELOW ET AL. 2018). Die Tabelle 5.1 auf Seite 90 macht diese Unterschiede zwischen Wild- und Zuchtgräsern deutlich.

Da die Trockensubstanz beim Schilf in Tabelle 5.1 (aus RODENWALD-RUDESCU 1974 zitiert in BRIEMLE ET AL. 1991) sehr niedrig liegt, muss während des Schossens geschnitten worden sein. Interessant ist, dass gleichzeitig die Gehalte von Asche, Zellulose und Kieselsäure bereits sehr hoch liegen. Schilfrohr (Reet) ist ein noch derberes, höher wüchsiges und härteres Wildgras als Rohrglanzgras (*Phalaris arundinacea*) und Wasserschwaden (*Glyceria maxima*).

Nach der Blüte verlagern viele Gräser alle Assimilate und wertvollen Bestandteile aus den Halmblättern über den Halm in die Samen, falls vorhanden auch in die Speicherwurzeln, und der Grashalm stirbt ab (LARCHER 1994). Übrig bleibt bei diesen Gräsern der tote Halm. Er besteht fast nur aus Gerüstbausubstanzen, überwiegend Zellulose und Lignin.

Derbe Wildgräser wie Seggen, Schilf, Rohrglanzgras oder Wasserschwaden müssen als Futter geschnitten werden, bevor die Blüten erscheinen

Tabelle 5.1: Heu unterschiedlicher Grasländer im Vergleich

	Streuwiese (Einstreu)	**Schilfröhricht *Phragmites australis***	**Seggen (*Carex spec.*)**	**Weizenstroh**	**Schossen, Ähren-/Rispen-schieben,**	**Heu, Beginn bis Mitte der Blüte geworben**	**Heu, Ende der Blüte geworben**
TS %	86	42	--	86	86	86	86
Asche % TS	12	12	--	5	--	--	--
C % TS	45	--	--	50	--	53	--
N % TS	0,9	1,2	--	0,5	2,5-3,2	1,8	1,4
C/N	50	--	--	100	--	18	--
Zellulose	--	35	--	15	--	17	--
P_2O_5 % TS	0,07	0,14	0,2	0,2	1,1	0,7	0,5
K_2O % TS	0,3	0,8	1,4	0,9	3,6	2,7	2,2
CaO % TS	0,69	0,17	0,48	0,26	1,75	1,2	1,0
MgO % TS	0,18	0,08	0,2	0,08	0,75	0,4	0,28
SiO_2 % TS	--	2,5	1,8	--	--	--	--
Co ppm TS	--	6,2	67	--	--	0,1	--
Cu ppm TS	--	42	56	--	--	7,5	--
Fe ppm TS	--	900	3800	--	--	220	--
Mn ppm TS	--	1600	9700	--	--	70	--
Mo ppm TS	--	2,6	2,9	--	--	--	--
Zn ppm TS	--	370	630	--	--	--	--
B ppm TS	--	82	214	--	--	10	--
NEL MJ/kg TS	3,9	--	--	3,1	5,4	4,7	4,3

Tabelle 5.1: Die Inhaltsstoffe von üblichem Wirtschaftsheu für Rinder Ende des 20. Jahrhunderts. Geerntet wurde vor, während und nach der Blüte. Daneben zum Vergleich Weizenstroh und der Aufwuchs von Streuwiese (kein Heu, sondern Einstreu), Schilf und Seggen, wie er oftmals auch heute auf Naturschutzflächen zu finden ist (aus RODENWALD-RUDESCU 1974, ergänzt, zitiert in: BRIEMLE ET AL. 1991).
NEL: Netto Energie Laktation.

Schilfhalm, das Reet, ist daher als elastisches Baumaterial für Lehmbauten im Fachwerk und für Reetdächer geeignet. Seine derben Stängel sind als Einstreu in der Pferdehaltung ungeeignet, denn der Liegebereich für Pferde muss saugfähig sein und gut verformbar. Er darf keine Verletzungsgefahr darstellen (Zeitler-Feicht et al. 2009). Dagegen können die bei der Reetproduktion als Abfall anfallenden Blüten des Schilfs durchaus als Einstreu verwendet werden.

Im Spätherbst oder Winter geerntete Großseggen und andere Wildgräser ehemaliger Streuewiesen wie Pfeifengras (*Molinia*) oder Reitgräser (*Calamagrostis*) wurden als Einstreu verwendet. Unter Streuewiesen versteht man Pflanzenbestände, die als Futter untauglich waren und erst im Herbst oder bei Dauerfrost im Winter als Einstreu gemäht wurden. Diese Praxis stammt aus Regionen mit überwiegend Viehhaltung, in denen Ackerbau nicht möglich war, etwa Mooren, Sümpfen, Ufern oder Gebirge, und Stroh daher rar beziehungsweise durch den weiten Transportweg extrem teuer war. Nasse Röhrichte und Seggenrieder konnten erst bei Dauerfrost betreten werden. Nur in Notfällen wurde dieses Material verfüttert – was bei hohen Anteilen giftiger Pflanzen wie Adlerfarn in den Gebirgen in der Vergangenheit zu Tiervergiftungen geführt hat (Habermehl 1985).

Traditionelles Heu von artenreichen Wiesen zeigt bei einem normalen Schnittzeitpunkt zwischen Beginn bis Mitte der Blüte Werte, die für Sportpferde mit durchschnittlicher Arbeitsleistung geeignet sind (Vanselow et al. 2018). Sogar Grassamenstroh kann in der Gesamtration für Sportpferde interessant sein. Selbstverständlich darf es dabei nicht verschimmelt sein, und es muss geeignetes Kraftfutter dazu gegeben werden (Karp 2004, Lengwenat ohne Datum).

Traditionelles Heu von artenreichen Wiesen zeigt bei einem normalen Schnittzeitpunkt zwischen Beginn bis Mitte der Blüte Werte, die für Sportpferde mit durchschnittlicher Arbeitsleistung geeignet sind

Schilfbestand – in Reichweite der Pferde intensiv verbissen. *Foto: Vanselow*

Bei Pferden mit Stoffwechselproblemen und der Neigung zu Hufrehe (Laminitis) hat sich nach meiner eigenen Erfahrung Rotschwingel-Straußgras-Heu, das deutlich nach der Blüte gemäht wurde, als Diät bewährt.
Tabelle 5.2 erklärt, warum das so ist: Der Gesamtzuckergehalt liegt extrem niedrig, der Fasergehalt ist hoch. Pferde fressen dieses herb-aromatische Heu gerne. Allerdings ist solches Heu nur mit einer Einschränkung geeignet: Das Heu darf keine nennenswerten Gehalte an Mutterkorngiften (Ergotalkaloiden) durch Infektion mit parasitären oder symbiontischen Endophyten (*Claviceps, Epichloë*, *Neotyphodium*) aufweisen, eine Problematik, auf die im Kapitel „Giftpflanzen und giftige Gräser" ab Seite 102 näher eingegangen wird.

Tabelle 5.2: LUFA-Analysen von Rotschwingel-Straußgras-Wiesen

Heuanalyse	NSG Schäferhaus Dez. 2009		Naturschutzheu Jan. 2017	
	Wert i.d. OS	Wert i.d. TS	Wert i.d. OS	Wert i.d. TS
Trockenmasse (%)	86,6		85,8	
Rohasche (%)	6,6	7,6	5,0	5,8
Rohprotein (%)	6,3	7,3	6,3	7,4
Rohfaser (%)	28,6	33,0	28,6	33,3
Zucker (%)	6,3	7,3	7,6	8,8
Rohfett (%)	0,8	0,9	1,6	1,9
verd. Eiweiß (g/kg)	37,9	43,8	38,1	44,4
verd. Energie Pferd (MJ/kg)	7,2	8,3	7,2	8,4
Ca (g/kg)	5,5	6,3		
P (g/kg)	1,6	1,8		
Na (g/kg)	0,52	0,6		
K (g/kg)	10,7	12,4		
Mg (g/kg)	1,2	1,4		
Cu (mg/kg)	3,8	4,4		
Fe (mg/kg)	410	470		
Zn (mg/kg)	18	21		
Mn (mg/kg)	100	120		

Tabelle 5.2: LUFA-Analysen zweier unterschiedlicher Rotschwingel-Straußgras-Wiesen.
Naturschutzgebiet (NSG) Schäferhaus: Erster Schnitt August 2009 deutlich nach der Blüte, sehr aromatisch, strohfarben, blüten- und halmreich, mit hohem Anteil an Kräutern (unter anderem Sand-Thymian, Heidenelke).
Naturschutzheu: Ernte 2016, sehr später erster Schnitt, aromatisch, grün, blattreich, fast vollständig halm- und blütenfrei, ebenso frei von Kräutern.
OS: Originalsubstanz, TS: Trockensubstanz.

Ein sichtbarer Hinweis auf eine Pilzinfektion mit Symbionten kann die Unterdrückung der Gräserblüte sein, das Grasland blüht nicht.
Rohfaserreiches, energiearmes Heu verlangt bei regelmäßiger Arbeitsleistung als Futterergänzung ein Kraftfutter oder ein vergleichbares Konzentrat (PIRKELMANN 1991). Luzerne und Klee konnten und können die Kombination aus Grasheu plus Kraftfutter ersetzen, wenn gutes Futterstroh den Rohfaserbedarf deckt (MEYER 1995).
Doch Vorsicht: Ausgerechnet in Luzernepellets eines deutschen Produzenten nach den Richtlinien des biologischen Landbaus fanden sich extrem hohe Gehalte an Mutterkorngiften, nämlich 12 926,2 ppb (parts per billion, siehe Seite 124), beweissicher gemessen mit Hilfe der Hochdruck-Flüssigkeits-Chromatografie HPLC (siehe Kapitel „Giftpflanzen und giftige Gräser“ ab Seite 102).

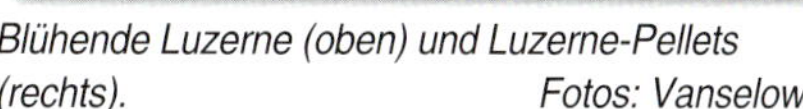

Blühende Luzerne (oben) und Luzerne-Pellets (rechts). Fotos: Vanselow

Kohlenhydratreiche Futtergräser für Leistungspferde

Hochleistungspferde im Renntraining sind mit Heu wie aus Tabelle 5.2 an Eiweiß und Kohlenhydraten nicht ausreichend versorgt (PIRKELMANN 1991). Derart rohfaserreiches Heu würde zudem zu dicken Raufutterbäuchen führen, die im Hochleistungssport als zusätzliches Gewicht nicht geduldet werden können. Üblicherweise versucht man daher, diesen Pferden hohe Kraftfuttergaben zu füttern. Doch das erhöht die Gefahr von Koliken durch Fehlgärungen (JANSSON 2015).
Trotzdem können Trabrennpferde im Hochleistungssport mit Heu als Alleinfutter ernährt werden. Dazu muss das Gras vor dem Schossen gemäht werden, um besonders energie- und eiweißreiches Heu mit mehr als 10,4 Mega Joule metabolische (verdauliche) Energie pro Kilogramm Trockenmasse (MJ ME/kg TM) zu erzeugen. Als geeignet haben sich Wiesen-Lieschgras (*Phleum pratense*) und Wiesen-Schwingel (*Festuca pratensis*) erwiesen. Dieses Heu wird den Trabern in einer Menge von etwa zwei Kilogramm pro 100 Kilogramm Lebendgewicht gefüttert (JANSSON 2015). Um den Darm und seine Mikrofauna optimal an dieses Futter anzupassen, werden bereits die Jungpferde mit diesem Heu aufgezogen. Hufrehe (Laminits) trat dabei weder bei den Aufzuchtpferden noch bei den ausgewachsenen Sportpferden auf.

Unsere Vorfahren wussten vieles über Heu und seine Auswirkungen, auch wenn sie die tatsächlichen Ursachen noch nicht kannten

Die allgemein anerkannte Fruktan-Insulin-Hypothese zur Erklärung von Hufrehe durch POLLITT (2002), POLLITT & VAN EPS (2011) und ASPLIN ET AL. (2007) scheint hier nicht zu greifen. Die Fruktan-Insulin-Hypothese wurde ebenfalls an Trabern als Versuchspferden untermauert. Mögliche spezielle Effekte durch die Wahl einer

Wenn Grasbestände zur Zeit der Gräserblüte der in ihnen vorkommenden Grasarten auffällig blütenarm sind, kann eine Infektion mit Endophyten aus der Gattung Epichloë vorliegen

anderen Sportpferderasse sind damit ausgeschlossen. Allerdings könnte eine optimale Anpassung der Darmflora an dieses Futter von Geburt an eine wichtige Rolle spielen.

Schwedischer Kaltbluttraber in Rennkondition bei Björklinge, Schweden. Foto: Vanselow

Die Wahl der kohlenhydratreichen Futtergräser in der schwedischen Studie und das Ausbleiben von Hufreheerkrankungen könnte auch die Ergotalkaloid-Hypothese (Vanselow 2011a, Vanselow 2011b, Vanselow 2015a; siehe Kapitel „Giftpflanzen und giftige Gräser" ab Seite 102) stützen: Echte Mutterkornpilze spielen bei einem Schnitt im Entwicklungsstadium des Schossens keine Rolle, da diese parasitären Pilze erst die Gräserblüten infizieren. Der Pilzsymbiont (Endophyt) von Wiesen-Schwingel stellt keine Ergotalkaloide her.

Allerdings können im Graskörper lebende Pilze, die die Vitalität ihres Wirtsgrases erhöhen und im Gegenzug seine Blütenbildung unterdrücken (sogenannte Erstickungsschimmel, Graskernpilz, Choke Disease, siehe Kapitel „Giftpflanzen und giftige Gräser", Seite 123), in sehr vielen Gräsergattungen zu erhöhten Giftgehalten führen. Wenn Grasbestände zur Zeit der Gräserblüte der in ihnen vorkommenden Grasarten auffällig blütenarm sind, kann eine Infektion mit diesen Endophyten aus der Gattung *Epichloë* vorliegen. Das Heu sieht dann aus wie der bei Pferdehaltern ungern gesehene zweite Schnitt (Grummet, Öhmd). Diesem Heu wird nachgesagt, es sei für Pferde „zu eiweißreich", „zu gehaltvoll" und würde zu dicken Beinen und zu Lahmheiten führen. Der zweite, blattreiche, aber halmarme Schnitt wurde bevorzugt an Rinder verfüttert.

Das blattreiche Heu vom zweiten Schnitt wird gerne an Kälber verfüttert. Foto: Vanselow

Möglicherweise haben bereits unsere Vorfahren Vergiftungen durch in Gräsern lebende Pilze auf diese Weise beschrieben, aber die Zusammenhänge noch nicht richtig deuten können.

Die Bedeutung von Klee für Artenvielfalt und Futterqualität

Die Kleearten in den Flächen, die von Weber (EMMERLING & WEBER 1901) untersucht wurden, zeigten über die Jahre hohe Schwankungen ihrer Bestandsanteile. Das gilt insbesondere für den Weißklee. Weber machte dafür die Behandlung der Weide verantwortlich, forderte aber weitere Untersuchungen seiner Beobachtung (EMMERLING & WEBER 1901). Er formulierte den Satz: *„Eine Abnahme der Kleearten hat auf Dauerweiden eine Zunahme der Unkräuter, minderwertigen Gewächse und der Lücken im Gefolge“* (Zitat aus: EMMERLING & WEBER 1901). Diese Beobachtung könnte im Kampf gegen das Jakobs-Kreuzkraut (Jakobs-Greiskraut, *Senecio jacobaea*) helfen, welches das Heu aus Naturschutzflächen heute oft wertlos macht.

Weißklee. Foto: Vanselow

Fast 60 Jahre nach der Beobachtung von Weber konnte zudem eine Ursache für das Phänomen der Schwankungen bei den Kleearten gezeigt werden (RICHTER 1958): Die Feldmaus (*Microtus arvalis*) frisst besonders gerne schmackhafte Gräser und Kleearten. Klee verschwindet fast vollständig (Reduktion auf weniger als zwei Prozent). Gleichzeitig fördert die Anwesenheit der Feldmaus Kräuter und heute landwirtschaftlich bekämpfte, früher aber sehr wohl geschätzte (Un-) Gräser. Die allgemeine Verkrautung nimmt zu. Marschweiden zeigten vor einer Massenentwicklung der Feldmäuse 20 bis 40 Prozent Kräuter, davon die Hälfte Klee, und 60 bis 80 Prozent Gräser. Nach der Massenentwicklung bestand die Vegetation aus einem erheblich höheren Krautanteil, von dem im Durchschnitt allein 27 Prozent von Ackerkratzdistel eingenommen wurde. Hohe Schneedecken und überständiges Grasland schützen die Mäuse vor Verfolgung durch Raubtiere wie Eulen und Füchse. Hochstaudenfluren bieten den Nagern daher ideale Winterquartiere. Die Mäuse schleppen Kräutersamen (zum Beispiel Disteln, Ziest) und Wurzeln (zum Beispiel Quecke) als Nahrung ein und siedeln sie so im durchwühlten Grasland neu an. Die Feldmäuse spielen für die Artenvielfalt und die Bodenlockerung eine wichtige Rolle im Naturhaushalt. Nicht nur blütenbesuchenden Insekten und Mäuse jagenden Raubtieren wird Nahrung geboten.

Wühlmäuse lockern den Boden und fördern die Artenvielfalt, jedoch nicht unbedingt den Futterertrag einer Fläche

Wühlmäuse können aber den Wert einer landwirtschaftlichen Fläche in kurzer Zeit mindern. Der Futterertrag für Grasfresser kann drastisch absinken. Für ein Shetlandpony, das am gesündesten auf einem sommergrünen Winterauslauf mit Wildkräutern läuft, kann das durchaus interessant sein, während eine Fohlen führende Warmblutstute je nach Ausmaß der Lebensraumgestaltung der Wühlmäuse zugefüttert werden müsste oder abwandern würde.

Praktische Tipps zum Umgang mit Saatgut

Vorweg möchte ich klarstellen, dass ich die in Pferdehalterkreisen so oft zu sehende Unart der Graslandzerstörung kombiniert mit einer gedankenlosen Verwendung von Saatgut keineswegs gut heißen kann. So etwas hat mit ordnungsgemäß betriebener Graslandwirtschaft nichts zu tun (Dierschke & Briemle 2002), siehe hierzu Kapitel 1).

Pferdehalter finden nicht immer geeignete Mischungen und möchten daher oft Saatgut nach eigenen Vorstellungen und Wünschen ausbringen. Artenreines Saatgut von Wildpflanzen und alten Kultursorten findet sich beim Verband deutscher Wildsamen- und Wildpflanzenproduzenten e. V. (VWW), sortenreines modernes Zuchtsaatgut und manchmal auch alte Kultursorten einzelner Arten findet man beim Bundesverband Deutscher Pflanzenzüchter e. V. (BDP). Welches Saatgut wo anzuwenden ist oder verwendet werden darf, regeln Gesetze (siehe Kapitel 7). Ob modernes Zuchtsaatgut, alte Kultursorten oder Wildsaatgut – für den Käufer sind die Gewächse nicht zu unterscheiden. Die Saatgutproduzenten können genaue Auskunft über ihr Produkt, seine Eigenschaften, Anwendungsmöglichkeiten und seine Nutzung und Pflege geben.

Gesetze regeln, wo welches Saatgut verwendet werden darf

Mit dem Kauf der Samen von einzelnen gewünschten Gräsern und Kräutern stehen die Samen sackweise fein säuberlich nebeneinander – wie die Zutaten zu einem Menü. Wie wird daraus die gewünschte Mischung? Nicht jeder Produzent ist bereit, die von Pferdehaltern oft gewünschten Minimengen für die wenigen Quadratmeter Weide oder Wiese hinterm Haus extra zusammenzumischen. Mancher Großanbieter fängt unter einer Tonne Abnahmemenge gar nicht erst an, den Mischer anzuwerfen. Mit einem sauberen Betonmischer können Pferdehalter dieses Problem umgehen.

Wie kommt das Saatgut gleichmäßig auf die Fläche, wenn kein geübter Sämann das per Hand ausführen kann? Landwirte geben für Übersaaten das Saatgut gerne

Wer sein Grasland so gnadenlos übernutzt, riskiert Massenaufwüchse, zum Beispiel von Stumpfblättrigem Ampfer.
Fotos: Vanselow

Es kann Probleme bereiten, Saatgut mit kleinen Samen gleichmäßig auszubringen. Nur auf kleineren Flächen und mit Übung klappt das von Hand. Sämaschinen sind für Wildsaatgut mit überwiegend Lichtkeimern ungeeignet, da sie diese Samen zu tief legen. *Fotos: Fersing*

dem Düngerstreuer bei. Der Düngerstreuer verteilt dann beides zusammen sehr gleichmäßig über die gesamte Fläche.

Doch was tut man, wenn die zu verteilende Menge an Saatgut für eine größere Fläche sehr gering ist, weil die Samen sehr klein bis winzig sind?

Je winziger die Samen, desto schwieriger wird die gleichmäßige Verteilung der Samen über die Fläche. Doch auch dafür gibt es eine einfache Lösung: die Vermengung mit Füllmaterial. Wenn man die kleinen Samen mit einem geeigneten Material mischt, dann lässt sich beides zusammen wieder mit einem Düngerstreuer gleichmäßig verteilen. Grassamen kann man bei Bedarf gut mit feuchtem Sand vermengen. Lamberger (1911) empfiehlt, die Samen mit der drei- bis vierfachen Menge bodenfeuchten Sandes zu mischen. Statt Sand wurde auch Sägemehl als Füllmaterial verwendet. Heute empfehlen Kräuterproduzenten auch schon mal Bio-Sojaschrot als Füllmaterial. Für die gleichmäßige Verteilung per Düngerstreuer sollte dann die für einen Hektar Land gedachte Saatgutmenge zusammen mit dem Füllmaterial 100 Kilogramm betragen.

Werden kleine Samen mit einem geeigneten Material gemischt, dann lässt sich beides zusammen mit einem Düngerstreuer gleichmäßig verteilen

Bevor es Düngerstreuer für Mineraldünger gab, haben Landwirte Saatgut über den Mist beziehungsweise den Kompost auf dem Miststreuer gegeben.

Üblicherweise rechnet man für eine Neuansaat auf unbewachsenem Boden etwa 30 bis 40 Kilogramm Saatgut pro Hektar. Bedenkt man, wie extrem unterschiedlich groß alleine schon die Samen verschiedener Grassamen sind, geschweige denn die der Kräuter, dann wird klar, dass die Gewichtsangabe ein äußerst ungenauer Wert für die zu erwartende Saatdichte sein kann. Im Zweifel kann der Saatgutproduzent selber zu seinem Saatgut hilfreiche Angaben für die Aussaat machen.

Auf stark lückigen Flächen kann als Vorbeugung gegen giftige Kräuter wie das Jakobs-Kreuzkraut eine Nachsaat sinnvoll sein. Für die Nachsaat nimmt man halb so viel Saatgut wie zur Neuansaat nötig wäre.

Um die Samenbank des Bodens zu füllen und kleine Lücken zu schließen, können mehrmals pro Jahr Übersaaten mit jeweils fünf Kilogramm Saatgut pro Hektar ausgebracht werden. Landwirte verbinden das gerne mit jeder Düngung.

Kein Wildschweinschaden oder das Resultat einer durchgezogenen Gnu-Herde (links), sondern eine humusreiche Senke, durch die Pferde regelmäßig zur nächsten Weidefläche wechseln. Hier wächst am Rande der Bachbungen-Ehrenpreis (rechts). Fotos: Vanselow

Wildschweinschäden stellen auf samenreichen Böden kein langfristiges Problem dar und sind kein Argument, zusätzliches Saatgut zu verwenden

Wer einen gesunden, artenreichen Bestand hat, sollte möglichst gar kein fremdes Saatgut verwenden und lieber den eigenen Pflanzen wenigstens alle drei Jahre ein Absamen ermöglichen. Wenn also jedes Jahr ein anderer Teil der Weide erst nach der Samenbildung zur Beweidung frei gegeben wird, werden sich Lücken ganz von alleine durch vorhandene Samen schließen. Auch Wildschweinschäden stellen auf solchen samenreichen Böden kein langfristiges Problem dar und sind kein Argument, Saatgut zu verwenden. In der Natur haben die Schweine immer dazu gehört und sie haben das Grasland keineswegs vernichtet.

Die überwiegende Zahl der Gräser und Kräuter unserer Grasländer sind Lichtkeimer, also Samen, die nur bei genügend Helligkeit keimen. Statt diese Samen mit Erde zu bedecken, sollten sie wie Zierrasensaat verstreut und angewalzt werden. Bewährt hat sich die Cambridgewalze.

Artenarme Bestände sollten vor der Einsaat artenreicher Mischungen kurz geschnitten, aufgeeggt und gewalzt werden, damit die Samen neben dem bereits bestehenden Pflanzenbestand überhaupt eine Chance bekommen.

Wertvolle Wildsamen

Für Pferdehalter ist manchmal nicht nachvollziehbar, wieso wenige Gramm Wildsaatgut so teuer sein sollen. Wildpflanzen haben oft deutlich kleinere Samen als Zuchtpflanzen. Dann reichen kleinste Mengen, um eine große Fläche anzusäen.

Berühmtes Beispiel für winzige Samen sind Orchideen wie unsere heimischen Knabenkräuter und Sumpfwurze. Deren Samen sind extrem klein und werden wie Pollen mit dem Wind verblasen. Wir kennen die staubfeinen braun-schwarzen Samenkörner der Vanilleschote, ebenfalls einer Orchidee. Eine winzige Messerspitze solchen „Staubes“ könnte locker tausend Pflanzen entsprechen. Als uraltes Weideunkraut wären die heute vom Aussterben bedrohten heimischen Orchideen auf Pferdeweiden durchaus wünschenswert.

Artenvielfalt verlangt eine große Pilzvielfalt

Wo allerdings die für die Keimung der Orchideen notwendigen Pilze als Wirte dieser winzigen Pilzparasiten fehlen, da kann auch die Orchidee nicht keimen. Sogar Wiesenchampignons sind heute auf Pferdeweiden selten geworden. Artenvielfalt verlangt unbedingt eine hohe Pilzvielfalt.

Bewusster Verzicht auf Weidelgras & Co. in der Pferdehaltung

Ich habe dargelegt, warum wir aus meiner Sicht seit einhundert Jahren im Grasland einen Irrweg beschreiten: Statt den Empfehlungen von Weber für standortangepasste Mischungen zu folgen, zwingen wir den Standorten in der landwirtschaftlichen Praxis gegen einen hohen Preis unsere Nutzung auf. Zudem wird viel Saatgut an fragwürdige Standorte gebracht. Ich glaube, dass wir Pferdehalter wie bei dem Würfelspiel „Mensch ärgere dich nicht" aus den Geschehnissen rausfliegen und zurück auf Start gehen müssen.

Nicht überall wird das möglich sein. Doch statt in der konventionellen, intensiven Pferdehaltung den Weg der Ackergraswirtschaft nach US-amerikanischem Vorbild mit allen ihren Folgen unter anderem für die Artenvielfalt zu gehen, sehe ich für Pferdehalter noch einen weiteren beschreitbaren Weg: Einer produktiven Futtergrundlage für Pferde ganz ohne Weidelgräser und einige Schwingel steht im Prinzip nichts entgegen, man muss es nur wollen und machen.

Warum könnten oder sollten wir auf Weidelgräser (*Lolium*) und bestimmte Schwingel (*Festuca*) in der Pferdehaltung verzichten?

Die Gräsergattungen *Lolium* und *Festuca* stellen weltweit die wichtigsten Wirtschaftsgräser. Gräserarten aus diesen Gattungen wurden, wie gezeigt, am intensivsten züchterisch bearbeitet, insbesondere für die Rinder- und Schafhaltung. In der Vergangenheit haben Menschen ungiftige Nutzpflanzen gezüchtet. Moderne Zucht auf Resistenzen ist die Umkehr dieses Jahrtausende alten Bestrebens. Die Intensivierung der Landwirtschaft und die damit einher gehende Monotonisierung ist ohne Resistenzen nicht möglich. Eine Resistenz ohne giftige Wirkstoffe wäre schön, ist aber utopisch. Alles hat seinen Preis. Resistenzen sind ähnlich wie Medikamente – und wirkungsvolle Medikamente zeigen fast immer unerwünschte (Neben-) Wirkungen.

Für viele Pferde in Deutschland bleibt als Schutz vor für Rinder gezüchteten Gräsern nur der Maulkorb. Foto: Vanselow

Zeit für einen Neubeginn: Pferde brauchen weder Deutsches Weidelgras noch Hochleistungs-Schwingelarten

Dort, wo Deutsches Weidelgras heute auch an für diese Grasart ursprünglich kaum geeigneten Standorten Kampfkraft zeigt und die ihm vor einhundert Jahren von Weber (1909a) und Falke (1920) bescheinigte Schwäche auf trockenen, winterkalten und stickstoffarmen Böden fehlt, wird für die Kampfkraft des Grases ein Preis gezahlt. Es ist mit wirkstoffreichen, möglicherweise viehgiftigen Endophyten im auf Resistenzen gezüchteten Gras zu rechnen.

Brauchen wir Pferdehalter also überhaupt diese Gräser? Ich meine: Nein. Wir brauchen diese Gräser nicht, um unsere Pferde satt zu bekommen, denn es gibt reichlich Ersatz. Ich habe in diesem Buch ausführlich dargelegt, wie enorm die Vielfalt

Pferdehalter sollten sich für Pferde und für alte Haustierrassen auf züchterisch wenig bearbeitete oder sogar wilde Futterpflanzen konzentrieren

nutzbarer Futtergräser in Europa, speziell in Deutschland ist. Überlassen wir doch einfach den modernen Hochleistungsrinderhaltern ihre Hochleistungsgräser und konzentrieren uns selber für unsere Pferde und vom Aussterben bedrohte Haustierrassen auf züchterisch wenig bearbeitete oder sogar wilde Futterpflanzen. Die Artenvielfalt naturnaher europäischer Grasländer bietet sehr viele Möglichkeiten, die zurzeit noch ungenutzt sind.

Vielfalt bietet eine Alternative zur modernen Entwicklung, die letztlich auch als eine Form der Überzüchtung der Nutzpflanzen interpretiert werden kann. Gesundheitliche Probleme von Pferden können dem Heu aus Naturschutzflächen eine neue Nachfrage verschaffen, wenn dessen Qualität überprüfbar gut ist (Vanselow et al. 2018).

Weniger ist manchmal mehr. *Foto: Vanselow*

Aktuelle Forschungen an der Universität Würzburg unterstützen diese Überlegungen:

„We suggest avoidance of grass monocultures in Europe to keep intoxication risks for livestock low; we also recommend regular examination of seeds and grasslands, as seed producers might accidentally distribute infected seeds, and as climate warming might further enhance the distribution of Epichloë endophytes in European grasslands“ (Zitat aus: König et al. 2018b).

König et al. schlagen hier nicht nur vor, Gras-Monokulturen in Europa zu vermeiden, um das Vergiftungsrisiko für Weidetiere gering zu halten, sondern empfehlen auch eine regelmäßige Analyse von Samen und Grünland: Zum einen könnten die Saatgutproduzenten versehentlich infiziertes Saatgut liefern, zum anderen könnte die Klimaerwärmung die Verbreitung von *Epichloë*-Endophyten in Europa weiter fördern.

Da eine Übertragung von giftigen Endophyten durch Pflanzensaft saugende Insekten von Gras zu Gras (Dobrindt et al. 2009) nicht ausgeschlossen werden kann, halte ich es für sinnvoll, auf diejenigen Grasarten, die Grundlage waren für die Hochleistungsgräserzucht in der modernen Viehwirtschaft, schlicht zu verzichten. Wenn diese Grasarten im Pferdegrasland fehlen, dann können auch keine Probleme durch giftige Endophyten dieser Gräser auftreten.

Tabelle 5.3, rechts: Versuch einer schematischen Übersicht über die Situation der Saatgutmischungen für das Grasland in Deutschland und Lösungsmöglichkeiten für die Probleme der Pferdehalter.

Tabelle 5.3: Saatgutmischungen für Grasland und Lösungsansätze

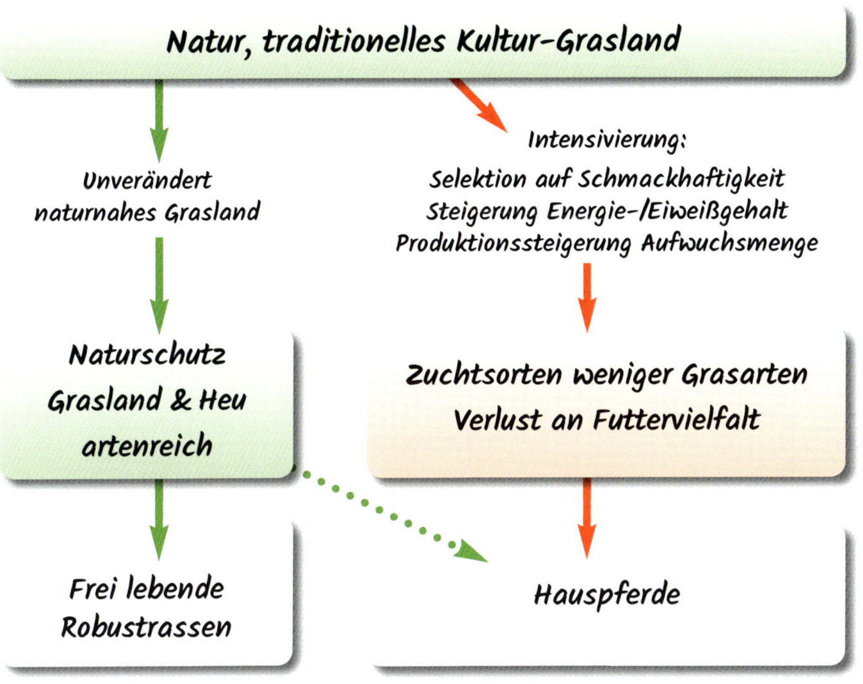

	?	
Gesundheit der Tiere in Naturschutzgebieten? Qualität des Futters aus Naturschutzgebieten?	?	Stehen zunehmend beobachtete Wohlstandserkrankungen in Zusammenhang mit der Zuchtselektion der Futterpflanzen? Sind nur Fruktane schuld? Kann Naturschutzheu eine Alternative sein?
Bei gutem Management der Naturschutzgebiete gesunde Tiere, keine Giftpflanzen im Heu, akzeptable Hygiene und wenig Lagerschäden.	!	Fruktane sind vermutlich nur ein Teil des Problems. Verzicht auf die züchterisch besonders bearbeiteten Grasarten Weidelgras und Schwingel ist möglich und zumindest in Teilen der Pferdchaltung überlegenswert. Gut gemanagte Naturschutzaufwüchse könnten eine alternative Futterquelle bieten.

Kapitel 6

Giftgrün? Nicht nur Kräuter, sondern auch Gräser können unter bestimmten Bedingungen giftig sein. Foto: Fersing

Giftpflanzen und giftige Gräser

Giftpflanzen setzen mit unangenehmen Inhaltsstoffen auf chemische Abschreckung. Die Fraßfeinde sollen dazu gebracht werden, sich anderen Gewächsen zuzuwenden und abzuwandern. Nur im äußersten Falle führen die Gifte zum Tod.

Zum Thema Grasland gehört auch ein Blick auf Vergiftungen. Doch bei einer Betrachtung, welche Symptome mit welchen möglichen Urhebern in Verbindung gebracht werden könnten, wird schnell klar, dass eine einfache Zuordnung nicht möglich ist. Kräuter, Gehölze, Mikroorganismen, Tiere, Pilze, Verletzungen, Mineralungleichgewichte oder schlicht Gräser kommen in Betracht. Die Tabelle 6.1 auf Seite 104 fasst häufige Symptome und einige mögliche Ursachen zusammen.

Welche ungeahnten Folgen von Menschen gezogene Zäune für Pflanzenfresser haben können, zeigte das zunächst ungeklärte Sterben von über 3000 Antilopen in Süd-Afrika: Zu den Futterpflanzen der Großen Kudus, einer Antilopenart, zählen Akazien. Akazien wehren sich gegen Fraß mit Hilfe von cyanogenen Glykosiden, also Wirkstoffen, die bei Verletzung der Pflanze und somit Zerstörung des Gewebes und des Glykosides Blausäure freigeben, sowie durch die Produktion tödlicher Mengen von Tanninen in den Blättern. Verletzte Akazien warnen sich zudem gegenseitig, indem sie das gasförmige Pflanzenhormon Ethylen (Ethen, C_2H_4) in die Luft abgeben – weshalb Antilopen und Giraffen Akazien gegen den Wind fressen, um dieses Warnsystem der Bäume untereinander und deren dann zunehmende Giftigkeit zu umgehen.

Da wilde Kudus als Fleischtiere dienen, sind ansässige Landwirte bestrebt, die Tiere auf ihren Flächen zu halten und zu nutzen. Zäunt man die Antilopen ein und hindert sie so an der Abwanderung, dann bringt die Futterpflanze im Falle der Überweidung die Antilopen um, bis die Besiedlungsdichte aus Sicht der Akazie wieder stimmt (Hughes 1990).

Ein anwesender Zeuge muss nicht der Täter sein

Allein die Anwesenheit eines Zeugen am Tatort bedeutet dabei nicht zwangsläufig, dass dieser Zeuge der Täter war. Selbst wenn geringe Mengen gefressener Giftstoffe eines zufällig anwesenden pflanzlichen Zeugen im Tier nachweisbar sind, heißt das noch lange nicht, dass die aufgenommene Dosis hoch genug war, um die Vergiftungssymptome auszulösen. Möglicherweise wurden die tatsächlich wirksamen Gifte eines ganz anderen Täters gar nicht gemessen und folglich übersehen.

Tabelle 6.1: Symptome von Pferden nach Weideaufenthalt

Symptome	Gras?	Kraut? Gehölz?	Andere Ursachen?
Hufrehe	Weidelgras, Schwingel (Ergotalkaloide)	Graukresse, Robinie	Selen, MO
Ödeme	Weidelgras, Schwingel	Graukresse	Insekten, Pollen, (Schimmel-) Pilze
Dermatitis	Weidelgras, Schwingel (Ergotalkaloide)	Klee, Hahnenfuß	Mauke, Milben
Taumeln, Lähmungen	Weidelgras (Lolitreme)	Duwock, Adlerfarn	Clostridien
Schleimhaut-entzündungen	Weidelgras, Schwingel (Ergotalkaloide)	Hahnenfuß	Clostridien u. a. MO
Wesens-veränderung, Verhalten wie unter Drogen	Weidelgras, Schwingel (Ergotalkaloide, Lysergsäure, Lolitreme)	Ginster, Winden, Mohn, Hanf, Tabak u. a.	Echtes Mutterkorn, (Hut-) Pilze u.a.
Head-Shaking	Weidelgras (Lolitreme)		Verletzungen, Allergene
Speichelfluss	Weidelgras, Schwingel (Ergotalkaloide)	Aronstab, Milchstern, Tabak, Seifenkraut, Rosskastanie, Efeu	*Rhizoctonia leguminicola* auf Schmetterlings-blütlern, Rostpilze auf Gras
Hahnentritt	Weidelgras? (Lolitreme?)	Ferkelkraut?	Verletzungen
Zyanose	Weidelgras, Schwingel (Ergotalkaloide); Schwaden (cyanogene Glykoside)	Rosengewächse, Klee	Nitrate

Tabelle 6.1: Symptome von Pferden nach Weideaufenthalt und einige mögliche Ursachen, die für derartige Probleme verantwortlich gemacht werden könnten.

Zu den bisher kaum beachteten Tätern in Deutschland gehören einige Gräser. Gräser können Gifte enthalten, die in geringsten Spuren wirksam sind (Moon et al. 2007, Canals et al. 2014, Craig et al. 2014, Craig et al. 2015). Legendär ist die stark narkotisierende Wirkung einiger Steppengräser, denen der Volksmund Namen gab wie „drunken horse grass“ *Achnatherum inebrians*, Asien, Dronk Gras *Melica decumbens*, Süd-Afrika oder „sleepy grass“ *Achnatherum robustum*, Nord-Amerika (Moon et al. 2007). Hier sind Endophyten der Gattung *Neotyphodium* die Ursache, die einen Wirkstoff namens Ergin, bekannter unter seinem Namen Lysergsäureamid, bilden. Meist besser bekannt ist der Wirkstoff Lysergsäure-Diäthylamid, abgekürzt LSD. Schon geringe Mengen aufgenommenes Ergin können beim

Fluchttier Pferd zu einem bis zu drei Tage anhaltenden Schlaf führen. Erfahrene Pferde rühren Gräser mit diesem Fraßabwehrstoff gar nicht erst an.

Pferdehalter beobachten manchmal, dass besonders kurz befressene Bereiche eine unglaubliche Anziehungskraft haben für Pferde, und dass auch Tiere, die von dieser Kost Hufrehe erleiden, nicht von diesen Gräsern fern zu halten sind – und das auch dann, wenn direkt daneben üppiger frisch-grüner Grasaufwuchs gefressen werden könnte. Es ist, als wären die Tiere geradezu süchtig nach dem extrem kurzen Gras. Tatsächlich ist das nicht völlig ausgeschlossen, denn die Gräsergifte wirken überwiegend stark halluzinogen. Wildtiere und Haustiere, die der Verlockung vergorener Früchte mit hohem Alkoholgehalt nicht widerstehen konnten, sind nicht nur durch Dokumentarfilme bekannt.

Gräsergifte können nicht nur halluzinogen wirken, sondern die Pferde möglicherweise sogar süchtig nach ihnen machen

Wir wissen nicht, wie die Gräsergifte auf das Verhalten von Pferden wirken, ob sie vielleicht im Laufe der Zeit einen Gewöhnungseffekt, Abhängigkeit von den Wirkstoffen und Entzugserscheinungen entwickeln, also vielleicht den Suchtstoff brauchen.

Vor wenigen Jahren listete das „Endophyte Service Laboratory" in Corvallis, USA, die gefährlichsten Giftpflanzen auf Viehweiden im pazifischen Nordwesten der USA auf (Duringer 2007b):

- Jakobs-Kreuzkraut (Tansy Ragwort, *Senecio jacobaea*, Jakobs-Greiskraut)
- Rohrschwingel (Tall Fescue, *Festuca arundinacea*, neuerdings *Lolium arundinaceum*)
- Deutsches Weidelgras (Perennial Ryegrass, *Lolium perenne*, Englisches Raygras)

Das Deutsche Weidelgras hat die Dürre 2018 meistens schlechter überlebt als das Jakobs-Kreuzkraut. *Foto: Vanselow*

Unser heimisches Jakobs-Kreuzkraut (JKK) wurde weltweit verschleppt und ist inzwischen ein ernstes Problem. Bei den bei uns ebenfalls heimischen Gräsern Rohrschwingel und Deutsches Weidelgras handelt es sich dagegen um die weltweit wichtigsten Wirtschaftsgräser. Die ursprüngliche Heimat dieser Gräser ist das Gebiet von Europa bis Nord-Afrika (Craven & Schardl no date, Hopkins, Saha & Wang 2007, van Zijll de Jong et al. 2004). Sie auf eine Stufe gestellt mit Jakobs-Kreuzkraut als Giftpflanzen zu finden, ist gewöhnungsbedürftig.

Tatsächlich sind die Gifte in Gräsern derart erfolgreich in der Abschreckung und Vertreibung von Pflanzenfressern, dass sie längst zu genau diesem Zwecke an Flughäfen gezielt eingesetzt werden (Penell & Rolston 2011), siehe Seite 156.

Wie kommt das Gift ins Gras?

Viele Pferdehalter beobachten in den letzten Jahrzehnten zunehmend gesundheitliche Probleme ihrer Tiere durch Weidegang, gerne als „Wohlstandskrankheiten" bezeichnet. Zuerst hieß es, die Eiweiße der Gräser seien schuld. Dann hieß es, Zucker, genauer Fruktane, seien die Ursache. Hierzulande kaum bekannt ist, dass Gräser hochwirksame Gifte enthalten können, die möglicherweise eine Rolle bei diesen gesundheitlichen Problemen spielen. Doch wie kommt das Gift in die Gräser?

Als vor 400 Millionen Jahren die Pflanzen als den Grünalgen ähnliche Gewächse aus dem Meer kommend das Land eroberten, brachten sie Partner mit an Land, mit denen sie bereits im Wasser zusammen gelebt hatten (Brundrett 2002 und Heckmann et al. 2001, beide zitiert in Cheplick & Faeth 2009). Dabei handelt es sich um Pilze, die mal als Parasit, mal eher als Symbiont einzustufen waren.

Wir kennen eine solche Lebensgemeinschaft von den Flechten. Flechten bestehen in ihrem Hauptkörper vorwiegend aus einem Pilzgeflecht. In dieses Pilzgeflecht eingebettet und darin geschützt sowie mit Nährstoffen versorgt finden sich Algen. Grünalgen können über die Photosynthese Lichtenergie in Form von Zuckern speichern und für den Pilzkörper nutzbar machen. Grünalgen sind bereits eine Lebensgemeinschaft, denn die Zellorganellen, also die winzigen Strukturen in der Algenzelle, in denen die Photosynthese abläuft, die Chloroplasten, sind so etwas wie einverleibte, verschluckte, aber nicht verdaute Blaualgen (Cyanobakterien, sogenannte „Endosymbionten-Theorie", Margulis 1999). Frei lebende Blaualgen können den Luftstickstoff binden und als Nährstoff nutzbar machen. Ein Pilz, der diese beiden Partner an sich binden kann, profitiert also von den Zuckern der Grünalge beziehungsweise von Zuckern und Stickstoffverbindungen der Blaualgen. Auch Braun- und Rotalgen finden sich in Flechten. Normalerweise entscheidet der Pilz sich für nur einen einzigen Algenpartner, aber in manchen Flechten finden sich auch mehrere. Je nach Zusammensetzung von Pilz und Algen definieren sich daraus die verschiedenen Lebensgemeinschaften, die wir als konkrete Flechten bestimmen und benennen können (Moberg & Holmasen 1992).

Uralte Lebensgemeinschaft: Flechten auf Gestein in Schweden.

Die Flechten-Gattung Xanthoria auf Holunderästen. Fotos (2): Vanselow

Es gibt kaum eine Pflanzenart, die nicht mit Pilzen und Bakterien in einer Gemeinschaft zusammen lebt. Organismen, also Pilze und Bakterien, die innerhalb eines Pflanzenkörpers leben, bezeichnet man als Endophyten.

Das Möbiusband veranschaulicht als unendliche Schleife in gewisser Weise Goethes Gedicht „Epirrhema". Foto: Vanselow

Manche Wissenschaftler bezeichnen aufgrund der neuen Erkenntnisse Pflanzen als „umgekrempelte Flechten" (Atsatt 1988, Barrow et al. 2007). Die Alge übernimmt bei den Pflanzen den Hauptkörper. Der Pilz wird von außen völlig unsichtbar als minimaler Anteil ins Innere der Alge verlegt. Die Pflanze ist somit kein einzelnes Individuum, sondern, genau wie die Flechte, eine Lebensgemeinschaft, nur eben anders herum als die Flechte. Wie bei der Flechte sorgt der grüne Körper für die Kohlenhydrate mit Hilfe des Sonnenlichts, während die chemisch viel kompetenteren Pilze wichtige Wirkstoffe für die Gemeinschaft produzieren.

Auf einmal bekommt Goethes Gedicht vom Naturbetrachten eine ganz konkrete Bedeutung:

Epirrhema

Müsset im Naturbetrachten
Immer eins wie alles achten:
Nichts ist drinnen, nichts ist draußen;
Denn was innen, das ist außen.
So ergreifet ohne Säumnis
Heilig öffentlich Geheimnis.
Freuet euch des wahren Scheins,
Euch des ernsten Spieles:
Kein Lebendiges ist ein Eins,
Immer ists ein Vieles.

Johann Wolfgang von Goethe

Endophyten sind nicht immer auf einen einzigen Wirt spezialisiert. Manche können über Artgrenzen hinweg auf ganz unterschiedliche Wirtspflanzen übertragen werden. Dabei können sie auf der einen Pflanze von großem Nutzen als Symbiont sein, aber auf einer anderen Wirtspflanze als Parasit zu schweren Schäden führen.

In der Forschung haben Endophyten eine Goldgräber-Stimmung ausgelöst

In der Forschung haben Endophyten eine gewisse Goldgräber-Stimmung ausgelöst: Die Pharmaindustrie versucht aus Heilpflanzen deren Partner zu isolieren und zu kultivieren in der Hoffnung, die wertvollen Wirkstoffe im Labor herstellen zu können (Chowdhary et al. 2012, Valachova et al. 2005). Die Pflanzenzüchter hingegen suchen nach besonderen Endophyten – Pilze oder Mikroorganismen –, die ihren Nutzpflanzen die erwünschten Eigenschaften verleihen (Bancy et al. 2014, D´Amico et al. 2008, Kumar & Kaushik 2012, Nair & Padmavathy 2014, O´Hanlon et al. 2012, Rodriguez & Redman 2008, Schulz et al. 1995, Schulz et al. 2002).

Das toxische Potenzial resistenter Wirtschaftsgräser

Aus gesundem Weideland kann innerhalb weniger Jahre durch Überweidung eine giftige Futtergrundlage werden

Unsere Wirtschaftsgräser aus der Gruppe der Weidelgräser und Schwingel erhalten ihre Widerstandskraft (Resistenz) gegen Insektenplagen, Wurmbefall, Überweidung, Nährstoffmangel oder Dürre überwiegend mit Hilfe der Wirkstoffe ihrer Pilzpartner, der Endophyten (Paul 2000, Cheplick & Faeth 2009). Ohne Pilzpartner sind diese Gräser unter Stress weniger überlebensfähig (Ball et al. 2003). Bei den in Gräsern gefundenen Giften handelt es sich um rein natürliche Wirkstoffe (Aldrich-Markham et al. 2007).
Zucht, aber auch unbeabsichtigte Selektion auf die Härtesten und Giftigsten, zum Beispiel als Folge gnadenloser Überweidung, provoziert die Fraßabwehr der Gräser (Ball et al. 2003, Hoveland 2003, McCluskey et al. 1999). Aus gesundem Weideland kann daher bei Überweidung in wenigen Jahren oder Jahrzehnten eine mehr oder minder grüne Fläche werden, deren Bewuchs als Futtergrundlage äußerst fragwürdig ist.

Vielfältige Wirkungen von Gräsergiften

Die Partner von Weidelgräsern und Schwingeln gehören zur nächsten Verwandtschaft der giftigen Mutterkornpilze (Schardl et al. 2007). Sie stellen eine Vielzahl von unterschiedlichen Wirkstoffen her, weit mehr als nur solche aus der Gruppe der Mutterkorngifte. Die nebenstehende Abbildung zeigt die bisher am besten erforschten Giftstoffklassen und einige ihrer Wirkungen im Tier im Überblick auf. Vier Wirkstoffgruppen sind bisher als viehgiftig aufgefallen. Die von ihnen ausgelösten Symptome sind völlig unterschiedlich.
Von den vier Gruppen sind die Mutterkorngifte (Ergotalkaloide) und ihre Wirkungen am besten untersucht. Nur wenige Tierärzte wissen, was ein Endophyt ist. Ihnen sind gesunde Gräser ohne Mutterkornbefall nicht verdächtig. Entsprechend werden Mutterkorngifte als mögliche Krankheitsursache kaum in Betracht gezogen.
Die Wirkungsweise der Mutterkorngifte auf Säugetiere ist extrem vielfältig (Strickland et al. 2011). Die auftretenden Symptome einer Vergiftung (Strickland et al. 2011, Canty et al. 2014,Guerre 2015, Klotz & Smith 2015) reichen von Fruchtbarkeitsstörungen über Lahmheit und den kompletten Verlust von Nägeln, Krallen oder Hornkapseln bei Säugetieren allgemein bis hin zu chronischen Veränderungen an für den Stoffwechsel wichtigen Drüsen (Bauchspeicheldrüse, Hirnanhangdrüse). Zu den allgemein beobachteten Vergiftungssymptomen zählt nicht nur bei Schafen in Neuseeland Durchfall, der insbesondere durch die Kombination von Ergotalkaloiden und Lolitremen gefördert wird (Dalziel et al. 2014). Ergotalkaloide können zu einer Unterbrechung der Verdauung führen. Die Darmkontraktionen werden sofort gehemmt, während der Muskeltonus des Darms steigt (McLeay et al. 2006).

Tabelle 6.2: Gifte von in Gräsern lebenden Pilzen aus der Familie der Mutterkornpilzverwandten und einige ihrer Wirkungen im Weidetier. Verändert und ergänzt nach Arthur (2002). Die von Bourke et al. 2009 den Lolinen zugeschriebenen Wirkungen werden vermutlich von noch unbekannten anderen Wirkstoffen verursacht (Finch 2018).

Tabelle 6.2: Gräsergifte und ihre Wirkungen

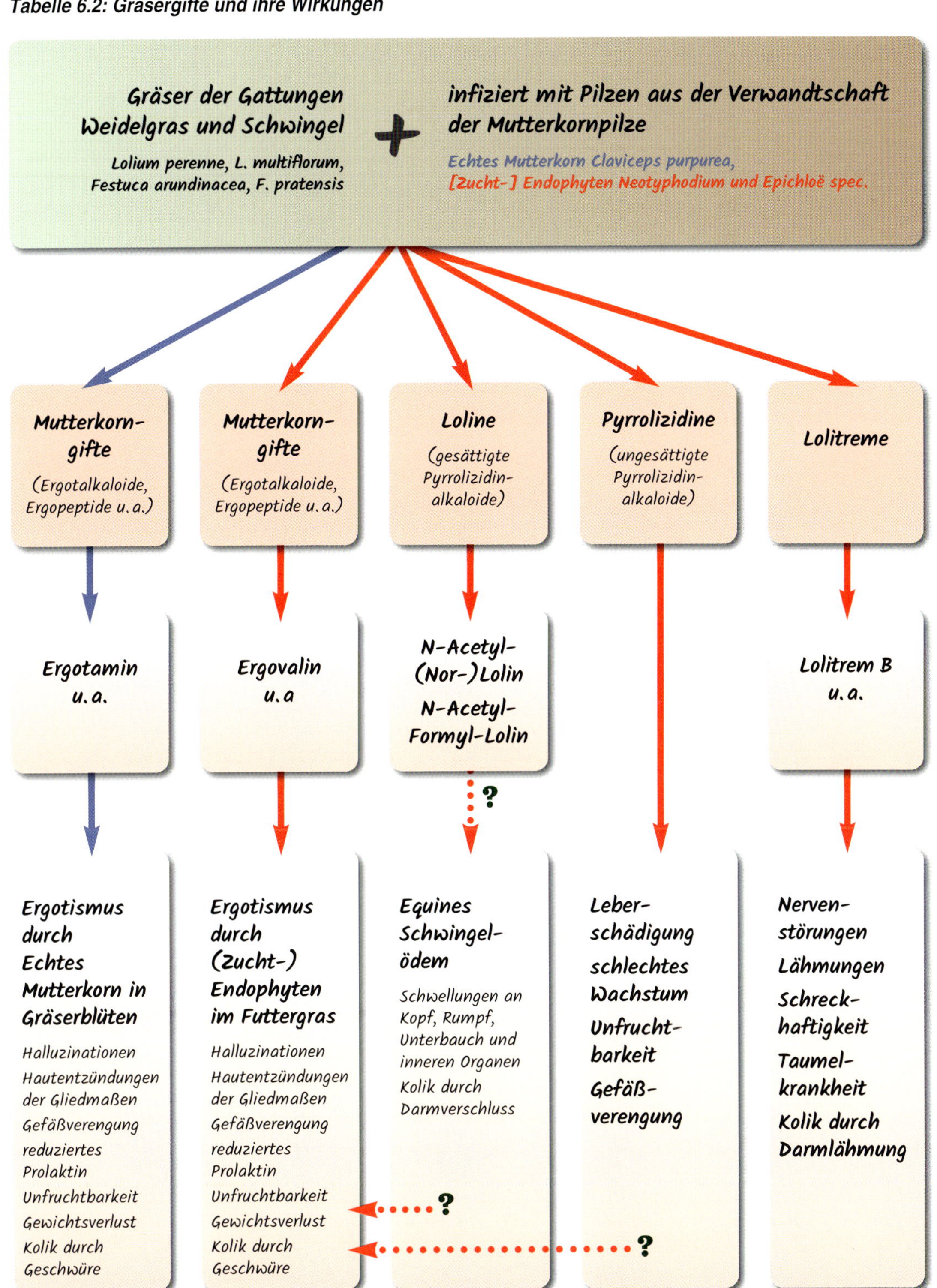

Echter Mutterkornpilz auf Ruchgras (links) und auf Rohrschwingel (rechts). *Fotos: Vanselow*

Die gefäßverengende Wirkung der Ergotalkaloide beeinflusst den gesamten Blutkreislauf. So traten bei kontrolliert akut vergifteten Schafen unmittelbar ein erhöhter Blutdruck und ein gesteigerter arterieller Pulsdruck auf (McLeay et al. 2002).

Rinder von giftigen Sommerweiden zeigten im Winter bei giftfreier Diät Vergiftungssymptome. Fettgewebe käme als Speicher für die Gifte in Frage (Realini et al. 2005).

Erkrankten Rinder mitten im Winter, außerhalb der Weidesaison, durch den Abbau von gifthaltigem Fettgewebe?

„Genau wie bei Rindern ist Ergovalin auch bei Pferden, insbesondere tragenden Stuten, als einer der Hauptverantwortlichen der ‚Schwingelvergiftung' bekannt. Bei den Pferden sind die Hauptsymptome: starkes Schwitzen, Lahmheit und viele Störungen der Fruchtbarkeit (verlängerte Tragzeit, Aborte, schwerste Geburtskomplikationen, nicht abgehende und verdickte Plazentas, unnormale Fohlenreife, Milchlosigkeit und tote Fohlen) [Bacon et al. 1986, Cross 1997, Cross et al. 1995, Rohrbach et al. 1995]. Weiterhin traten verringerte Prolaktin- und Progesteron-Gehalte im Serum von Stuten auf, die mit Endophyten infiziertes Gras gefressen hatten [Brendemuehl et al. 1996, Redmond et al. 1994]" (Zitat aus: Bony et al. 2001).

Mutterkorngifte stehen in direktem Zusammenhang zur Lysergsäure. Bekannt ist das Lysergsäure-Diäthylamid (LSD). Lysergsäure ist im Gras die Vorstufe und im Urin das Abbauprodukt von Mutterkorngiften. Lysergsäure steigert den Blutdruck und senkt den Prolaktinspiegel (Guerre 2015). Alle diese Gifte sind psychoaktive Substanzen. Mutterkorn ist ein traditionelles Abtreibungsmittel. Als Wehenmittel zur Abtreibung diente es den kräuterkundigen Frauen früherer Jahrhunderte: Die schwarzen Mutterkörner in den reifen Ähren von Roggen und Getreide *„werden von den Weibern für ein sonderliche Hülffe und bewerte Arzney für das auffsteigen und wehethumb der Mutter gehalten / so man derselben drey etlich mal einnimpt und isset"* (Zitat aus Lonicer 1582, im Original abgedruckt in Mühle & Breuel 1977).

Tabelle 6.3: Neotyphodium und Fruchtbarkeit

Infektionsgrad mit Endophyten	Trächtigkeitsrate
0 – 5 %	96 %
25 – 60 %	82 %
80 – 99 %	55 %

Tabelle 6.3: Trächtigkeitsrate von Fleischrindern in den USA in Abhängigkeit vom Infektionsgrad der Futtergräser mit Endophyten der Gattung Neotyphodium. Angaben aus Duringer 2007b.

Tabelle 6.3 zeigt die Wirkung der Mutterkorngifte in Futtergräsern auf die Fruchtbarkeit von Rindern.

Durch den Getreideanbau haben wir Menschen uns selber zu Grasfressern gemacht. Die Gräserendophyten der Futtergräser sollen zukünftig die Resistenz der Brotgetreide, aber auch anderer Nutzpflanzen, verbessern (O'Hanlon et al. 2012, De Bonth et al. 2018, Hume et al. 2018, Johnson et al. 2018, Llorens et al. 2018, Moody et al. 2018, Popay & Jensen 2018, Rodriguez 2018, Simpson et al. 2018, Wang & Li 2018, Xuekai et al. 218, Yawen et al. 2018).

Rein theoretisch könnte man vermutlich mit der Zucht geeigneter resistenter Brotgetreide die menschliche Bevölkerungsdichte und ihre Fruchtbarkeit statistisch großflächig rein biologisch regeln beziehungsweise steuern. Dieser Gedanke ist insbesondere auch in Hinblick auf den Einsatz von Insekten als mögliche Biowaffen von Bedeutung: Laut einer Kurzmeldung von NDR Info am 23. und 27. November 2018 finanziert das US-amerikanische Verteidigungsministerium die Entwicklung einer Methode, Insekten als Überträger gentechnisch veränderter Viren einzusetzen. Diese Viren könnten dann als Genschere das Erbgut von landwirtschaftlichen Nutzpflanzen verändern, möglicherweise zum Schutz der Nahrungsgrundlage bei einem feindlichen Angriff (https://www.ndr.de/info/Insekten-als-Biowaffen, audio 459220.html, Insekten als Biowaffen? NDR Info-Logo-Das Wissenschaftsmagazin vom 23.11.2018 21:05 Uhr, Autorin: Remus, Daniela).

Theoretisch könnte man mit der Zucht geeigneter resistenter Brotgetreide die menschliche Fruchtbarkeit und damit die Bevölkerungsdichte beeinflussen

Weniger bekannt als die Mutterkornvergiftungen sind die Nervenstörungen, die durch die Weidelgras-Taumelkrankheit verursacht werden (Johnstone et al. 2012, Guerre 2016). Das für diese Symptome verantwortliche Gift Lolitrem B wurde im nierennahen Bauchfett nachgewiesen (Miyazaki et al. 2004).

Erst vor wenigen Jahren wurde das Equine Schwingelödem erstmals wissenschaftlich dokumentiert (Bourke et al. 2009). Kaum ein Tierarzt würde Ödeme im Kopf-Halsbereich und Koliksymptome auf Gifte in Gräsern zurückführen. Die für diese Vergiftung von Bourke et al. (2009) verantwortlich gemachten Wirkstoffe, die Loline, sind eine Fraß-Abwehrreaktion der Gräser, die sich in erster Linie gegen Insekten richtet (Lehtonen et al. 2005, Clement et al. 2011, Reinholz 2000). Möglicherweise werden die Ödeme aber nicht durch Loline ausgelöst, sondern durch andere Wirkstoffe der Gräser, die noch unbekannt sind (Finch 2018).

Loline gehören zu den Pyrrolizidinalkaloiden (PA). PA sind die Wirkstoffe, die das Jakobs-Kreuzkraut (JKK) giftig machen. Es wird vor Spuren dieser Gifte im Honig oder Fencheltee gewarnt. Die Pyrrolizidinalkaloide sind eine riesige Gruppe von Wirkstoffen. Das Spektrum innerhalb der PA reicht von völlig ungefährlich bis zu hochgradig giftig. Die gesättigten PA, zu der die Gruppe der Loline zählen, gelten als nicht leberschädigend. Bei den ungesättigten PA, wie im Jakobs-Kreuzkraut, handelt es sich um gefährliche Lebergifte. Arthur (2002) berichtet über ungesättigte PA in mit Endophyten infizierten Gräsern als Ursache von Leberschäden bei Weidetieren.

Jakobs-Kreuzkraut (JKK) schädigt aufgrund der in ihm enthaltenen Pyrrolizidinalkaloide die Leber. *Foto: Vanselow*

Zu vermuten ist, dass auch plötzliche Todesfälle von Weidetieren auf

Grasland, die an Vergiftungen wie die atypische Weidemyoglobinurie erinnern, durch Pilze in oder an den Gräsern verursacht werden können. Die natürliche Pilzflora in heimischen (Wild-) Gräsern und außen auf ihrem Pflanzenkörper ist ausgesprochen artenreich und bisher kaum verstanden (König et al. 2018a). Die Vergiftungssymptome der atypischen Weidemyoglobinurie, die dem Ahorn und seinem an den Mitochondrien der Zellen wirkenden Gift Hypoglycin zugeschrieben werden (Vanselow 2010b, van der Kolk et al. 2010, Sponseller et al. 2012, Valberg et al. 2013, van der Kolk et al. 2013, Rudolph et al. 2017), sind weitgehend identisch mit den Symptomen, die durch antibiotische Substanzen aus der Gruppe der Ionophoren bei Pferden verursacht werden. Schon geringste Spuren von Ionophoren im Futter können laut Auskunft der Homepage CliniTox des Instituts für Tiermedizinische Pharmakologie und Toxikologie der Universität Zürich für Pferde tödlich sein (siehe www.vetpharm.uzh.ch/clinitox/toxdb/ PFD_047.htm). Ionophoren finden als Antibiotika in Mastbetrieben mit Schweinen und Wiederkäuern Anwendung, auch als zugelassene Leistungsförderer. Ionophoren (Decleer et al. 2016) und ihnen ähnliche Stoffe wie die Peptaibole (Schirmböck et al. 1994, Chugh & Wallace 2001, Andersson et al. 2009, Kumar & Kaushik 2012, Pike et al. 2015) sind Wirkstoffe von Pilz-Endophyten, die die Atmungskette der Mitochondrien sehr effektiv unterbrechen und so zum (Zell-) Tod führen (Kruglov et al. 2009).

Gräser leben in einem hoch komplexen System und sind auch mit ihren vielfältigen Abwehrmaßnahmen bestens daran angepasst

Wir stehen erst ganz am Anfang des Verständnisses des Ökosystems Grasland aus dem Blickwinkel der Pilze. Tatsächlich hatte bisher kaum jemand völlig unscheinbare Pilze auf gesunden Gräsern im Blickfeld. Dabei handelt es sich um einen extrem spannenden und zu Unrecht völlig übersehenen, entscheidenden Aspekt der Futtergrundlage unserer Weidetiere.

Das Arsenal von speziellen Wirkstoffgruppen ist ein Hinweis darauf, dass Gräser in einem hochkomplexen System leben und bestens daran angepasst sind. Um die vielfältigen Abwehrmaßnahmen besser zu verstehen, ist es nötig, diese Umgebung der Gräser zu betrachten.

Links: Herbstlaub des Bergahorns mit der im Grasland lebenden Raupe der Ampfer-Rindeneule. Rechts: Fruchtender Bergahorn. *Fotos: Vanselow*

Uralte Schutzmechanismen im Grasland

Gräser sind keineswegs harmloses Grünfutter, das ungeschützt und immer produktiv nur darauf wartet, endlich gefressen zu werden. Viele Pferdehalter scheinen dieses naive Bild von der Futtergrundlage ihrer Lieblinge zu haben. Entsprechend respektlos lassen sie die Pferde das Grasland zerstören. Der Gedanke, dass dieses Treiben das Grasland grundlegend verändern könnte, kommt ihnen nicht. Um die Strategien der Gräser und ihre Vernetzung im Ökosystem zu verstehen, ist es sinnvoll, ihre Entstehungsgeschichte anzuschauen.

Gräser sind tatsächlich eine uralte und äußerst erfolgreiche Anpassung an intensiven Fraß. Bereits in der Oberkreide vor 65 Millionen Jahren waren Gräser weit entwickelt und wurden nachweislich von Dinosauriern beweidet (Prasad et al. 2005). Moderne Nachfahren der Dinosaurier grasen noch heute ausgesprochen intensiv bevorzugt kurzgefressene Rasen und düngen die Flächen mit ihrem stickstoffreichen Kot: Gänsevögel sind fliegende Miniaturausgaben der riesigen, weidenden Saurier der Urzeit. Folgerichtig sind die mit Hilfe von Endophyten produzierten Gifte der Gräser sehr wirksam gegen diese Plagegeister, also Gänse, gerichtet (Penell & Rolston 2011).

Gänsevögel sind fliegende Miniaturausgaben der riesigen, weidenden Saurier der Urzeit – also sind die Gifte der Gräser sehr wirksam gegen diese Plagegeister gerichtet

Eine andere Gruppe der Grasfresser bilden die Insekten. Bekannt sind die Heuschrecken. Aber auch weitere Insektengruppen wie Käfer, Blattläuse oder Schmetterlingsraupen fressen Gräser. Die Gräsergifte sind ein Schutz gegen Insekten (Lehtonen et al. 2005, Clement et al. 2011, Reinholz 2000). Erste Insekten sind durch Fossilfunde aus der Zeit vor 400 Millionen Jahren belegt (Engel & Grimaldi 2004).

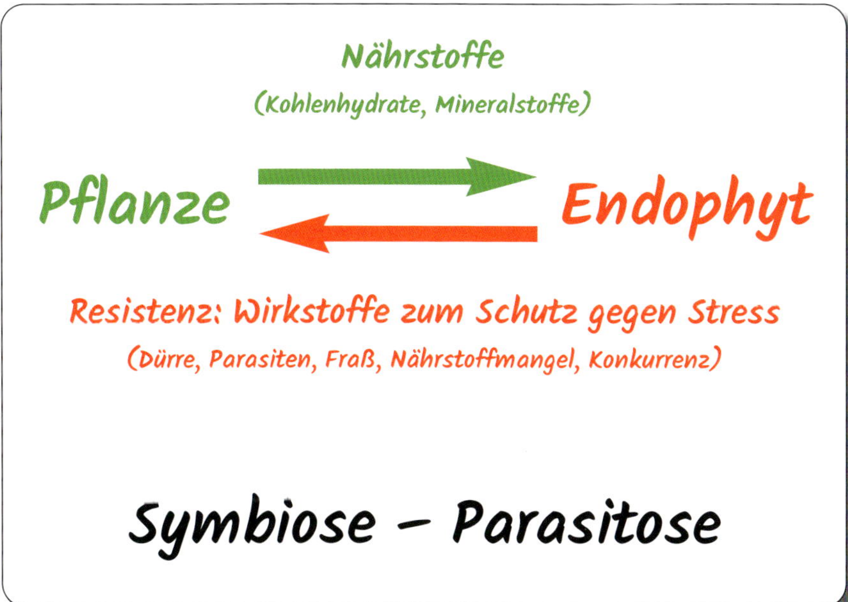

Passt sich an: Das Grasland bewegt sich wie ein Stehaufmännchen zwischen Pflanzenfressern vom Dino bis zur Heuschrecke. *Zeichnung: Vanselow*

Zu dieser Zeit vor 400 Millionen Jahren fingen die ersten, den Algen noch sehr ähnlichen Pflanzen an, das Land zu erobern. Sie brachten in die neue Lebensform eine bereits im Meer entstandene Gesellschaft mit: die Endophyten (Brundrett 2002, Heckmann et al. 2001 und Krings et al. 2007, alle drei zitiert in Cheplick & Faeth 2009).

Spezielle Endophyten halfen dabei den Pflanzen, das Land zu erobern, indem sie zum Beispiel bei der Bewältigung von Trockenstress und intensiver Lichteinstrahlung helfen konnten (Rodriguez & Redman 2008, Rodriguez et al. 2009). Ohne ihren Pilzpartner können auch heute viele Pflanzen ihren Lebensraum nicht besiedeln (Rodriguez & Redman 2008). Orchideen sind bei der Keimung ihrer Staubkornwinzigen Samen heute noch auf Pilze angewiesen. Der Pilz versucht, das Samenkorn als organisches Material zu zersetzen, wird dabei aber von der Orchidee durch Wirkstoffe gehindert. Die keimende Orchidee parasitiert an dem Pilz, indem sie das Pilzgeflecht als Wurzelersatz nutzt. Fehlt der Pilz im Biotop, dann kann die Orchidee an dem Standort nicht keimen. Landpflanzen, Insekten und Pilzendophyten haben mindestens 400 Millionen Jahre gemeinsame Evolution hinter sich.

Die mit den Mutterkörnern verwandten Endophyten unserer Gräser waren ursprünglich insektenpathogen, haben also Insekten geschädigt

Noch eine unerwartete Entdeckung kommt hinzu: Die mit den Mutterkörnern verwandten Endophyten unserer Gräser waren ursprünglich insektenpathogen: „*Ancestral state reconstructions in a multilocus phylogenetic framework suggest that clavicipitaceous endophytes arose from insect-parasitic ancestors and diversified through a series of inter-kingdom host jumps (Koroch et al., 2004; Spatafora et al., 2007; Torres et al., 2007b)"* (Zitat aus: Rodriguez et al. 2009). Das bedeutet, dass diese Pilze nicht in Pflanzen lebten, sondern als Parasiten in Insekten. Bei der Übertragung auf die Pflanze fehlten den insektenpathogenen Pilzen aus der Mutterkornverwandtschaft Enzyme und Gifte, die pflanzliches Gewebe geschädigt hätten (Rodriguez et al. 2009). Sie waren aber weiterhin kompetent in der Schädigung oder Abtötung von Insekten, also insektizid. Eine für die Pflanze durchaus interessante Konstellation, die das Durchfüttern des Pilzes lohnend machen konnte.

Ein solcher Sprung eines Pilzes zwischen Wirten aus dem Tier- und Pflanzenreich ist kein Einzelfall:
„Der Askomyzet Tolypocladium cylindrosporum (Familie Ophiocordycipitaceae) wurde zuerst beschrieben als eine bodenbewohnende Art und später als ein Krankheitserreger zahlreicher Insektenarten, einschließlich Mücken wie Anopheles und Aedes (Gams 1971; Lametal 1988). Der Pilz ist ein gleichwertiger Krankheitserreger für Krustentiere und Spinnentiere wie den Zecken Ornithodoros erraticus und Ornithodoros moubata (Herrero et al. 2011). Zusätzlich wurde dieser Pilz als ein Endophyt aus den Blättern von einigen Gräsern isoliert (Sánchez Márquez et al. 2010). Von anderen insektenpathogenen Pilzen wie Beauveria bassiana, Lecanicillium lecanii oder Metarhizium anisopliae wurde als Endophyten oder Bodenbewohner berichtet und sie wurden als biologische Kontrollinstrumente gegen wirbellose Pflanzenschädlinge getestet (Vega et al. 2008)“ (Zitat aus: Herrero & Zabalgogeazcoa 2011).
Der Pilz *Tolypocladium cylindrosporum* lebt in Blut saugenden Stechmücken und Lederzecken. Unter Krustentieren versteht man neben Krebsen beispielsweise die im Humus lebenden (Mauer-) Asseln. Bei dem Gras, in dessen Blättern dieser Pilz als Endophyt in Spanien gefunden wurde, handelt es sich um das auch bei uns weit verbreitete Honiggras *Holcus lanatus* (Sánchez Márquez et al. 2010, zitiert in Herrero & Zabalgogeazcoa 2011). Mit anderen Worten: Dieser Pilz hat eine enorme Verbreitung.
Verschiedene Viren befallen ihrerseits den Pilz *Tolypocladium cylindrosporum* und schleusen ihr genetisches Material in seine nicht-geschlechtlichen Verbreitungseinheiten (Konidiosporen) ein. Die

Blattläuse auf Hundskamille.

Marienkäferlarve und Florfliegenlarve jagen auf Hundskamille Blattläuse.

Die Rotbeinige Baumwanze saugt gerne an Fallobst, aber auch an Pflanzensäften allgemein.

Fotos (3): Vanselow

Sumpfwurz (Epipactis, Orchidaceae). Links oben: Blüte im Detail. *Fotos: Vanselow*

Viren sind unterschiedlich empfindlich gegen Virenmittel und wurden für Parasit-Wirt-Studien von Herrero & Zabalgogeazcoa (2011) untersucht. In Hinblick auf die Verbreitung von Erbmaterial, auch beschleunigt durch moderne Verfahren in der Pflanzenzucht wie das CRISPR-Cas, die sogenannte Genschere, tun sich hier ganz neue, völlig unkontrollierbare Dimensionen quer durch die Reiche der Organismen – Tiere, Pflanzen, Pilze, Mikroorganismen – auf.

Da die mit dem Mutterkornpilz *Claviceps* verwandten Endophyten laut Rodriguez et al. (2009) ursprünglich als Parasiten auf Insekten lebten, wäre es durchaus denkbar, dass sie auf Insekten auch zeitweise überleben und möglicherweise von Insekten übertragen werden könnten. Wäre es möglich, dass Pflanzensaft saugende Insekten diese Endophyten von Wirtspflanze zu Wirtspflanze bringen können, so, wie Blut saugende Mücken Malaria von Mensch zu Mensch übertragen können? Für den Schutz von Futter-Grasland vor besonders giftigen Endophyten wie etwa aus speziellem Gras an Flughäfen weltweit (Penell & Rolston 2011) wäre das fatal, quasi der Supergau.

Denkbar ist, dass an Pflanzen saugende Insekten Endophyten auch in noch gesunde Grasländer übertragen. Für das Gras als Futter wäre das fatal. Forschungsergebnisse hierzu fehlen noch.

Die erfolgreiche Übertragung der Endophyten von infiziertem Gras auf nicht infiziertes Gras durch saugende Getreideblattläuse war Gegenstand einer wissenschaftlichen Untersuchung im Rahmen einer Promotion (Dobrindt et al. 2009). Die zuvor nicht infizierten Gräser zeigten in sechs von zehn Fällen nach dem Kontakt mit den Blattläusen, die zuvor an infizierten Gräsern gesaugt hatten, in ihren später gebildeten Grassamen die typischen Pilzhyphen der Gräserendophyten, über die diese Endophyten sich via Grassamen vegetativ verbreiten (Dobrindt et al. 2009). Diese bei einer Insektenforschertagung 2009 vorgetragenen Forschungsergebnisse wurden in keiner wissenschaftlichen Fachzeitschrift veröffentlicht, sind also „wissenschaftlich nicht belastbar“, da ohne Doppelblindbegutachtung. Die Versuche wurden unter Laborbedingungen, nicht im Freiland, durchgeführt und bei den Gräsern handelte es sich, infiziert wie nicht infiziert, um das gleiche Gras-Kultivar. Im Freiland sind die Bedingungen, also Genetik der Partner, Umwelteinfüsse und anderes mehr, weitaus vielfältiger, was eine Übertragung unwahrscheinlicher macht.

Unwahrscheinlicher – aber möglich. Allgemein können viele Endophyten häufig unterschiedlichste Wirtspflanzen der Gruppen der Ein- und Zweikeimblättrigen Pflanzen besiedeln und dabei ganz verschiedene Rollen einnehmen (Rodriguez & Redman 2008).

Tatort Pferdeweide

Das Ökosystem Grasland ist unendlich vielfältig und noch nicht annähernd erforscht. Dennoch sind einige Aspekte der Wirkung von Gräser-Endophyten bereits bekannt und von Bedeutung für Pferdehalter. Ein kleiner Überblick über das Nahrungsnetz im Grasland kann einen ersten Eindruck davon geben, wie unerwartet komplex die Zusammenhänge sind.

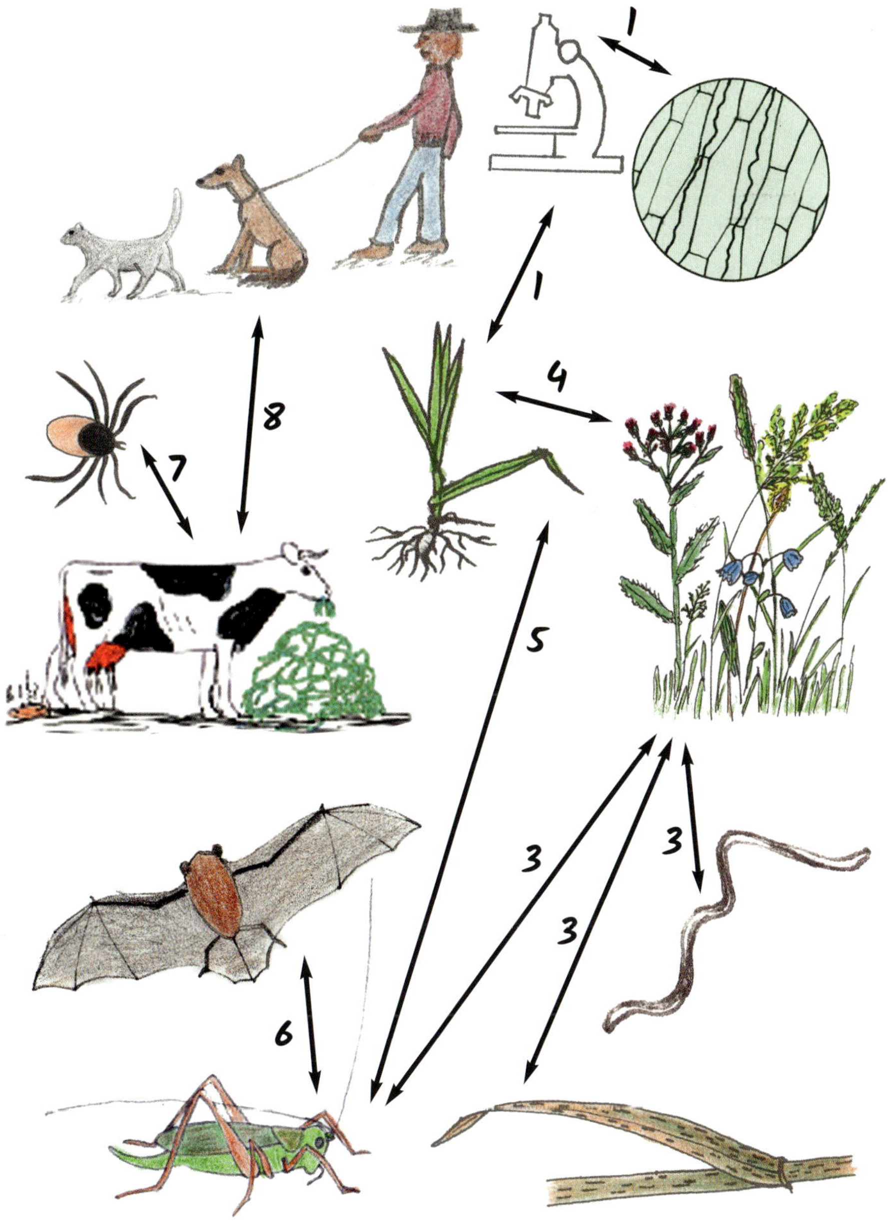

Tatort 1:

Gräser können mit Pilzsymbionten infiziert sein, die man Endophyten nennt (Cheplick & Faeth 2009). Diese leben zwischen den pflanzlichen Zellen, ohne in sie einzudringen (Kuldau & Bacon 2008).

Ihre Pilzhyphen werden im Mikroskop parallel zu den Zellwänden dargestellt. Durch Färbung kann man sie sichtbar machen. Da das Bild zweidimensional ist, hat der Betrachter den Eindruck, die Hyphen liefen durch die Zellen hindurch.

Tatsächlich liegen sie aber in einer anderen optischen Ebene und werden vom Mikroskop in dieser Form in das Bild projiziert.

Der Pilz wird vom Gras ernährt und schützt im Gegenzug das Gras in schwierigen Situationen und bei Stress mit Hilfe von raffinierten Wirkstoffen.

Auf diese Weise erlangen infizierte Gräser Wettbewerbsvorteile vor endophytenfreien Gräsern.

Tatort 2:

Das Gras ernährt Herden von kleinen und großen Weidetieren wie Wiederkäuer und Pferde. Die Gifte in Gräsern, die mit giftigen Endophyten infiziert sind, sind geeignet, die Fruchtbarkeit und die Gesundheit der Weidetiere und also ihre Populationsdichte zu regulieren (Blythe et al. 2007).

Die Grasfresser fördern ihrerseits über den Beweidungsdruck den Infektionsgrad der Gräser mit giftigen Endophyten – und damit ihre eigene Regulation.

Zu den sehr kleinen Grasfressern gehören auch Wühlmäuse. Fressen die Mäuse infizierte Gräser mit entsprechenden Giften, dann verändert das Gift das UV-Spektrum des Mäuse-Urins (Huitu et al. 2008, zitiert in Cheplick & Faeth 2009). Mäuse jagende Greifvögel wie Falken und Eulen können nun den Urin der Mäuse sehen. Das Gras verrät damit seinen Fraßfeind, die Maus, an die Greifvögel. Der für die Greife sichtbare Urin überführt die verdächtige Maus (Huitu et al. 2008, zitiert in Cheplick & Faeth 2009).

Die Grassamen führen zudem zur eingeschränkten Fruchtbarkeit von Wildmäusen (Tannenbaum et al. 1998), die sich zeitweise von ihnen ernähren, verarmen also auch die Kleinsäugerfauna auf direktem Wege.

Tatort 3:

Gräser werden auch von kleinen Lebewesen attackiert. Heuschrecken und Würmer wie die Nematoden ernähren sich vom Gras.

Zusätzlich können parasitäre Pilze wie Schwarzrost, Mehltau oder Gelbrost über das Gras herfallen. Ihre Populationsgrößen hängen vom Nahrungsangebot ab.

In Monokulturen ist eher mit einem Massenbefall durch solche sogenannten Schädlinge zu rechnen als in artenreichen Beständen. Alle diese Fraßfeinde der Gräser fördern bei Massenbefall den Infektionsgrad der Gräser mit Resistenz steigernden, giftigen Endophyten.

Die Wirkstoffe der Endophyten zeigen fungizide Eigenschaften (Paul 2000), wovon man sich eine Reduktion der pilzlichen Flora im Freiland erhofft, verbunden mit einem verringerten Einsatz von Fungiziden.
Allerdings konnten König et al. (2018a) eine solche Wirkung der *Epichloë*-Endophyten der Weidelgräser auf die Pilzflora dieser Gräser in naturnahen Grasländern in Deutschland nicht nachweisen.
Die Gräsergifte haben insektizide Wirkung (Forage Focus 2007), was die Insektenvielfalt verarmt (Penell & Rolston 2011), aber die Einsatznotwendigkeit von Pestiziden reduziert (Duringer 2007a). Gräsergifte verhindern auch den Fraß von Nematoden (Forage Focus 2007), verarmen also die Bodenfauna im Freiland (Penell & Rolston 2011).

Gräsergifte reduzieren Insektenvielfalt und Bodenfauna

Tatort 4:
In der Wiese herrscht ein harter Überlebenskampf zwischen den Pflanzen um Platz, Licht, Wasser und Nährstoffe. Gräser mit giftigen Endophyten sind oft erfolgreicher und zeigen einen negativen Einfluss auf die Artenvielfalt (Penell & Rolston 2011, Quigley & Reed 1999).
Die resistenten Gräser sind sogar bei Dürre kampfkräftig (Quigley & Reed 1999), bedürfen keiner Bewässerung (Duringer 2007a) – und verdrängen schwächere Gewächse (Clay & Holah 1999, Clay et al. 2005). Resistente Gräser vertragen auch Nährstoffmangel, verringern also die Düngermenge (Duringer 2007a) und besiedeln Standorte, die zuvor weniger kampfkräftigen Gewächsen, in Deutschland oft zusammengefasst als „lichtliebende Hungerkünstler", vorbehalten waren.
Pflanzen scheiden Wirkstoffe in Luft und Boden aus, mit denen sie die anderen Organismen beeinflussen (Allelopathie). Auch hier spielen die Wirkstoffe der Endophyten eine Rolle (Clay & Holah 1999, Quigley & Reed 1999, McNear & McCulley 2010). Infizierte Gräser können sich unter Beweidung wie invasive Neophyten verhalten (Clay & Holah 1999, Clay et al. 2005). Ihr Vorteil zeigt sich beispielsweise in höherer Keimlingslebensfähigkeit, effektiverer Photosynthese unter Stress oder höherer Samenproduktion (Quigley & Reed 1999). Mit Endophyten infizierte Grasländer in Neuseeland zeigten eine im Durchschnitt um 20 Prozent höhere Trockenmasseproduktion als nicht infizierte (Rattrey 2003), was als klarer Wettbewerbsvorteil im Kampf um Platz und Licht gewertet werden kann.

Tatort 5:
Die Vegetationszusammensetzung der Wiese entscheidet über die Artenvielfalt ihrer Nutzer (Penell & Rolston 2011). Vom Regenwurm bis zum Schmetterling, von der Maus bis zum Wisent – alle finden ihre Nahrungsgrundlage auf der Wiese. Oder auch nicht.

Tatort 6:
Von den Nutzern der Wiesenpflanzen leben wiederum andere Lebewesen. So ernähren sich beispielsweise Insektenfresser wie Singvögel, Spitzmaus, Igel oder Fledermaus

von den vielen fliegenden und krabbelnden Kerfen, die sich in einer artenreichen Wiese vermehren und dort leben können.

Tatort 7:
Blutsauger machen den Weidetieren im Sommer zu schaffen. Die Gräsergifte im Blut der Weidetiere wirken direkt auf Rezeptoren von Zecken, die für den Speichelfluss der Zecke verantwortlich sind (Kaufman & Minion 2006). Zecken gehören wie die Milben zu den Spinnentieren. Es darf vermutet werden, dass auch die Speichelproduktion der Milben auf Gräsergifte aus dem Blut der Pflanzenfresser reagiert, vielleicht auch der der blutsaugenden Insekten. 
Die Menge des Speichels von Blutsaugern und dessen Zusammensetzung ist für die Folgen des Saugaktes für das Weidetier entscheidend: Der Blutsauger gibt über seinen Speichel Blutgerinnungshemmer und andere Substanzen in den Körper des Weidetieres ab. Diese Substanzen lösen bei Allergikern oft eine Reaktion, eben die Allergie, aus. Daher ist für den Allergiker, aber auch für nicht allergische Blutspender entscheidend, wie die Zusammensetzung des Speichels des Blutsaugers ist, welche Stoffe und welche Mengen davon enthalten sind.

Gräsergifte aus dem Fettgewebe von Pflanzenfressern gelangen auch in Menschen. Hunde, Katzen & Co. Wie wirken diese Gifte auf uns?

Tatort 8:
Fleischfresser merzen alle schwachen, kranken oder unaufmerksamen Grasfresser aus. Alles, was an Gräsern knabbert, von der Wühlmaus bis zum Rind, kann jedoch Gräsergifte wie Ergovalin oder Lolitrem B im Fettgewebe eingelagert haben (Realini et al. 2005, Miyazaki et al. 2004).
Wie wirken diese Gifte in der Nahrungskette auf die Fleischfresser? Ist beim Menschen und seinen Fleisch fressenden Haustieren mit Erkrankungen zu rechnen (Paul 2000)? Diese Frage beschäftigt die Forschung (Miyazaki et al. 2004, Realini et al. 2005, Finch 2018) und auch das Bundesministerium für Ernährung und Landwirtschaft (BMELF in: Paul 2000) seit Jahrzehnten.

Tatort 9:
Nicht spezialisierte Getreideblattläuse werden von Gräsergiften abgeschreckt oder sogar geschädigt (Müller & Krauss 2005). Im Gegensatz dazu rauben spezialisierte Getreideblattläuse den Gräsern Nährstoffe, aber auch Gifte, mit denen diese Insekten sich selber gegen Feinde schützen (Müller & Krauss 2005).
Beim Saugvorgang können möglicherweise Endophyten durch Blattläuse zudem von Gras zu Gras übertragen werden (Dobrindt et al. 2009, siehe dazu auch Seite 116).
Ob allgemein Pflanzensaft saugende Insekten Endophyten übertragen können, ist nicht bekannt, wäre aber plausibel, da die Endophyten unserer Wirtschaftsgräser ursprünglich insektenpathogene Pilze waren und von den Insekten auf ihre heutigen Wirtspflanzen übertragen wurden (Rodriguez et al. 2009).

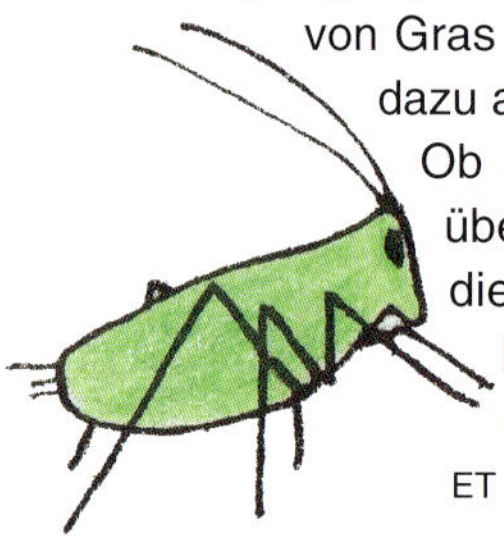

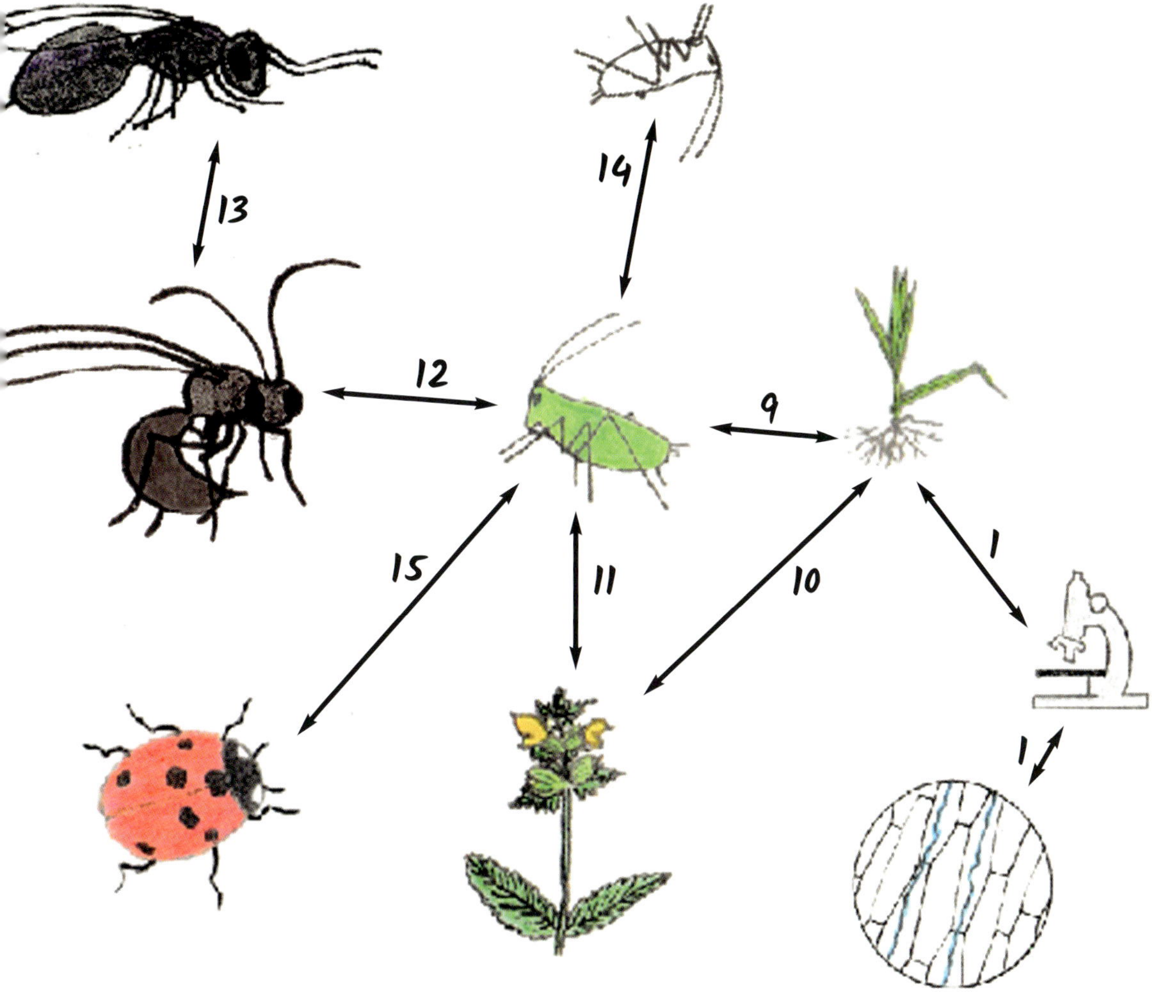

Tatort 10: 
Der Klappertopf ist eine halbparasitäre Pflanze: Er zapft das Gras über die Wurzel an und stiehlt ihm Nährstoffe. Dadurch werden vom Klappertopf befallene Gräser geschwächt. Der Klappertopf hat es aber auch auf die wertvollen Wirkstoffe der giftigen Endophyten abgesehen (LEHTONEN ET AL. 2005).

Tatort 11:
Der Klappertopf schützt sich selber mit den geklauten und im Klappertopf nachweisbaren Gräsergiften (Loline) gegen Fraßfeinde (LEHTONEN ET AL. 2005). Damit schwächt er die mit Endophyten infizierten Gräser doppelt: Sie füttern nun einen Klappertopf durch und

Klappertopf kann den Infektionsgrad der Gräser mit Endophyten zurückdrängen

einen Endophyten, der seine Wirkstoffe nicht für das Gras, sondern für den Klappertopf produziert. Für das Gras wird der Pilzsymbiont so zum Parasiten, da er ohne Nutzen für das Gras durchzufüttern ist. Klappertopf stellt damit ein wichtiges regulierendes Glied in der Wiese dar. Er macht aus dem Pilzsymbionten einen Parasiten und kann den Infektionsgrad der Gräser mit Endophyten auf diese Weise zurückdrängen (LEHTONEN ET AL. 2005).

Tatort 12:
Spezialisierte Blattläuse, die im Gegensatz zu weniger spezialisierten Blattläusen die Gifte der Endophyten unbeschadet in sich aufnehmen und dabei selber giftig werden, schützen sich selbst mit diesen Giften gegen ihre Feinde (MÜLLER & KRAUSS 2005). Viele giftige Blattläuse schaden somit der für uns Menschen nützlichen Population der Blattlauswespen, Schlupfwespen der Gattung *Aphidius*.

Tatort 13:
Auch die Population der sogenannten Nützlinge, in unserem Beispiel der Blattlauswespen, ist wiederum Nahrungsgrundlage für Lebewesen wie Wespen der Gattungen *Asaphes* und *Dendrocerus*, die von Blattlauswespen leben.

Tatort 14:
Es gibt Pilze, die auf Insekten parasitieren, indem sie sich im Insektenkörper ernähren. Sie lassen das Insekt zu einer toten Mumie erstarren und verstreuen ihre Pilzsporen aus dieser Mumie heraus, um andere Insekten zu infizieren. Solche Pilze sind in der biologischen Schädlingsbekämpfung von Bedeutung. Blattläuse, die Gifte aus Gräsern aufgenommen haben, können sich mit Hilfe dieser Gifte auch vor diesen Insekten befallenden, also insektenpathogenen Pilzen schützen (KARPATI 2007).

Giftige Gräser fördern somit klar raffinierte Schädlinge und schädigen ebenso raffinierte Nützlinge – wobei die Begriffe Schädling und Nützling immer aus dem menschlichen Bewertungssystem heraus zu verstehen sind. Sprich: Gifte in Gräsern können ganze Nahrungsnetze verändern und Gleichgewichte verschieben.

Gräsergifte werden innerhalb der Nahrungskette weitergereicht – und bleiben wirksam

Tatort 15:
Auch Marienkäfer gehören zu den Nützlingen aus menschlicher Sicht, die sich von den vermeintlich schädlichen Blattläusen ernähren. Blattläuse, die Gräsergifte aufgenommen haben, geben diese Gifte an ihre Fraßfeinde innerhalb der Nahrungskette weiter, also auch an Marienkäfer. Die Marienkäfer werden durch diese Gifte in ihrer Fortpflanzungsfähigkeit und Vitalität negativ beeinflusst (DE SASSI ET AL. 2006). Die Population dieser Nützlinge wird durch die Weitergabe der Gräsergifte in der Nahrungskette geschädigt.

Deutlich wird in diesem kleinen bebilderten Überblick, wie begehrt die Gräsergifte als Abwehrstoffe sind. Deutlich wird aber auch, dass diese Gifte innerhalb der Nahrungskette weitergereicht werden, ohne ihre Wirksamkeit einzubüßen.

Endophyten unter verschiedenen Bedingungen

Produktive, artenarme Ökosysteme sind in der Landwirtschaft erwünscht (Hay and Forage 2007, Science Daily 2007, Projekte MycoRed bzw. MycoKey auf allen Kontinenten, zum Beispiel in Europa: http://www.mycored.eu/). In Deutschland wird intensiv zu Produktivität, Vielfalt, Stabilität, Nutzbarkeit und Klimawandel der Ökosysteme und insbesondere des Graslandes geforscht. An der Universität Göttingen lief beispielsweise zu diesen Themen das „Grassland Management Experiment ‚Grassman'" im Rahmen des „Functional Biodiversity Research (FBR), Cluster of Excellence" mit einer Projektfinanzierung von 2008 bis 2013. Die Endophyten der Gräser waren dabei Gegenstand mehrerer Forschungsarbeiten in Göttingen: Lana Dobrindt bearbeitete das Thema „Influence of grassland management intensity on plant pathogen and root herbivore diversity mediated by endophytic fungi" (Dobrindt et al. 2013), Franziska Wemheuer arbeitete über „Influence of grassland management intensity on the diversity of endophytes in *Lolium perenne, Festuca rubra* and *Dactylis glomerata*".

Ein sogenannter Knick, eine norddeutsche Wallhecke. Zu sehen ist die gezielte Vernichtung der Gehölze durch Anpflügen des Knickfußes (Vordergrund) und jährlichen Rückschnitt (siehe Walloberkante). Foto: Vanselow

Dactylis glomerata – das ist das Knäuelgras. Alle Pflanzen leben in Gesellschaft mit Endophyten, und wenn wir hinreichend auf Widerstandskraft züchten, selektieren wir, wie beim Weidelgras und Schwingel geschehen, gezielt auf die Härtesten und Giftigsten. Kampfkräftige, resistente Zuchtgräser beeinflussen nicht nur die Artenvielfalt. Als „Anti-Quality"-Faktoren in Futtergräsern bereiten die rein natürlichen Wirkstoffe seit Jahrzehnten massive Probleme durch Vergiftungen in der Viehzucht in Übersee (Thompson et al. 2001, Strickland et al. 2011).

Produktive und artenarme Ökosysteme sind in der Landwirtschaft erwünscht

Mangel an Wasser und Nährstoffen übt eine intensive Selektion auf die Vegetation aus. Geeignete Endophyten können die Widerstandskraft ihrer Wirtspflanzen an Extremstandorten erhöhen (Cheplick & Faeth 2009). So überrascht es nicht, dass das Alpen-Lieschgras (*Phleum alpinum*) mit *Neotyphodium*-Endophyten infiziert sein kann (Clement et al. 2011).

Für Großbritannien und Irland wurden auf Wirtsgräsern aus 17 Gattungen (*Agrostis, Alopecurus, Anthoxanthum, Arrhenatherum, Brachypodium, Bromus, Dactylis, Deschampsia, Elymus, Festuca, Helictotrichon, Holcus, Koeleria, Lolium, Phalaris, Phleum, Poa*) sechs heimische *Epichloë*-Arten identifiziert (*E. baconii, E. bromicola, E. clarkii, E. festucae, E. sylvatica, E. typhina*), eine siebte Art (*E. elymi*) konnte nachgewiesen werden (Spooner & Kemp 2005). *Epichloë festucae* und *E. typhina* (Erstickungsschimmel, Gras-Kernpilz, Choke Desease) werden von Blumenfliegen

(*Botanophila*), deren Larven von den Pilzen leben, übertragen und befruchtet (Rao et al. 2005). In spanischem Grasland in Salamanca konnten Endophyten der Gattungen *Epichloë* und *Neotyphodium* vor allem in Schwingeln (*Festuca*), aber auch in Weidelgras (*Lolium*), Honiggras (*Holcus*) und Fuchsschwanz (*Alopecurus*) gefunden werden (Zabalgogeazcoa et al. 1999).
Die Konzentration des von diesen Endophyten überwiegend gebildeten Gifts Ergovalin wird zumeist in „parts per billion" (ppb) bezogen auf Trockenmasse angegeben. Die Einheit ppb bezeichnet einen Verdünnungsfaktor von zehn hoch neun oder µg/kg beziehungsweise ng/g. 1000 ppb entsprechen einem „parts per million" (ppm). Die gemessenen Ergovalingehalte der Grassamen lagen bei zehn Ökotypen des Rotschwingels zwischen zehn und 600 ppb (Mittel: 200 ppb, Standardabweichung 170 ppb) und bei fünf Ökotypen des Rohrschwingels zwischen 220 und 4060 ppb (Mittel: 2210 ppb, Standardabweichung 1390 ppb) (Vázquez de Aldana et al. 2000). Der mit *Epichloë festucae* infizierte Rotschwingel erreichte im Futtergras Ergovalinkonzentrationen zwischen 60 und 250 ppb in der Trockenmasse und in den Samen 50 bis 759 ppb in der Trockenmasse (Vázquez de Aldana et al. 2003a).
Endophyten der Gattung *Epichloë* fanden sich in Straußgras (*Agrostis castellana*), Zwenke (*Brachypodium phoenicoides*), Knaulgras (*Dactylis glomerata*), Honiggras (*Holcus lanatus*), Weidelgras (*Lolium perenne*), Rot- (*Festuca rubra*) und Schafschwingel (*Festuca ovina*), Endophyten der Gattung Neotyphodium fanden sich in Rohrschwingel (*Festuca arundinacea*) (Vázquez de Aldana et al. 2003b). Während die feinblättrigen Schwingel von *E. festucae* besiedelt waren, fanden sich in Knaulgras und Weidelgras *E. typhina* und im Honiggras *E. clarkii*. Die *Epichloë* in Straußgras und Zwenke konnten nicht näher bestimmt werden. Der Rohrschwingel war von *Neotyphodium coenophialum* besiedelt. Ergovalingehalte der Graspflanzen (Futter) konnten in Honiggras bis 30 ppb, in Schafschwingel bis 110 ppb, in Rotschwingel bis 80 ppb und in Rohrschwingel bis 850 ppb gemessen werden sowie in den Samen von Rohrschwingel bis 3170 ppb und Rotschwingel bis 190 ppb (Vázquez de Aldana et al. 2003b).

Hoher Infektionsgrad vor allem an Mangelstandorten

Im Norden Spaniens sind 72 Prozent der alten Weidelgrasbestände mit ihrem wilden Endophyten *Neotyphodium lolii* infiziert, vergleichbare Werte werden aus Europa allgemein und aus Neuseeland berichtet (Oliveira et al. 2003). Die Endophyten in diesen Weidelgräsern produzieren hauptsächlich die Gifte Lolitrem B, Ergovalin und Peramin (Oliveira et al. 2003).
Natürliche Rotschwingel-Bestände (*Festuca rubra*) sind im Westen Spaniens mit semiaridem Klima auf armen Böden zu etwa 70 Prozent mit ihrem Endophyten *Epichloë festucae* infiziert (Zabalgogeazcoa et al. 2006).
In einem vierjährigen Langzeitversuch wurde untersucht, welchen Einfluss die Infektion mit dem Endophyten auf die Futtereigenschaften des Rotschwingels an diesem Mangelstandort in Spanien hat (Zabalgogeazcoa et al. 2006). Infizierte und nicht infizierte Rotschwingel unterschieden sich nicht in der Trockenmasse. Der infizierte Rotschwingel war

Horst-Rotschwingel (Festuca nigrescens) erträgt auch Mangelstandorte. Foto: Vanselow

verdaulicher, enthielt weniger Lignin (Holz-Stoff). Der Phosphorgehalt nicht blühender Gräser lag in den infizierten Schwingeln eindeutig höher und der Kupfergehalt blühender infizierter Gräser niedriger als in nicht infizierten Gräsern (Zabalgogeazcoa et al. 2006). Der erhöhte Phosphorgehalt ist für die Pflanze ein Wettbewerbsvorteil, der jedoch wegen der Mangelsituation auch anderer Nährelemente nicht messbar ins Gewicht fällt. Mangel an Kupfer führt zu verringerter Verholzung, also Bildung von Lignin. Weniger Lignin bewirkt weniger holzige Fasern und erhöht die Verdaulichkeit. In Hinblick auf die Zucht besonders verdaulicher Gräser für die Viehwirtschaft sollte daher auch auf den Kupfergehalt der Futtergrundlage geachtet werden. Die Studie zeigte, dass infizierte Rotschwingel an Mangelstandorten einen Vorteil haben, was den hohen Infektionsgrad natürlicher Rotschwingelbestände erklärt (Zabalgogeazcoa et al. 2006).

Aus Samen kontrolliert angezogener Rotschwingel, der laut Sackdeklaration der Echte Kriechende Rotschwingel (Festuca rubra var. rubra) hätte sein sollen, bestätigt den Verdacht, dass es sich statt dessen um Horst-Rotschwingel (F. nigrescens) handelt. Horst-Rotschwingel ist resistenter, wird oft im Bergland gefunden und hält an Straßenrändern aus. Die Pferde meiden ihn oft – aus gutem Grund? *Foto: Vanselow*

Saatgut sollte von stressarmen Standorten stammen

Für die Aufrechte Trespe (*Bromus erectus*) und ihren Endophyten (*Epichloë bromicola*) konnte gezeigt werden, dass die Pilzinfektion die Lebenskraft des Wirtsgrases messbar steigert, aber seine Blütenbildung unterbindet (Groppe et al. 1999).

Wildgräser und ihre Endophyten sind dabei für Weidetiere keineswegs ungefährlich. So ist die Kurzhals-Segge (*Carex brevicollis*) in Bergländern Frankreichs und Spaniens als Ursache von Vergiftungen mit Aborten bei tragenden Rindern, Schafen und Pferden durch das Alkaloid Brevicollin bekannt (Canals et al. 2014). In dieser Segge konnten 16 Endophyten-Arten nachgewiesen werden. Wer in dieser Gemeinschaft das Alkaloid produziert, ein Endophyt oder die Segge selber zur Abwehr von Endophyten, ist nicht bekannt (Canals et al. 2014).

Wildsaatgut sollte von stressarmen Standorten stammen, an denen seit Jahrzehnten gesunde Weidetiere leben

Die Ergebnisse zeigen, dass Extremstandorte, wie wir sie in vielen Naturschutzgebieten vorfinden, sehr spezielle Ökotypen und Gemeinschaften, aber nicht den genetischen Durchschnitt abbilden. Dieser Aspekt muss bei der Sammlung von Samen für die Vermehrung von autochthonem Wildsaatgut zur Erhaltung der Artenvielfalt berücksichtigt werden, sollen nicht nur die härtesten und giftigsten Wildpflanzen die Genbanken bestücken und die Grundlage für zukünftige Weidelandschaften stellen. Mindestens ebenso wichtig wie die Sammlung auf möglichst naturnahen, unbeeinflussten Flächen wäre die Sammlung von Wildsaatgut an stressarmen Standorten unter extensiver Beweidung mit seit Jahrzehnten nachweislich gesunden Weidetieren. Die Weidetiere zeigen durch ihre Gesundheit

Viele Wanzen saugen Pflanzensaft. *Foto: Vanselow*

an, dass keine besonders giftigen Partner (Futtergras, Endophyt) durch unbeabsichtigte Selektion bevorzugt wurden. In einer aktuellen Untersuchung zur Infektion und Giftigkeit von Weidelgrasbeständen in Deutschland fanden König et al. (2018b) bei durchschnittlich 57 Prozent der Deutschen Weidelgräser eine Infektion mit ihrem Endophyten. Bemerkenswert in der Veröffentlichung sind folgende Aussagen: „*Alkaloid content was detected in 243 of the 351 immuno-positive plants and contained peak concentrations of 17.26 µg/g lolitrem B, 0.77 µg/g ergovaline and 11.50 µg/g peramine [...] Peak concentrations of lolitrem B and peramine were detected on two study sites which are owned by one farmer and additionally seeded with a seed mixture including L. perenne*" (Zitat aus: König et al. 2018b). Die Autoren konnten also in Gräsern, deren Endophyten-Infektion durch einen kommerziellen Antikörper-Schnelltest nachgewiesen worden war, Spitzenwerte für Lolitrem B und Ergovalin messen. 17,26 Mikrogramm pro Gramm Lolitrem B, das sind 17 260 ppb dieses Giftes, und 0,767 Mikrogramm Ergovalin pro Gramm entspricht 767 ppb. Wie König et al. (2018b) schreiben, fanden sich diese Spitzen-Giftgehalte auf Grasland ein und desselben Landwirtes, der mit einer Mischung nachgesät hatte, die Deutsches Weidelgras enthielt.

Wird Saatgut nicht auf Endophyteninfektion kontrolliert, kann eine Durchseuchung unserer Grasländer die Folge sein

Da sie den Giftgehalt einzelner Pflanzen gemessen hatten und davon ausgingen, dass sich deren Giftgehalt im Bestand aus durchschnittlich vier Grasarten verdünnt, erwarteten sie keine Gefahr für Tiervergiftungen (König et al. 2018b). Diese Hoffnung, dass die Mischung Giftgehalte unterhalb schädlicher Grenzen haben würde, bestätigt sich aber leider nicht, wie neuere Messungen zeigen (siehe ab Seite 162 unten).

Festzuhalten bleibt: Wenn Saatgut in Europa nicht auf Endophyteninfektion kontrolliert wird, besteht die Gefahr der Durchseuchung unserer Grasländer. Unkontrollierte Saatgutübertragungen gefährden dabei auch Flächen im Naturschutz. Möglicherweise stellen auch Pflanzensaft saugende Insekten wie Getreideblattläuse einen Verbreitungspfad und somit ein Risiko als Überträger dieser Pilze dar (Dobrindt et al. 2009), siehe Seite 116.

Belegte Vergiftungen von Pferden durch Gräsergifte

Wie zu erwarten, gibt es die meisten Veröffentlichungen über vergiftete Pferde durch Futtergräser im Bereich der Mutterkorngifte und hier beispielsweise zu den Bereichen Fruchtbarkeit, Lahmheit, Auffindbarkeit und Wirkung in tierischen Geweben, Tierernährung, Langzeitwirkung und Speicherverhalten oder zur Wirkung auf den Trainingszustand des Sportpferdes. Die Weidelgras-Taumelkrankheit bei Pferden, verursacht durch Lolitreme, ist ebenfalls recht gut dokumentiert. Erst neu in der Wahrnehmung ist das Equine Schwingelödem als vermeintliche Folge der Aufnahme von Insekten abschreckenden Lolinen im Futtergras. Ob es einen möglichen Zusammenhang zwischen Leberproblemen und ungesättigten Pyrrolizidinalkaloiden (PA) in mit Endophyten infizierten Futtergräsern gibt, ist noch nicht geklärt. Einige in ihrer Bedeutung herausragende Veröffentlichungen werden im Folgenden vorgestellt.

Ist das Equine Schwingelödem eine Folge der Aufnahme von Insekten abschreckenden Lolinen im Futtergras?

Echtes Mutterkorn, hier auf Ruchgras, findet sich oft an Gräsern der Wegränder. In manchen Jahren wächst es massenhaft in überständigen Wiesen. Foto: Vanselow

Mutterkorngifte der Gräserendophyten

Zuchtstuten und Fohlen

„*Das sehr komplexe Wirkungsspektrum dieser Verbindungen ist darauf zurückzuführen, dass diese Stoffe als partielle Agonisten beziehungsweise partielle Antagonisten an Noradrenalin-, Dopamin- und Serotonin-Rezeptoren wirken*“ (Zitat aus: MUTSCHLER 1991). Die Mutterkorngifte wirken im Körper also an genau den Stellen (Nervenrezeptoren), an denen körpereigene Botenstoffe als Hormone und Neurotransmitter aktiv sind. Aufgrund der zentralen Bedeutung dieser Gewebe haben Störungen durch Vergiftungen eine entsprechend grundlegende, verheerende Wirkung auf lebenswichtige Körperfunktionen.

Besonders drastisch und sehr oft zitiert ist ein Versuch zur Auswirkung auf tragende Zuchtstuten, über den Putnam und Kollegen 1991 in der amerikanischen Zeitschrift für tiermedizinische Forschung berichteten (PUTNAM ET AL. 1991). In Europa, insbesondere in Deutschland, wäre eine derartige Studie aus ethischen Gründen undenkbar. Warum sie dennoch in ihrer grausamen Konsequenz in den USA durchgeführt und für notwendig gehalten wurde, geht aus ihrer Einleitung hervor: Demnach ist Rohrschwingel in den USA ein von der Saatgutindustrie propagiertes Wirtschaftsgras, das 1991 auf 34 Millionen Acres (etwa 14 Millionen Hektar) in den USA angebaut wurde. Bereits bevor bekannt war, dass Rohrschwingel mit giftigen

Endophyten infiziert sein kann, berichteten Pferdehalter über Probleme bei Pferden, die auf diesem Gras gehalten wurden: Zuchtprobleme allgemein, Milchlosigkeit, verdickte Plazentas, spontaner Abort, tote oder schwache Fohlen bei der Geburt und Unfruchtbarkeit bei Zuchtstuten (Harper & Henton 1981, zitiert in Putnam et al. 1991). Harper & Henton (1981, zitiert in Putnam et al. 1991) berichteten, dass 27 Prozent der Zuchtstuten, die auf Rohrschwingelweiden grasten, gewisse Zuchtprobleme aufwiesen wie nicht abgehende Plazentas, während Zuchtstuten auf Grasland ohne Rohrschwingel nur zu neun Prozent Zuchtprobleme zeigten. Garrett & Heiman (1980, zitiert in Putnam et al. 1991) berichteten, dass 53 Prozent der Zuchtstuten, die auf Grasland aus Rohrschwingel weideten, keine Milch gaben, 38 Prozent dieser Stuten verlängerte Tragzeiten aufwiesen und 18 Prozent ihre Fohlen durch Tod während der Geburt verloren.

53 Prozent der Zuchtstuten, die auf Grasland aus Rohrschwingel weideten, gaben keine Milch

Trotz des Verdachts, dass die Endophyten in Rohrschwingel verantwortlich sein könnten für die Probleme in der Pferdezucht, wurde keine entsprechende Forschung durchgeführt. Nur Studien zur Wirkung von Selen im Pferdefutter und Stickstoff im Dünger wurden gemacht – ohne nachweisbaren Effekt auf die Zuchtstuten (Putnam et al. 1991). Gleichzeitig war bekannt, dass der Infektionsgrad der Rohrschwingel-Grasländer in den USA allgemein bei über 50 Prozent lag, in Alabama sogar bei nahezu 90 Prozent.

Der Versuch von Putnam et al. (1991) sollte Zusammenhänge erforschen und so der Pferdeindustrie neue Wege im Management ihrer Grasländer aufzeigen. Im Herbst 1986 wurde eine ausgewählte Fläche komplett vegetationsfrei gespritzt und ganz neu als Weide- und Heufläche mit speziellem Zuchtsaatgut der Grasart Rohrschwingel (*Festuca arundinacea*) in Monokultur angesät. Es wurde entsprechend der Beurteilung der genommenen Bodenproben kontrolliert gedüngt. Weideland

Tabelle 6.4: Auswirkungen von Rohrschwingel mit Endophyten

Je elf tragende Stuten in jeder Gruppe	**Rohrschwingel K31 infiziert mit Endophyten (E+)**	**Rohrschwingel K31 ohne Endophyten (E-)**
Ausgetragen bis zum Abfohltermin	11	11
Probleme beim Abfohlen	10	0
Stuten geben Milch	1	11
Fohlen zu Beginn der Geburt lebend	4	11
Fohlen am Ende der Geburt lebend	3	11
Fohlen überleben die erste Woche	2	11
Fohlen überleben den ersten Monat	1	11
Stuten überleben	7	11

Tab. 6.4: Auswirkungen des Infektionsgrades von Rohrschwingel mit Endophyten auf Fohlen und Stuten zum Geburtszeitpunkt. Nach Putnam et al. (1991).

Was frisst die Zuchtstute? In einem Versuch konnte nachgewiesen werden, dass der Infektionsgrad des Futtergrases großen Einfluss nimmt auf die Gesundheit von Stuten und Fohlen. Foto: Fersing

und Aufwuchs wurden regelmäßig beprobt, untersucht, analysiert. Bei 22 nachweislich gesunden Zuchtstuten der Rassen Englisches Vollblut (6), Quarter Horse (8), Araber (7) und Morgan (1) wurde zwischen Juli und August 1987 künstlich der Eisprung ausgelöst und befruchtet. Die tragenden Stuten wurden alle zu 100 Prozent mit dem angesäten Rohrschwingel – Weideland oder Heu – ernährt, aber es wurden zwei zufällig zusammengestellte Gruppen aus je elf Stuten gebildet: Eine Gruppe fraß Rohrschwingel der Zuchtsorte „Kentucky 31" (K31) ohne Infektion mit Endophyten (E-), die andere fraß K31 infiziert mit seinem Endophyten (E+, Infektionsgrad > 80 Prozent). Bis auf den Infektionsgrad des Zuchtgrases war alles für die Gruppen vollkommen identisch, also auch der Schnittzeitpunkt der gefütterten Heuchargen. Die Beweidung begann am 1. Oktober 1987. Die Stuten wurden täglich kontrolliert, regelmäßig untersucht und alles genauestens protokolliert. Alle Fohlen wurden zum Zeitpunkt der Geburt gewogen und ihr Zustand protokolliert. Fohlen, die die ersten zwei Wochen nicht überlebten, und alle Stuten, die den Versuch nicht überlebten, wurden untersucht. Die Ergebnisse des Versuches wurden statistisch ausgewertet.

Alle Stuten, die mit Endophyten infiziertes Futter fraßen, hatten weichen Kot, zwei davon hatten durchgehend Durchfall. In der Gruppe mit endophytenfreiem Futter trat kein Durchfall auf

Während der Gesamt-Mutterkorngiftgehalt im endophytenfreien Futter vernachlässigbar gering war (maximal 200 ppb), lagen im infizierten Futter die Gehalte im Durchschnitt bei 390 ppb (Putnam et al. 1991). Alle Stuten, die mit Endophyten infiziertes Futter fraßen, hatten weichen Kot, zwei davon hatten durchgehend Durchfall. In der Gruppe mit endophytenfreiem Futter trat kein Durchfall auf. Die Stuten mit infiziertem Futter schwitzten früher am Tag und stärker als die Stuten, die endophytenfreies Futter fraßen. Entsprechend fand sich auf dem Fell der stärker schwitzenden Stuten mehr Salz. Die Körpertemperatur beider Gruppen war gleich. Die Fohlen der Stuten, die infiziertes Futter gefressen hatten, zeigten weit entwickelte Hufe, schlechten und unnormalen Durchbruch der Schneidezähne, ein langes Haarkleid und langgliedrigen Wuchs bei schlechter Bemuskelung.

Tabelle 6.5: Trächtigkeitsdauer und Fohlen-Geburtsgewicht

	Mittelwert	Minimum	Maximum
(A) Trächtigkeitsdauer (Tage) bei infiziertem Futter (E+)	356	334	371
(B) Trächtigkeitsdauer (Tage) bei endophyten-freiem Futter (E-)	336	322	350
Geburtsgewicht (kg) Fohlen aus Stuten von (A)	50	41	59
Geburtsgewicht (kg) der Fohlen aus Stuten von (B)	46	33	59

Tab. 6.5: Trächtigkeitsdauer und Geburtsgewicht der Fohlen von Stuten, die infiziertes oder endophyten-freies Futter (Rohrschwingel K31 E+/-) gefressen hatten, nach PUTNAM ET AL. (1991).

Mit diesem Versuch konnten Putnam und Kollegen ältere Berichte (GARRETT & HEIMAN 1980, HARPER & HENTON 1981, TAYLOR ET AL. 1985, alle zitiert in PUTNAM ET AL. 1991) über Vergiftungen von Pferden auf Rohrschwingel konkretisieren. Die einzige Stute im Bericht von PUTNAM ET AL. (1991), die auf infiziertem Weideland Milch gab und zum erwarteten Geburtstermin gebar, war die letzte Stute, die in dieser Gruppe fohlte. Der Rohrschwingel war zu der Zeit aufgrund von Hitze und Dürre bereits verdorrt.

Die Behandlung von Nicht-Schlachttieren bei Ergovalin-Vergiftung mit Domperidon ist in den USA heute gang und gäbe

Vier Stuten starben an Geburtskomplikationen. Alle Stuten wurden mit Einsetzen der Geburt intensiv tierärztlich betreut. Unter normalen Bedingungen wären laut PUTNAM ET AL. (1991) noch mehr Stuten gestorben. Die vier gestorbenen Stuten wurden aus folgenden Gründen eingeschläfert: Bei zwei Stuten riss der Uterus, eine starb mit Komplikationen während des Kaiserschnitts und eine zeigte eine Lähmung der Hinterbeine, die auf Behandlung nicht ansprach. Die von PUTNAM ET AL. (1991) beobachteten Probleme entsprechen weitestgehend dem, was bei Vergiftungen von Pferden durch Echtes Mutterkorn (*Claviceps purpurea*) bekannt ist: CORREA-RIET ET AL. (1988, zusammengefasst in PUTNAM ET AL. 1991) berichten über Stuten auf zwei Farmen, die Welsches Weidelgras (*Lolium multiflorum*) fraßen, das verseucht war mit Fruchtkörpern (Sklerotien) von Echtem Mutterkorn. Diese Stuten zeigten verlängerte Tragzeit, kaum oder keine Euterentwicklung, schwere Geburtskomplikationen, Zerreißen des Uterus, und sie brachten schwache oder tote Fohlen zur Welt.

Die medikamentöse Behandlung von mit Ergovalin vergifteten Zuchtstuten mit Hilfe des Wirkstoffs Domperidon wurde intensiv erforscht (CROSS ET AL. 1995, CROSS 1997, CROSS ET AL. 1999). Seine Anwendung ist heute in Übersee weit verbreitet. Eine Behandlungsmethode unterschiedlichster Weidetierarten bei Ergovalin-Vergiftung durch Domperidon ist patentiert (US-Patent Nr. 5372818 „Method of treating fescue toxicosis with domperidone" vom 13.12.1994). „*Domperidon ist eine geeignete Behandlung oder Vorsorge für tragende Stuten, aber beunruhigende Rückstände verhindern seinen Einsatz in der näheren Zukunft in lebensmittelliefernden Schlachttieren. Andere mögliche Vorsorgemaßnahmen für Schlachttiere werden erkundet und umfassen Bindemittel und Impfungen*" (Zitat aus: BLODGETT 2007).

Der Einsatz von Giftbindemitteln wie Tonmineralien (zum Beispiel Bentonite, BAARS 2000) oder Hefeprodukten (RAYMOND ET AL. 2003, RAKEBRANDT 2015) im Tierfutter ist inzwischen auch in Deutschland weit verbreitet. Eine Methode der Impfung ist seit 1998 patentiert (US-Patent 5718900 „Vaccines and methods for preventing and treating Fescue toxicosis in herbivores“ vom 17.2.1998).

Lahmheit und Hufrehe

Neben Fruchtbarkeitsstörungen werden auch Lahmheit und Hufrehe beziehungsweise der Verlust der Hornkapseln (GUERRE 2015) seit Jahrzehnten mit Endophytengiften in Gräsern in Verbindung gebracht. 1993 wurde gezeigt, dass Ergotalkaloide eine gefäßverengende Wirkung auf Blutgefäße von Pferden haben (ABNEY ET AL. 1993). Eine sehr sorgfältige statistische Arbeit konnte 1995 einen klaren Zusammenhang aufzeigen zwischen der Verwendung von infiziertem Rohrschwingel als Futtergrundlage von Pferden und dem Auftreten von Hufrehe (ROHRBACH ET AL. 1995). Die Autoren dieser statistischen Auswertung nutzten dazu Daten aus Pferdekliniken von 185 781 Pferden, von denen 5536 die Diagnose Hufrehe hatten.

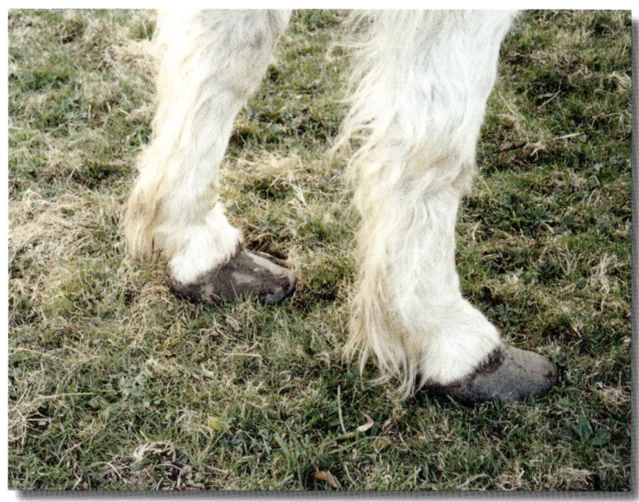

Durch wiederholte Hufrehe deformierte Hufe. *Foto: Vanselow*

Eine Gruppe von Wissenschaftlern berichtete in den Jahren 1994 und 1995 beim jährlichen Workshop der „Southern Extension and Research Activity Information Exchange Group 8“, kurz SERA-IEG-8 genannt, über mit Endophyten infizierte Futtergräser in der landwirtschaftlichen Versuchsstation Ames Plantation, die in Tennessee (USA) liegt, und Hufrehe bei Pferden (WALLER ET AL. 1994, WALLER ET AL. 1995). Bei den Futtergräsern handelte es sich um Rohrschwingel und um Deutsches Weidelgras, beide infiziert mit ihren Endophyten.
In einem Fütterungsversuch mit Pferden wurden niedrige Giftgehalte und ihre Wirkung auf die Lahmheit von Sportpferden untersucht (DOUTHIT ET AL. 2012). Dazu wurden zwölf etwa gleich schwere dreijährige Quarterhorses – sechs Stuten, sechs Wallache – in gemischten Gruppen mit verschiedenen Grasprodukten gefüttert und gesundheitlich kontrolliert. In den ersten 30 Tagen hatten alle Pferde unbegrenzten Zugang zu Heu aus Präriegras. Zusätzlich erhielten die Pferde gleiche Mengen Kraftfutter zweimal täglich. Während die eine Gruppe in das Kraftfutter mit Endophyten infizierte Rohrschwingelsamen erhielt (Ergovalingehalt 200 µg/kg), bekam die andere Gruppe Endophyten-freie Rohrschwingelsamen ins Futter gemischt. Vom 31. bis 60. Tag wurde das Präriegrasheu getauscht gegen Rohrschwingelheu, wobei wieder die eine Gruppe stark mit Endophyten infiziertes Heu erhielt, die andere Gruppe schwach infiziertes Heu. Die Gruppen nahmen dadurch insgesamt 280 µg/kg Ergovalin beziehungsweise 18 µg/kg auf. Vom 61. bis zum 90. Tag schließlich wurde wieder Präriegrasheu gefüttert und Kraftfutter mit

Rohrschwingelsamen wie in den ersten 30 Tagen, nur mit dem Unterschied, dass die Grassamen diesmal gemahlen waren. Damit sollte kontrolliert werden, ob die Struktur der Grassamen bei der Giftaufnahme eine Rolle spielt. Tierärztliche Untersuchungen fanden jeweils am Tag 0, 30, 60 und 90 statt. Am 60. Tag zeigten Pferde aus der Gruppe mit der Ergovalin-reichen Fütterung vermehrt Lahmheit und Empfindlichkeit der Vorderbeine. Zwar konnte die Ursache des Lahmens trotz intensiver Untersuchungen nicht gefunden werden. Dennoch schließen die Autoren (Douthit et al. 2012) ihre Studie mit den Worten: *„Die Lahmheit war deutlich genug und von groß genugem Ausmaß, dass es für Besitzer vernünftig wäre, den Aufenthalt ihrer Pferde auf mit Endophyten infizierten Rohrschwingelflächen zu begrenzen, insbesondere wenn das Weideland Ergovalingehalte von mehr als 280 µg/kg aufweist."* Möglicherweise trat bei diesem Versuch nur deshalb keine Hufrehe auf, weil der Fütterungsversuch nicht über einen längeren Zeitraum durchgeführt und so früh beendet wurde.

Eine Behandlungsmethode von Pferden mit Hufrehe (Laminitis) ist wie schon bei Ergovalin-Vergiftung durch den Wirkstoff Domperidon patentiert (US-Patent Nr. 6534526 vom 18.03.2003). Beide Patente (US-Patente Nr. 6534526 und Nr. 5372818) wurden von Dr. Dee L. Cross angemeldet, der sich seit Jahrzehnten mit den Auswirkungen der Ergovalin-Vergiftung auf Pferde beschäftigt (Cross et al. 1995, Cross 1997, Cross et al. 1999). Den Patenten liegen Studien zum Beispiel zu Dosierung, Anwendungsdauer, Weidetierart und veterinärmedizinischen Befunden zugrunde, die in den Patenten beschrieben werden.

Reitvorführung mit Quarter Horses. Infizierte Gräser können sich auf die Leistung von Sportpferden auswirken. *Foto: Vanselow*

Training und Kondition

Wenn Ergotalkaloide im infizierten Gras gefäßverengend wirken, dann ist zu erwarten, dass diese Wirkung sich im Training und der Kondition von Sportpferden bemerkbar macht. Gefäße durchbluten Muskelgewebe und sorgen für einen optimalen Wärmeaustausch an der Hautoberfläche. Sportpferde (Quarter Horses), die 450 ppb Ergovalin 28 Tage lang über das Futter aufgenommen hatten, mussten in einer kontrollierten Studie im Crossover-Design unter Belastung messbar mehr atmen als Pferde, die kein Ergovalin im Futter hatten (Webb et al. 2010). Damit ist gezeigt, dass sich infizierte Gräser im Futter direkt auf den sportlichen Erfolg von Leistungspferden auswirken können.

Lolitreme der Gräserendophyten

Gestörte Koordination und Lähmungen

Lolitrem B blockiert die Reizleitung der Nervenzellen, indem es sich an die für die Leitfähigkeit der Zellen zuständigen, durch Kalzium aktivierten Kalium-Kanäle bindet (Dalziel et al. 2005, zitiert in Johnstone et al. 2012). Gräsergifte aus der Gruppe der Lolitreme können bei Pferden zu schweren Vergiftungssymptomen führen, von denen sich die Tiere nach sofortigem Futterwechsel meistens in kurzer Zeit wieder vollständig erholen.

Gräsergifte aus der Gruppe der Lolitreme können bei Pferden zu schweren Vergiftungssymptomen führen

Auf einer Farm bei Legana in Tasmanien wurden Welsh Mountain-Ponys mit Grassamenstroh von Deutschem Weidelgras aus der Saatgutproduktion der Saison 1983/1984 gefüttert. Nach zehn bis 14 Tagen, in denen die Ponys 35 bis 70 Kilogramm dieses Aufwuchses pro Tier gefressen hatten, traten plötzlich Vergiftungserscheinungen auf (Munday et al. 1985). Die Symptome waren Zittern, Überempfindlichkeit auf Reize, Unterleibskrämpfe begleitet von der Ausscheidung von Schleim der Darmschleimhaut und Desorientierung. Nach Futterwechsel verschwanden die Symptome innerhalb von zwei bis drei Tagen vollständig. Eine HPLC-Analyse in der Ruakura Animal Research Station auf das Gift Lolitrem B ergab einen Gehalt von 5300 ppb. Die sonst (Cunningham & Hartley 1959, Munday & Morris 1978, beide Veröffentlichungen zitiert in Munday et al. 1985) bei Lolitrem B-Vergiftungen von Pferden nicht beschriebenen Symptome der Krämpfe führten die Autoren (Munday et al. 1985) auf die hohe Konzentration und die Aufnahme des Giftes in kurzer Zeit zurück.

Echte Ponys sind sehr futterorientiert. Von links: ein Kaltblut, ein Pony und ein junges Warmblut in Erwartung von Möhren. Foto: Vanselow

Mit einem kontrollierten Fütterungsversuch konnten die Vergiftungssymptome bei Pferden dokumentiert und eine eindeutige Einordnung der Schwere der Vergiftung (Tabelle 6.7) ermöglicht werden (Johnstone et al. 2012). Sieben gesunde Vollblüter und Traber im Alter zwischen sechs und 17 Jahren wurden in zwei Gruppen gehalten. Nach einer einwöchigen Eingewöhnungszeit ohne Deutsches Weidelgras im Futter, in der Daten erhoben wurden, erhielten die Stuten und Wallache für 19 beziehungsweise 20 Tage eine kontrollierte Ration mit Deutschem Weidelgras bekannter Giftgehalte. Dabei stand den Pferden Heu aus Deutschem Weidelgras zur freien Verfügung, während Deutsche Weidelgras-Samen jedem Pferd kontrolliert als Kraftfutter verfüttert wurden (siehe Tabelle 6.6).

Tabelle 6.6: Lolitrem B und Ergovalin, aufgenommene Gehalte

	Gruppe 1 (4 Pferde)		**Gruppe 2 (3 Pferde)**	
	Heu	**Grassamen**	**Heu**	**Grassamen**
Ration (kg TM/Pferd/Tag)	8,1	0,9	8,1	1,8
Lolitrem B- Gehalt (mg/kg TM, ppm) Stichproben	1,73 +/- 0,67 (n = 3)	5,16 +/- 1,17 (n = 6)	1,73 +/- 0,67 (n = 3)	4,15 +/- 1,17 (n = 15)
Aufnahme Lolitrem B (mg)	14,01 +/- 5,43	4,64 +/- 1,05	14,01 +/- 5,43	7,47 +/- 2,11
Gesamtaufnahme Lolitrem B (mg/Pferd/Tag)	18,65 +/- 5,53		21,48 +/- 5,83	
Gesamtaufnahme Trockenmasse (kg TM)	9		9,9	
Netto-Equivalent Lolitrem B-Gehalt (ppm)	2,07 +/- 0,61		2,17 +/- 0,59	
Ergovalin-Gehalt (mg/kg TM, ppm)	2,0 +/- 0,4		3,6 +/- 0,7	

Tabelle 6.6: Aufgenommene Gehalte der Gifte Lolitrem B und Ergovalin. Die Gehalte sind als Mittelwert plus minus Standardabweichung angegeben. Nach JOHNSTONE ET AL. 2012

Trotz gleicher Fütterung war die Ausprägung der Vergiftungsanzeichen im Versuch sehr unterschiedlich

Vergiftungssymptome traten vier bis neun Tage nach Beginn der gifthaltigen Weidelgrasfütterung auf. Die Symptome reichten von Muskelzittern, Schwanken des Rumpfes und steigender Standweite der Beine bis hin zu verlangsamten Bewegungen. Aus ethischen Gründen wurde bei schwereren Symptomen der Versuch für das betroffene Pferd nicht weiter geführt, sondern gestoppt. In Anlehnung an die Einteilung der Schwere einer Lolitrem B-Vergiftung bei Wiederkäuern nach GALEY ET AL. 1991 erstellten JOHNSTONE ET AL. (2012) ein entsprechendes Bewertungsschema für Pferde (siehe Tabelle 6.7).
Innerhalb der Symptomatik der Überempfindlichkeit auf akustische, visuelle und andere Reize trat auch eine übersteigerte Schmerzempfindlichkeit (Allodynie) auf. Trotz etwa identischer Fütterung war die Ausprägung der Vergiftungsanzeichen am Ende der Versuchszeit sehr unterschiedlich. Die Unterschiede standen weder mit der Rasse noch mit Alter, Geschlecht oder Gewicht in Zusammenhang. Zwar zeigten zum Beispiel alle Pferde Zittern, aber das Zittern variierte von Pferd zu Pferd und zudem bei ein und demselben Pferd auch noch situationsabhängig, war etwa bei Bewegung anders als beim Fressen.
Die Symptome wurden drastisch verstärkt, wenn man den Pferden die Augen verband und sie dann anerkannten neurologischen Testverfahren (DE LAHUNTA ET AL. 2006, DE LAHUNTA & GLASS 2009, beide zitiert in JOHNSTONE ET AL. 2012) unterzog und sie bestimmte Bewegungsabläufe wie Schlangenlinien-Laufen oder Anhalten aus der Bewegung ausführen ließ. Ein Video zur Studie von JOHNSTONE ET AL. 2012 (Online Edition: Supporting Information) zeigt und kommentiert diese charakteristi-

Tabelle 6.7: Weidelgras-Taumelkrankheit, Bewertungssystem

Wert	Neurologisches Syndrom
0	Keine klinischen Anzeichen
1	Leichtes Schwanken des Rumpfes und/oder leichtes Muskelzittern beim Fressen oder nach Bewegung; keine Lähmungen mit oder ohne Augenbinde
2	Deutliches Schwanken des Rumpfes und/oder leichtes Muskelzittern beim Fressen oder nach Bewegung; milde bis moderate Gleichgewichtsprobleme mit Augenbinde
3	Deutliches Schwanken des Rumpfes und/oder leichtes Muskelzittern beim Fressen oder nach Bewegung; moderate bis schwere Gleichgewichtsprobleme und Stellungsfehler mit Augenbinde; milde Lähmungen ohne Augenbinde
4	Schweres Muskelzittern und Lähmungen (wie beschrieben bei MAYHEW 2009)
5	Kollaps und Kleinhirn-Anfälle (wie beschrieben bei HOLLIDAY 1980 und MAYHEW 2009)

Tabelle 6.7: Vorgeschlagenes Bewertungssystem für die Einordnung der Schwere einer Weidelgras-Taumelkrankheit bei Pferden in Anlehnung an das für Rinder und Schafe entworfene Schema von GALEY ET AL. 1991. Tabelle aus: JOHNSTONE ET AL. 2012.

schen neurologischen Störungen sehr anschaulich. Während des Fütterungsversuchs traten bei zwei von sieben Pferden zudem Ödeme und Nekrosen an den Beinen auf, die die Autoren (JOHNSTONE ET AL. 2012) als mögliche Ergovalin-Vergiftung diskutieren.

Der gemessene Wert bei Ende des Versuchs sagt nichts aus über das Auftreten einer klinischen Vergiftung

Der Fütterungsversuch (JOHNSTONE ET AL. 2012) wurde begleitet durch Messungen der Gifte in Blut und Urin der Versuchspferde. Im Urin traten nur Spuren von Lolitrem B auf, die dem Wert nicht vergifteter Pferde entsprechen. Im Blutplasma konnte Lolitrem B nach der Giftaufnahme zwar in erhöhten Mengen nachgewiesen werden. Der gemessene Wert bei Ende des Versuchs stand aber in keinem Zusammenhang mit der Ausprägung der Vergiftungssymptome. Ein erhöhter Lolitrem B-Wert im Blutplasma zeigt nur an, dass dieses Gift vom Pferd aufgenommen wurde.

Der gemessene Wert lässt keine Unterscheidung zwischen subklinischer Aufnahmemenge und klinischer Vergiftung zu.

Das stark fettlösliche Lolitrem B wird überwiegend über Leber und Galle ausgeschieden, nicht über Urin. Sein Abbauprodukt Paxillin taucht in der Gallenflüssigkeit auf.

Abbauprodukte des Stoffwechsels, die über die Gallenflüssigkeit ausgeschiedenen werden, gelangen in den Darm und schließlich in die Pferdeäpfel. Wenn zahlreiche Lebewesen den Dung in kurzer Zeit abbauen, spricht das für eine giftarme Futtergrundlage der Pferde. Foto: Vanselow

Loline der Gräserendophyten

2009 wurde in Australien das Equine Schwingelödem erstmals beschrieben

In Deutschland werden bei Pferden auf Weiden nicht selten Ödeme im Bereich des Kopfes und Halses beobachtet. An der Tierärztlichen Hochschule Hannover wurden Angaben aus sieben Befragungen und 20 Briefen von Pferdehaltern zu „plötzlich geschwollenen Ohrspeicheldrüsen“ ausgewertet (ABOLING ET AL. 2007). Demnach werden im April und vor allem im September vermehrt plötzlich auftretende Schwellungen an den Ohrspeicheldrüsen beobachtet (siehe Tabelle 6.8).
Die Vegetation betroffener Flächen im Umkreis von Hannover wurde untersucht. Immer war Deutsches Weidelgras häufig vorhanden (ABOLING ET AL. 2007). Die Ursache der Schwellungen konnte nicht geklärt werden. Es wurden verschiedene Kräuter in Betracht gezogen.

Tabelle 6.8: Ödeme

Monat	Fälle
Januar	4
Februar	4
März	11
April	12
Mai	6
Juni	9
Juli	8
August	11
September	14
Oktober	12
November	9
Dezember	3
Summe Jahr	**103**

Tabelle 6.8: Auswertung von 27 Pferdehaltungen, die sich wegen plötzlich auftretender Ödeme unbekannter Ursache an den Ohrspeicheldrüsen von insgesamt 103 Pferden an die Tierärztliche Hochschule Hannover gewendet hatten. Quelle: ABOLING ET AL. 2007

Schwingelödem der Pferde

Im Jahr 2009 wurde in Australien erstmals das Equine Schwingelödem beschrieben (BOURKE ET AL. 2009). Es handelt sich dabei um Ödeme bei Pferden mit Weidegang, deren Ursache BOURKE ET AL. (2009) in Giften der Gräserendophyten aus der Wirkstoffgruppe der Loline sahen. Der Name „Lolin“ gibt den Hinweis auf die Pflanze, in der der Wirkstoff erstmals nachgewiesen wurde: Lolium – Weidelgras. Von der Vergiftung in Australien waren an sechs Orten 56 ausgewachsene Pferde betroffen, von denen 48 Pferde Vergiftungssymptome aufwiesen und vier Pferde starben.
Betroffene fohlenführende Zuchtstuten, allesamt Englische Vollblüter, zeigten Lethargie, Niedergeschlagenheit, Antriebslosigkeit, Schwäche, deutlich sichtbare Unterhautödeme an Kopf (Lippen, Augenlider, Ganaschen, Bereich um die Ohrspeicheldrüse), Hals, Rumpf und Unterbauch, aber auch an der Vagina.
Von außen nicht sichtbar traten zudem im Körperinneren teilweise Schwellungen auf, die in Einzelfällen zu Darmverschluss, Kolik und Tod führten. Die Abschwellung der Ödeme dauerte nach Futterumstellung zwischen drei Tagen und drei Wochen. Sekundäre Bauchfellentzündung wurde beobachtet. Unfruchtbarkeit, reduzierte Milchleistung,

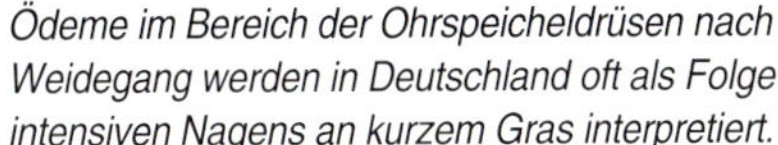

Ödeme im Bereich der Ohrspeicheldrüsen nach Weidegang werden in Deutschland oft als Folge intensiven Nagens an kurzem Gras interpretiert.

Abwehrstoffe in Gräsern sind eigentlich gegen Fraßfeinde wie Wiesenschnaken gerichtet.
Fotos (2): Vanselow

keine Reaktion auf Prostaglandininjektion, Ödeme am Uterus, teilweise voluminöse, bis 30 Prozent des Uteruslumen einnehmende, zwölf bis 15 Zentimeter lange und zwei bis sechs Zentimeter tiefe Ödeme konnten festgestellt werden. Die Einschlüsse im Endometrium mit honigwabenartigem Aussehen blieben über zehn Monate kaum verändert. Die Rosse blieb über Monate aus.

Ob tatsächlich Loline oder andere, vielleicht noch unbekannte Wirkstoffe der Gräser die Ödeme verursachen, wird zurzeit diskutiert

Möglicherweise hat der reproduktive Zustand der Zuchtstute im Moment der Vergiftung entscheidenden Einfluss auf ihre weitere Fruchtbarkeit und somit Zuchttauglichkeit. Die Blutplasmakonzentration des Gesamteiweißes war innerhalb von höchstens fünf Tagen deutlich erniedrigt, insbesondere das Albumin. Kreatin-Kinase (CK) war zum Teil erhöht.

Als Ursache der Vergiftung konnte angesäter, mediterraner Zucht-Rohrschwingel mit Bestandsanteilen von acht bis 95 Prozent des Aufwuchses ermittelt werden (Bourke et al. 2009). Dieser Zucht-Rohrschwingel war gezielt mit dem Endophyten Max P (auch Max Q genannt) infiziert worden. Es handelt sich bei diesem Endophyten um den patentierten Organismus *Neotyphodium coenophialum* AR542, Trademark von Grasslanz Technology-PGG-Wrightson Seeds, US-Patent Nr. 6111170 vom 29.08.2000. Der ursprüngliche Wild-Endophyt, der hier patentiert wurde, stammt aus Marokko. Dieser Endophyt produziert zur Insektenabschreckung Peramin und Lolin, jedoch keine Ergotalkaloide oder Lolitreme. Er galt als ungiftig für Weidetiere. Der in feuchten Senken noch grüne Rohrschwingel wurde von den Pferden bevorzugt gefressen, weil aufgrund der Dürre rundherum alles andere vertrocknet war. Der von Bourke et al. (2009) gemessene Lolin-Gehalt (N-Acetyl-Norlolin) lag über 2000 Milligramm pro Kilogramm im Rohrschwingel. Der gleichzeitig gemessene Peramingehalt lag zwischen 5,7 und 25,9 Milligramm pro Kilogramm Trockensubstanz.

Ob tatsächlich Loline oder andere, vielleicht noch unbekannte Wirkstoffe dieser Gräser die Ödeme verursachen, wird zurzeit diskutiert (Finch 2018).

Pyrrolizidinalkaloide der Gräserendophyten

Schlechte Leberwerte?

Gesättigte Pyrrolizidinalkaloide gelten als nicht leberschädlich, doch die ungesättigten Pyrrolizidinalkaloide stellen aufgrund ihrer Giftigkeit ein hohes Risiko dar

Seit sich das Jakobs-Kreuzkraut (*Senecio jacobaea*) in der Landschaft rasant ausbreitet, ist auch die Giftstoffgruppe, die diese Pflanze gefährlich macht, vielen ein Begriff: Pyrrolizidinalkaloide (PA). Diese Gifte schädigen die Leber. Die Endophyten unserer Gräser produzieren ebenfalls PA. Jedoch handelt es sich bei dieser Wirkstoffgruppe um eine Vielzahl unterschiedlichster Pyrrolizidinalkaloide, und keineswegs sind sämtliche dieser Stoffe hochgradig toxisch. Viele sind harmlos. Allgemein unterscheidet man die PA nach ihrem Bau in gesättigte und ungesättigte Pyrrolizidinalkaloide. Während die gesättigten PA als nicht leberschädlich gelten, stellen die ungesättigten PA aufgrund ihrer Giftigkeit ein hohes Risiko dar. Zu den gesättigten PA zählen beispielsweise die Loline der Gräser-Endophyten, die möglicherweise das Equine Schwingelödem verursachen. PUTNAM ET AL. 1991 konnten bei den Versuchspferden schlechte Leberwerte weder auf mit Endophyten infiziertem noch von Endophyten freiem Gras feststellen, obwohl der gemessene Lolingehalt bei bis zu 3473 ppb lag.
„Die Lolinalkaloide sind gesättigte PA, deren Hauptvertreter in mit Endophyten infiziertem Schwingel N-acetyl- und N-formyl-Lolin sind. Diesen Alkaloiden fehlt die 1,2 Doppelbindung, die charakteristisch ist für hepatotoxische Pyrrolizidinalkaloide“ (Zitat aus: ARTHUR 2002).
In der Literatur finden sich Hinweise, dass die Endophyten neben gesättigten auch ungesättigte Pyrrolizidinalkaloide produzieren. In seinem Übersichtsartikel über Weidelgras-Endophyten bringt RATTRAY (2003) im Kapitel über die Auswirkungen auf Pferde ein Zitat von WHALLEY (2002), in dem dieser die Auswirkungen der Pilzendophyten der Gräser auf Pferde folgendermaßen beschreibt:
„Während eine hohe akute Dosis einiger Pilzgifte ein Pferd töten kann, ist es die chronische, nicht tödliche Dosis, die potenziell eher schädlich ist. Dem ausgesetzt zu sein kann Organschädigungen speziell der Leber und Nieren verursachen, das

Die Raupe des Blutbären frisst JKK und nutzt dessen Gifte, um sich selber vor Fraßfeinden zu schützen.

Wanzen können sowohl an Pflanzen als auch an Insekten saugen. *Fotos (2): Vanselow*

Immunsystem unterdrücken, was unmittelbar sekundär zu Bakterieninfektionen führt, und generell der Gesundheit schaden“ (Zitat von WHALLEY 2002, wörtlich wiedergegeben in RATTRAY 2003).

Nachdem ARTHUR (2002) Lolinalkaloide vorgestellt hat, schreibt sie über Pyrrolizidinalkaloide im Unterschied zu den Lolinalkaloiden Folgendes:

„Obwohl PA im Rohrschwingel in geringeren Konzentrationen vorhanden sind als die vorhergehenden Alkaloide, mag ihr Vorhandensein ein mitwirkender Faktor der krankmachenden Bedingungen in Verbindung mit Schwingelvergiftung sein. Die langfristige Aufnahme von PA verursacht chronische Erkrankung im Tier. Anzeichen und Symptome schließen schlechtes Wachstum, kumulative Leberschädigung, reproduktives Versagen und generell schlechte Entgiftung ein (BULL ET AL. 1968). Es gibt Vermutungen, dass PA möglicherweise teilweise verantwortlich für eine Verengung der Gefäße, ausgelöst bei Schwingelvergiftung, sind. […]

Pyrrolizidinalkaloide sind ein Produkt des sekundären Stoffwechsels in Tieren. Oxidation dieser PA Komponenten in der Leber resultiert in Stoffwechselprodukten, die giftiger sind als ihre Vorstufen. Im Falle von PA werden die Stoffwechselprodukte in einer Biotransformation chemisch reaktive Pyrrol-Derivate (Pyrrol-Dehydro-Alkaloide). Tiere, die gegen die toxischen Effekte von PA widerstandsfähig sind wie zum Beispiel Schafe, Meerschweinchen und Japanische Wachteln, haben eine deutlich geringere Rate der Pyrrol-Produktion als empfindliche Arten wie Rinder, Pferde und Ratten (CHEEKE 1994)“ (Zitat aus: ARTHUR 2002).

Jakobs-Kreuzkraut, Rosette im Gras.

Jakobs-Kreuzkraut, blühend.

Jakobs-Kreuzkraut, samend.

Fotos (3): Vanselow

Nachweise der Gräsergifte im Tierkörper

Vergiftungen von Weidetieren werfen viele Fragen auf. Tierhalter und Tierarzt benötigen eine schnelle Auskunft über die Ursache der Probleme, um die Tiere wirkungsvoll behandeln zu können. Vergiftungen von landwirtschaftlich genutzten Weidetieren stellen für die Höfe ein ernstes ökonomisches Problem dar (BLYTHE ET AL. 2007). Gifthaltiges Grassamenstroh aus der Saatgutproduktion ist ein global gehandeltes Futtermittel (BLYTHE ET AL. 2007).
Für manchen Pferdehalter, also Verbraucher, stellt sich die Frage nach der Produkthaftung und einem möglichen Schadenersatz. Pferde stellen vielfach einen hohen emotionalen Wert dar. Wenn die Weidetiere dem Lebensunterhalt dienen, geht es daneben auch schnell um landwirtschaftliche Existenzen. Um den Verdacht, dass ein Tier mit bestimmten Symptomen an einer Vergiftung leidet, zu erhärten, ist es notwendig, die Gifte nicht nur im Futter, sondern auch im Tier nachzuweisen. Dazu werden wissenschaftlich anerkannte Analyseverfahren angewendet. Doch nicht jedes in der modernen Forschung gebräuchliche Verfahren wird juristisch anerkannt, gilt also für Regressansprüche als beweissicher.

Beweissichere Nachweismethoden sind nötig

Nur solche Nachweismethoden, die forensisch-toxikologischen Qualitätsstandards entsprechen, sind vor Gericht als Beweis zugelassen. Unter der Forensik versteht man alle wissenschaftlichen und technischen Arbeitsgebiete, in denen kriminelle Handlungen systematisch auf der Grundlage von Logik und Analytik untersucht werden. Die Beweiskette muss dabei lückenlos und unanfechtbar aufgezeigt werden. Die Toxikologie ist die Lehre von den Giftstoffen. Sie beschäftigt sich mit den Vergiftungen und ihrer Behandlung. Nachweismethoden, die forensisch-toxikologischen Qualitätsstandards entsprechen, müssen eine eindeutige Identifizierung der Substanzen ermöglichen. Mit ihrer Hilfe muss eine zuverlässige quantitative Bestimmung der Substanzen in Körperflüssigkeiten oder -geweben der betroffenen Tiere möglich sein. In der Regel kommen in der forensischen Toxikologie für den Substanznachweis Kombinationen aus Techniken mit hoher Trennleistung bei den Substanzgemischen zum Einsatz. Hierzu zählen die Gaschromatographie (GC), die Flüssigkeitschromatographie (LC), die hochselektive beziehungsweise spezifische Massenspektrometrie (MS) und die Tandemmassenspektrometrie (MS/MS). Beweissichere Analysen finden sich zu Ergotalkaloiden (LEHNER ET AL. 2004, LEHNER ET AL. 2005, LEHNER ET AL. 2011, SMITH ET AL. 2006, UHLIG ET AL. 2007) und zu Lolinen (GOONERATNE ET AL. 2012, TAKEDA ET AL. 1991).

Beweissichere Analysen finden sich zu Ergotalkaloiden und zu Lolinen

Manche Gifte, die in Fettgewebe eingelagert wurden, können in Zeiten des Fettabbaus zur Selbstvergiftung führen. *Foto: Fersing*

Galloway-Rinder im Naturschutzgebiet Schäferhaus als Mutterkuh-Haltung zur Produktion von Ökofleisch. Foto: Vanselow

Nicht beweissicher und also vor Gericht als Beweis nicht zugelassen sind die antikörperbasierten Nachweisverfahren wie ELISA (enzyme-linked immunosorbent assay), die zum Beispiel in der Milchforschung üblich sind und dann auf Pferde übertragen werden (Gross & Usleber 2015, Gross et al. 2015). Im Vergleich zu den beweissicheren Methoden sind diese immunchemischen Methoden relativ preisgünstig, schnell in der Anwendung und bei sehr hohem Probenaufkommen einsetzbar. Sie sind zum Beispiel bei Routineuntersuchungen von Milchproben sinnvoll, um mögliche Hinweise auf unerwünschte Substanzen in Lebensmitteln zeitnah zu erhalten. Die Antikörper binden jedoch auch an ähnliche Substanzen, die mit dem fraglichen Stoff (Zielanalyten) nicht identisch sind. Es kommt zu falsch-positiven Ergebnissen. Daher sind die Ergebnisse antikörperbasierter Nachweisverfahren mit Hilfe beweissicherer Methoden zu überprüfen.

Die weit überwiegende Anzahl von Methoden zur Analyse der Gräsergifte beschäftigt sich mit pflanzlichen Proben, also Gras und Getreide frisch, getrocknet, siliert oder pelletiert, sowie als Mischfuttermittel mit Gras- beziehungsweise Getreideanteil. Giftgehalte in Pflanzen und in Futter unterliegen starken Schwankungen. Auch die individuelle Aufnahmemenge durch einen Pflanzenfresser kann schwanken. Der Nachweis in diesen Materialien ist daher noch kein Nachweis für eine tatsächliche Vergiftung des Tieres. Zudem erfüllen die verwendeten Methoden oftmals nicht oder nicht in allen Punkten die Kriterien einer beweissicheren Messmethode.

Der Nachweis in Futter oder Futterpflanzen ist noch kein Nachweis für eine tatsächliche Vergiftung des Tieres

Von wirtschaftlich erheblich größerer Bedeutung als Pferde sind Wiederkäuer, also Rinder, Schafe und Ziegen. Zu diesen Tierarten liegen zahlreiche Veröffentlichungen vor. Doch auch hier gibt es bei den Nachweisen der Gifte Probleme (Hill et al. 2001). Um die Zusammenhänge der Vergiftung mit dem Stoffwechsel und den Weg der Gifte sowie ihre Bearbeitung durch den Säugetierkörper zu dokumentieren, verwendeten Forscher zur Analyse von Blutserum die Hochdruck-Flüssigkeitschromatographie, HPLC (Oliver et al. 1994; Moubarak et al. 1996). Die Ergebnisse waren ernüchternd. Selbst bei kontrollierter ständiger Verabreichung von Ergotalkaloiden in die Blutbahn lagen die gemessenen Konzentrationen im Spurenbereich (Oliver et al. 1994). Aus der Medikamentenforschung ist lange bekannt, dass Ergotalkaloide im menschlichen Verdauungstrakt nur langsam aufgenommen werden (Meier & Schreier 1976; Little et al. 1982). Gleichzeitig werden Ergotalkaloide über den Stoffwechsel sehr schnell verarbeitet und aus dem Kreislauf entfernt (Stuedemann et al. 1998). Daher wird immer wieder darauf hingewiesen, dass die Nutzung von Blutserum als tierisches Material für die Untersuchung der Vergiftung durch Ergotalkaloide aus Gräsern besonders schwierig ist (Stuedemann et al. 1998, Hill et al. 2001).

HILL ET AL. (2001) vermuten, dass Ergolinalkaloide den Verdauungstrakt viel leichter verlassen können als Ergopeptinalkaloide und dass der Transport durch die Häute ein aktiver Prozess ist, da er lebendiges Gewebe verlangt. Sie schlussfolgern, dass die Identifizierung und Charakterisierung der Alkaloidrezeptoren in den Häuten des Verdauungstraktes notwendig sein wird, um die Antagonisten des Absorptionsprozesses zu identifizieren und um pharmakologische Strategien zur Verhinderung der Absorption zu entwickeln (HILL ET AL. 2001).

Langfristig entstandene Vergiftungen sind besonders schwer nachzuweisen

Neben den Wänden des Verdauungstraktes ist in Bezug auf die Gifte der Gräser das Fettgewebe von besonderem Interesse (MIYAZAKI ET AL. 2004, REALINI ET AL. 2005). Das gilt für den Nachweis der Gifte in tierischem Material ebenso wie für die Erforschung der Giftwirkung auf das Tier und den Stoffwechsel (Abbau, Umbau) der Gifte im Tier (HILL ET AL. 2001). Schon lange vermuten Experten, dass Ergotalkaloide den Fettsäurestoffwechsel beeinflussen und zur Fat Necrosis des Rindes führen (STUEDEMANN & HOVELAND 1988, zitiert in REALINI ET AL. 2005). Nekrotisches Fett zeigt eine andere Zusammensetzung als gesundes Fett des Rindes (STUEDEMANN ET AL. 1985, zitiert in REALINI ET AL. 2005). REALINI ET AL. (2005) vermuten einen hemmenden Einfluss von Ergotalkaloiden auf das Enzym Delta-9 Desaturase mit Auswirkung auf die Zusammensetzung der Fettsäuren im Fettgewebe. Die als Fat Necrosis bekannte Schädigung des Fettgewebes wird typischerweise nur bei älteren Rindern beobachtet, die langfristig mit Endophyten infizierten Rohrschwingel beweiden (REALINI ET AL. 2005). Es besteht aufgrund von Beobachtungen der begründete Verdacht, dass der Abbau von Fett, das auf infizierten Rohrschwingelweiden angefressen wurde, bei giftfreier Diät zur Selbstvergiftung der Rinder führen kann (REALINI ET AL. 2005).

Nachweise von Ergotalkaloiden

Wie gut lassen sich Ergotalkaloide im Blut von Pferden nachweisen? Wie verhalten sich diese Gifte im Blut? Um das zu untersuchen, wurde vier Wallachen 15 µg Ergovalin pro Kilogramm Körpergewicht einmalig in die Blutbahn gespritzt (BONY ET AL. 2001). Die Konzentration im Blutplasma wurde mit Hochdruck-Flüssigkeitschromatographie (HPLC, beweissichere Methode) gemessen. Entsprechend den bereits bekannten Vergiftungen von Pferden und trotz der sehr niedrigen angewendeten Dosis traten bei allen Wallachen die gleichen klinischen Symptome eine halbe Stunde nach der Injektion auf: kalte Ohren und Nase, starkes Schwitzen, Wälzen und Probleme zu urinieren: *„Die klinischen Symptome entsprechen denen in Ziegen (DURIX ET AL. 1999) und Pferden (PUTNAM ET AL. 1991) und sind in Einklang mit den bekannten, akuten Effekten des Giftes (OLIVER 1997), teilweise in Verbindung mit der oberflächennah gefäßverengenden Wirkung von Ergotalkaloiden“* (Zitat aus: BONY ET AL. 2001).

Das in die Blutbahn gespritzte Gift verteilte sich rasch und zeigte einen Abfall von etwas unter 10 ng/ml auf Werte um 1 ng/ml innerhalb von 2,5 Stunden. Die Zeit, zu der die Hälfte des ursprünglich vorhandenen Giftes zuverlässig aus der Blutbahn entfernt war (Eliminationshalbwertzeit), wurde mit rund einer Stunde ermittelt.

Laut BONY ET AL. (2001) lagen diese Messwerte zur Entfernung des Ergovalins aus dem Blut bei Pferden in dem gleichen Rahmen wie für Schafe und Ziegen. Schafen wurde 17 µg Ergovalin pro Kilogramm Körpergewicht gespritzt, unmittelbar danach konnten circa 75 ng/ml im Blutplasma nachgewiesen werden. Infolge schneller Verteilung fiel die Konzentration innerhalb von fünf Minuten auf Werte um 25 ng/ml ab (DURIX ET AL. 1999). Die Eliminationshalbwertzeit lag etwas unter einer halben Stunde. Die Bestimmungsgrenze wurde 60 Minuten nach der Injektion erreicht. Bei Ziegen führte die intravenöse Injektion von 32 µg Ergovalin pro Kilogramm Körpergewicht zu Plasmakonzentrationen von knapp 40 ng/ml kurz nach der Verabreichung (JAUSSAUD ET AL. 1998). Diese Konzentration fiel innerhalb einer Stunde auf 3,5 ng/ml (Bestimmungsgrenze) ab. Die Eliminationshalbwertszeit wurde mit etwa einer halben Stunde angegeben. In der Ziegenmilch wurde Ergovalin bis zu acht Stunden nachgewiesen.

Selbst bei bestehender Vergiftungssymptomatik sind nur niedrige Ergovalin-Konzentrationen im Blut zu finden

„Der rasche Abfall von Ergovalin im Blut, der nach intravenöser Verabreichung in Pferden beobachtet wurde, ist teilweise von großem Interesse: Es zeigt, dass niedrige Gehalte von Mykotoxin nach der Einnahme von Gras, das mit Neotyphodium infiziert war, im Plasma erwartet werden sollten. Eine vollständigere kinetische Studie zur Klärung der Wege (Urin oder/und Galle), die in der Entfernung von Ergovalin im Pferd eingebunden sind, sollte durchgeführt werden. Weiterhin kann betreffend Ergovalin die Dosis von 15 µg/kg als Gift-Schwellenwert in Abwesenheit quantitativ toxikologischer Daten verwendet werden (NOAEL: keine negativen Auswirkungen beobachtet; LOEL: niedrigste beobachtete Dosis mit Wirkung)“ (Zitat aus: BONY ET AL. 2001. NOAEL: no observed adverse effect level, LOEL: lowest observed effect level).

Die Studie von BONY ET AL. (2001) zeigt also, dass selbst bei bestehender Vergiftungssymptomatik nur vergleichsweise niedrige Ergovalin-Konzentrationen im Blut zu erwarten sind, die schnell in den unteren ng/ml-Bereich abfallen.

Schafe und Rinder haben weniger Schweißdrüsen und können nicht so gut schwitzen wie Pferde. Schattenplätze sind in der Mittagshitze begehrt. Mutterkorngifte erschweren die Selbstkühlung, da sie die die Temperatur regulierende Oberflächendurchblutung erschweren. Foto: Vanselow

Die Vorstufe der von Gräser-Endophyten gebildeten Ergotalkaloide im Gras, ebenso wie deren Abbauprodukt im Tierkörper, ist die Lysergsäure. Diese Vorstufe beziehungsweise dieses Abbauprodukt findet sich in den Gräsern, im Verdauungstrakt und im Urin. LODGE-IVEY ET AL. (2006) entwickelten eine Methode zur Analyse der Lysergsäure. Der Nachweis von Lysergsäure ersetzt aus forensischer Sicht nicht den Nachweis von Ergotalkaloiden und kann bestenfalls den Verdacht erhärten, dass Ergotalkaloide im Spiel sind oder waren. Ihre Konzentration gibt keinen Aufschluss über mögliche Konzentrationen einzelner möglicherweise beteiligter Ergotalkaloide. Als Abbauprodukt gibt die Lysergsäure jedoch einen Hinweis darauf, wo die Gifte geblieben sein könnten, welchen Stoffwechselweg sie vermutlich im Tierkörper genommen haben.

Schultz et al. (2005) untersuchten die Auswirkungen von Ergovalin und dessen Abbauprodukt beziehungsweise seiner Vorstufe Lysergsäure auf den Stoffwechsel von Pferden. Dazu wurde die Ausscheidung dieser Gifte über Kot und Urin gemessen sowie die Effekte auf die Verdaulichkeit und einige Enzyme des Blutserums, welche Gewebeschäden an Muskulatur und Leber anzeigen. Zehn ausgewachsene Wallache wurden zufällig in zwei Gruppen aufgeteilt. Eine Gruppe bildete die Kontrollgruppe, die andere bekam Kraftfutter mit bekannten Gehalten an Gräsergiften (eine Rohrschwingelsamen enthaltende Ration mit 0,84 Milligramm Lysergsäure und 0,5 Milligramm Ergovalin pro Kilogramm der Gesamtration).
Drei Fütterungsszenarien wurden durchgeführt: keine Gräsergifte (Kontrollphase, 14 Tage), kurze Zeit Gräsergifte (akute Phase, vier Tage) und längere Zeit Gräsergifte (subakute Phase, 21 Tage) im Futter. Kot und Urin wurden vollständig über einen Zeitraum von jeweils vier Tagen gesammelt, Blutproben wurden täglich genommen. Ergovalin war im Urin nicht nachweisbar, wurde aber mit 0,3 Milligramm pro Kilogramm (60 Prozent akute Phase) beziehungsweise 0,4 Milligramm pro Kilogramm (80 Prozent subakute Phase) im Kot der gleichen Tiere gemessen. Die im Kot gefundene Lysergsäure lag sowohl in der akuten als auch in der subakuten Phase bei 0,21 Milligramm pro Kilogramm (25 Prozent der Aufnahme) beziehungsweise 0,23 Milligramm pro Kilogramm (27 Prozent der Aufnahme). Allerdings fand sich während der akuten Phase erheblich mehr Lysergsäure im Urin als in der subakuten Phase (0,71 Milligramm pro Liter entsprechend 84,5 Prozent der Aufnahme beziehungsweise 0,49 Milligramm pro Liter entsprechend 58,3 Prozent der Aufnahme). Da keine sichtbaren Symptome während der 21 Tage Versuchsdauer auftraten, scheinen Wallache, die auf Weideland aus infiziertem Rohrschwingel mit 0,5 Milligramm Ergovalin pro Kilogramm Trockenmasse grasen, innerhalb von 21 Tagen keine Schwingelvergiftung zu erleiden.
Die gleichen Autoren (Schultz et al. 2006) beschäftigten sich nochmals genauer mit dem Verbleib von Ergovalin und Lysergsäure in Pferden unter Verwendung unterschiedlicher Messmethoden (HPLC, ELISA). Wieder wurden zehn Wallache in zwei Gruppen aufgeteilt. Während die eine Gruppe als Kontrolle mit giftfreiem Futter ernährt wurde, erhielt die andere Gruppe definierte Mengen an Ergovalin und Lysergsäure (siehe Tabelle 6.9, Seite 145). In der Eingewöhnungszeit (Tag -14 bis -1) erhielten alle zehn Tiere das gleiche giftfreie Futter (Lieschgrasheu, Kraftfutter) mit endophytenfreien Rohrschwingelsamen. Danach (Initialphase, Tag 0 bis 3) erhielt eine Gruppe pro Tier und Tag ein Kilogramm mit Endophyten infizierte Rohrschwingelsamen, um die Stoffwechselwege und den Verbleib der Gifte bei unvorbereiteter Konfrontation des Körpers zu untersuchen. Der Ergovalingehalt lag bei 0,5 Milligramm pro Kilogramm, der Lysergsäuregehalt bei 0,3 Milligramm pro Kilogramm Trockengewicht des Kraftfutters. Die Tiere erhielten diese Diät in einer erweiterten Belastungsphase (Tag 4 bis 21), um einen möglichen mittelfristigen Anpassungseffekt zu messen. Proben von Futter, Kot, Urin (über vier Tage vollständig) und Blutserum (wöchentlich) wurden genommen. Im Blut wurden einige für Muskel- und Leberschäden aufschlussreiche Enzyme analysiert, aber nicht die Gifte selber gemessen. Es konnten keine Gewebeschäden oder Vergiftungssymptome beobachtet werden. Körpergewicht und Temperatur wurden dokumentiert. Alle Pferde nahmen während der Versuchsdauer erwartungsgemäß zu, denn sie kamen bei Versuchsbeginn untergewichtig an.

Tabelle 6.9: Alkaloid-Konzentrationen nach Fütterung von Rohrschwingelsamen

	Initialphase (Tag 0 bis 3)		Erweiterte Phase (Tag 4 bis 21)	
Ergovalin (E) beziehungsweise Lysergsäure (L)	**Samen giftfrei**	**Samen infiziert**	**Samen giftfrei**	**Samen infiziert**
Aufnahme E	--	3,5	--	3,6
Kot E	--	1,2	--	1,5
Urin E	--	--	--	--
Bilanz E	--	2,3	--	2,1
Aufnahme L	--	2,0	--	1,9
Kot L	--	2,7	--	2,5
Urin L	--	4,0	--	4,9
Bilanz L	--	-4,7	--	-5,5

Tabelle 6.9: Alkaloid-Konzentrationen und Alkaloid-Balance (Milligramm/Tag) von Wallachen nach einer Kurzzeit- und einer ausgedehnteren Phase einer Diät mit endophytenfreien oder mit Endophyten infizierten Rohrschwingelsamen. Die bekannte Konzentration betrug dabei 0,5 Milligramm pro Kilogramm Kraftfutterration an Ergovalin beziehungsweise 0,3 Milligramm pro Kilogramm Kraftfutterration an Lysergsäure. Es wurde über einen Zeitraum von vier Tagen gemittelt, in der Initialphase von Tag 0 bis 4, in der erweiterten Phase von Tag 18 bis 21. Alle Angaben aus: Schultz et al. 2006.

Erneut wurde Ergovalin nur über den Kot ausgeschieden, nicht über Urin. Lysergsäure wurde dagegen sowohl über den Kot als auch über Urin ausgeschieden. 35 bis 40 Prozent des gesamten aufgenommenen Ergovalins fanden sich im Kot wieder. Die restlichen 60 bis 65 Prozent des Ergovalins verschwanden sozusagen im Pferd, wurden also gespeichert oder über den Stoffwechsel verarbeitet. Gleichzeitig wurde mehr Lysergsäure ausgeschieden (Kot: 133 Prozent, Urin: 200 Prozent) als aufgenommen.

Eine Studie lässt vermuten, dass Ergovalin und andere, in der Studie nicht gemessene Ergotalkaloide, zu Lysergsäure abgebaut und als solche ausgeschieden werden

Die Autoren (Schultz et al. 2006) vermuten daher, dass Ergovalin und andere, in der Studie nicht gemessene Ergotalkaloide, zu Lysergsäure abgebaut und als solche ausgeschieden wurden. Aufgrund der Ähnlichkeit in der Initialphase und der erweiterten Phase sehen sie nur eine geringfügige Anpassung des Abbaus und der Ausscheidungswege an die Giftaufnahme.

Nachweis von Lolitrem B

Mit den Vergiftungssymptomen und dem Nachweis von Lolitrem B in Pferden haben sich Johnstone et al. (2012) in ihrem Versuch beschäftigt, der bereits im Kapitel über gestörte Koordination und Lähmungen von Pferden ab Seite 133 vorgestellt wurde. Sie haben Pferde mit Heu gefüttert, das Lolitrem B in einer Konzentration von 2 ppm enthielt, und Blutproben und Urinproben mit Hilfe des antikörperbasierten Nachweisverfahrens ELISA (enzyme-linked immunosorbent assay) auf Lolitrem B analysiert. Nach vier bis neun Tagen wurden bei allen Pferden Symptome einer Lolitremvergiftung beobachtet. Bei zwei Pferden erreichten die Vergiftungssymptome den Schweregrad 3 von 5, weshalb die Studie bei diesen Pferden abgebrochen wurde. Die Analyse von Blutplasma ergab einen signifikanten Anstieg von „nicht nachweisbar" (Kontrolle) auf 0,23 bis 0,5 ng/ml nach Giftaufnahme. Der im Blut gemessene Gehalt korrelierte in keiner Weise mit der Schwere der vorgefundenen klinischen Symptome. Im Urin der Tiere konnten sie keine Veränderung der Lolitrem B-Gehalte messen.

Für die wirtschaftlich interessanten Wiederkäuer liegen mehr Untersuchungen vor als für Pferde. Rinder und Schafe liefern Lebensmittel. Daher wird dem Nachweis der Gifte in tierischen Materialien dieser Tiere mehr Bedeutung beigemessen. In einem Fütterungsexperiment mit Lämmern grasten die Tiere auf Weiden, die mit Endophyten infiziert waren (Finch et al. 2012). Über neun Monate wurden die Konzentrationen im Fettgewebe der Lämmer beobachtet. Sie erreichten einen Maximalwert von im Mittel 61,8 ppb (Milligramm Gift pro Tonne Material) zu einem Zeitpunkt, an dem auch die Lolitremkonzentration im Gras mit etwa 3400 ppb maximal war. Aufgrund des Auftretens deutlicher Symptome der Weidelgrastaumelkrankheit mussten die Lämmer zwischenzeitlich auf Weiden mit nicht infiziertem Gras umgesetzt werden.

Für die wirtschaftlich interessanten Wiederkäuer liegen mehr Untersuchungen vor als für Pferde

Entsprechende Versuche wurden auch mit Kühen durchgeführt (Finch et al. 2013). Die Kühe wurden mit infiziertem Gras mit einem Gehalt von 1840 ppb Lolitrem B gefüttert. Die Konzentration von Lolitrem B in der Milch wurde über 20 Tage gemessen. Nur 0,23 Prozent des aufgenommenen Lolitrem B wurde in die Milch sekretiert. Bereits nach einem Tag Giftaufnahme war das Lolitrem in der Milch nachweisbar und es dauerte acht Tage ab Umstellung auf giftfreies Futter, bis die Milch wieder giftfrei war. Es konnten bis etwa 70 Mikrogramm (bei maximal 5 ng/mL) Lolitrem B über 24 Stunden in der Milch nachgewiesen werden. Es bestand ein deutlicher Zusammenhang zur aufgenommenen Lolitrem B-Dosis von bis zu 45 Milligramm täglich. Die Kühe mussten zwischenzeitlich mit nicht infiziertem Gras gefüttert werden, da nach sechs Tagen deutliche Symptome der Weidelgrastaumelkrankheit auftraten.

Viehvergiftungen durch Grassamenstroh

Japan importiert sehr viel Grassamenstroh aus den USA. Nachdem Viehvergiftungen auftraten, wurden Versuche an Rindern durchgeführt (Miyazaki et al. 2004). Zwei Gruppen von jeweils drei Kühen wurden mit Weidelgrassamenstroh mit einem Gehalt von 1200 ppb Lolitrem B gefüttert. Die Tiere der ersten Gruppe erhielten 6,5 Kilogramm des Grassamenstrohs pro Tag. Alle Kühe dieser Gruppe entwickelten Vergiftungssymptome. Das am schwersten betroffene Rind wurde nach

15 Tagen getötet und es wurden Gewebeproben entnommen. Nach Futterumstellung erholten sich die beiden anderen Kühe dieser Gruppe innerhalb weniger Tage. Die Kühe der zweiten Gruppe erhielten 3,0 Kilogramm pro Tag des gifthaltigen Grassamenstrohs für fünf, 13 und 16 Wochen und entwickelten keine Symptomatik. Sie wurden am Ende des Versuchs geschlachtet. Auch bei diesen Tieren wurden Gewebeproben entnommen. In den Gewebeproben aus Muskel, Leber, Nieren und Herz wurde kein Lolitrem B nachgewiesen. Im nierennahen Bauchfett war Lolitrem B nachweisbar. Die Konzentration in der Fettgewebeprobe des Rindes aus der ersten Gruppe lag bei 210 ppb, bei den Rindern aus der zweiten Gruppe zwischen 123 und 144 ppb.

Extrem unterschiedlicher Futterbedarf innerhalb einer Gruppenhaltung kann nur gelöst werden, indem das Grundfutter an den Bedarf des leichtfuttrigsten Kandidaten angepasst und Kraftfutter jedem Tier einzeln gegeben wird. Doch Vorsicht bei Grassamenstroh: Es kann giftig sein! Foto: Vanselow

In einem weiteren Versuch in Japan wurden sechs Gruppen von zehn Monate alten Jungbullen mit Futter unterschiedlicher Lolitrem B-Gehalte (0 bis 2000 µg/kg) gefüttert (Shimada et al. 2013). Wie bei Miyazaki et al. (2004) wurden Tiere mit moderaten Krankheitssymptomen getötet und Proben unterschiedlicher Organgewebe (Blut, Pansenflüssigkeit, nierennahes Fett, Muskel, Leber, Nieren, Gehirn) der getöteten Tiere wurden untersucht. Tiere ohne Symptomatik wurden nach zwölf Wochen ebenfalls getötet und in gleicher Art und Weise untersucht. Symptome traten drei bis 49 Tage nach Beginn der Fütterung auf. Das Auftreten von Symptomen war abhängig vom Gehalt an Lolitrem B: Bei 750 µg Lolitrem B pro Kilogramm Futter zeigten 33 Prozent der Tiere Symptome, bei 1000 µg pro Kilogramm 50 Prozent, bei 1500 µg pro Kilogramm 67 Prozent und bei 2000 µg pro Kilogramm waren 100 Prozent der Tiere betroffen. In der Kontrollgruppe (0 µg/kg) und bei der niedrigsten Versuchsvariante (500 µg Lolitrem B pro Kilogramm Futter) traten keinerlei Symptome bei den Rindern auf. Im Blutplasma war bei keinem der untersuchten Tiere Lolitrem B nachweisbar. In den Organen Muskel, Leber, Niere und Gehirn lagen die Konzentrationen von Lolitrem B sehr niedrig, aber nachweisbar im Bereich von etwa 2 ng/g bis um die 10 ng/g. Im nierennahen Fettgewebe wurden dagegen deutlich höhere Konzentrationen im Bereich von etwa 90 bis 150 ng/g festgestellt.

Zusammenfassend ist festzustellen, dass bei Lolitrem-Vergiftungen von Tieren ein Nachweis der Gifte im Blut quasi aussichtslos ist, selbst wenn das Blut entnommen wird, während das Tier Symptome zeigt. Bei verendeten Tieren sollte stattdessen Fett aus dem Bauchraum (nierennahes Fett) auf diese Gifte untersucht werden.

Nachweise von Lolinen

Schon vor fast 30 Jahren fielen bei Routinedopingkontrollen im Urin von Rennpferden gesättigte Pyrrolizidinalkaloide auf, genauer: Lolin-Alkaloide (TAKEDA ET AL. 1991). Informationen zur Art und Menge der aufgenommenen Loline fehlen allerdings, und auch die Nachweisgrenze der Messungen ist unklar.

In zwei Experimenten mit neun Monate alten Schaflämmern wurde eine wässrige Suspension von Wiesenschwingel-Samen verabreicht (GOONERATNE ET AL. 2012). Es wurde entweder eine Einzeldosis von 52 Milligramm Lolinalkaloiden pro Kilogramm Körpergewicht oder acht Tage lang dreimal täglich 22 bis 23 Milligramm Lolinalkaloide pro Kilogramm Körpergewicht als chronische Dosis gegeben. Im Experiment mit der Einzeldosis wurde von durchschnittlich 1670 Milligramm verabreichten Lolinen pro Tier im Mittel lediglich 101 Milligramm im Urin wiedergefunden und 63 Milligramm im Dung. Im Experiment mit der chronischen Konfrontation mit Lolinen über acht Tage wurden von der mittleren Gesamtdosis von 11 047 Milligramm lediglich 429 und 54 Milligramm im Urin beziehungsweise über den Dung ausgeschieden. Blut und Urin der Tiere wurden auf veränderte Parameter hin analysiert und zeigten keine Veränderungen. Aus jeder Gruppe wurde nach Versuchsende ein Tier getötet und histologisch untersucht. Es traten weder Vergiftungssymptome bei den lebenden Schafen auf noch waren irgendwelche Veränderungen der Gewebe der getöteten Tiere feststellbar.

Insekten auf Dung. *Foto: Vanselow*

Mistkäfer und Pferdeapfel. *Foto: Vanselow*

Gifte in Ausscheidungen können empfindliche Organismen töten. Noch heute werden Fische, Wasserflöhe und Süßwasseralgen als Indikatoren für die Qualität von Wasser eingesetzt. Tötet der in Wasser aufgelöste Dung eines erkrankten Tieres Wasserflöhe, während der Dung gesunder Tiere für diese Teichbewohner ungefährlich ist, dann ist der Verdacht begründet, dass das erkrankte Tier Gifte ausscheidet.

Andererseits kann der über Monate oder Jahre kaum zersetzte Dung bei Anwesenheit zersetzender Insekten und Würmer ein Hinweis auf Gifte im Dung sein (ROSENKRANZ ET AL. 2004).

Neue Nachweisverfahren sind nötig

Englische Vollblüter gelten als teuerste Pferderasse der Welt. Im Hochleistungssport sind sowohl die Kontrollen dieser Pferde als auch die Forschung zu allen Themen dieses Sports sehr intensiv. Foto: Fersing

Viele Fragen sind nach wie vor offen: Wirken die Gifte selber, oder wirken bisher nicht betrachtete beziehungsweise bekannte Stoffwechselprodukte dieser Gifte? Handelt es sich bei der Wirkung um eine direkte Veränderung durch das Gift oder treten Wirkungen erst durch die Veränderung der Funktionsweise von Geweben, beispielsweise von Hormondrüsen, auf? Sind die Abbauprodukte der Gifte noch problematischer als das aufgenommene Gift selbst? Beeinflussen die Gifte das Fettgewebe der Weidetiere? Werden Stoffe im Fettgewebe eingelagert und bei Diät wieder freigesetzt mit der Folge einer Selbstvergiftung? Hier ist noch viel Forschung vonnöten.

Es sind nur wenige Informationen zu Wegen und Abbau der Endophytengifte in Pferden oder anderen Weidetieren verfügbar. Kenntnis über den Stoffwechsel der Gifte wäre für die Beurteilung ihrer Giftigkeit wichtig. Das betrifft auch Nachweisverfahren für die Gifte und ihre Abbauprodukte in Urin oder Kot. Falls entsprechend giftige Stoffwechselprodukte gebildet würden, müssten diese in die Gesamtbeurteilung mit einbezogen werden. Würden aus Endophytengiften gebildete Stoffwechselprodukte ausgeschieden, könnten durch deren Nachweis in Urin oder Kot die analytischen Möglichkeiten bei der Aufklärung von Vergiftungsfällen erweitert werden.

Beweissichere Routineverfahren nach den Qualitätsanforderungen der forensischen Toxikologie zum Nachweis der Gifte und ihrer Abbauprodukte in Körperflüssigkeiten und Gewebeproben von Pferden und anderen Weidetieren gibt es bisher nicht. Allerdings wurde ein vielversprechendes Analyseverfahren für Blut auf zehn Endophytengifte aus Gräsern nach dem aktuell höchsten Standard der forensischen Toxikologie in Jena entwickelt (Rudolph et al. 2018).

Über Monate oder Jahre kaum zersetzter Dung kann ein Hinweis auf Gifte darin sein

Die Forschung weiß tatsächlich für viele der Gifte noch nicht, was wirkt, wie es wirkt, wo es schädigend wirkt – und schon gar nicht, wo, also in welchem tierischen Material, wir im Vergiftungsfall diese unbekannten Wirkstoffe im Körper sicher nachweisen können. Möglicherweise ist die Vergiftung durch Gräsergifte weit komplexer als bisher gedacht. Um Licht in das Dunkel zu bringen, sind neue Nachweismethoden für tierische Proben auf der Grundlage modernster, beweissicherer Analyseverfahren notwendig (Smith et al. 2006, Rudolph 2018). Die Anwendung des Nachweisverfahrens von Rudolph et al. (2018) in der Praxis gibt Hoffnung für die zukünftige Aufklärung dieser Vergiftungen.

Gifte in der Nahrungskette: Sicherheit von Futter- und Lebensmitteln

Spielen die für Viehvergiftungen bekannten Endophyten und ihre Gifte (Guerre 2015, Guerre 2016) in Europa überhaupt eine Rolle? Messungen zum Beispiel in Frankreich (Repussard et al. 2014), Dänemark (Dahl-Jensen et al. 2007), Deutschland (Reinholz 2000, Hesse 2002, Riemel 2012, König et al. 2018b) und Spanien (Vázquez de Aldana et al. 2000) zeigen, dass in Europa mit Tiervergiftungen durch infizierte Gräser zu rechnen ist.

Gräsergifte in Viehfutter

In Deutschland gelten die giftigen Lolche zwar als ausgerottet, doch könenn giftige Wildgräser wie der Taumellolch durchaus in importierte Pellets aus angesäten Gräsern oder Leguminosen geraten, zum Beispiel Luzerne, Esparsette oder Seradella

Seit im Jahr 1977 der Zusammenhang zwischen einer Infektion der Gräser mit Endophyten und Viehvergiftungen aufgeklärt wurde (Bacon et al. 1977), steht die Frage im Raum, wie sicher Futter- und Lebensmittel sind (Paul 2000, BfR 2004, Blythe et al. 2007). Gräser werden frisch und konserviert als Heu oder Silage verfüttert. Beim Abbau der Gifte im Tier (Arthur 2002) und bei der Konservierung des Futters durch Fermentation (Lehner et al. 2011) entstehen neue Stoffe, die ihrerseits giftig sein können.

Grünmehl aus Gras findet in fast allen Kraftfutterpellets für Weidetiere Verwendung, und in der Tierfütterung verwendete Leguminosen wie Luzerne, Esparsette oder Serradella wachsen oft zusammen mit angesäten oder wilden Gräsern. Hier können auch die für ihre Giftigkeit bekannten Wildgräser wie Taumel- und Leinlolch (*Lolium temulentum, L. remotum*) auftauchen (Vanselow 2015a) und in diesem Futtermittel nicht erwartete Giftgehalte verursachen.

Während Landwirte und Pferdehalter in Europa in aller Regel von Giften in Gräsern nichts wissen, stellen Gräsergifte in Übersee einen bekannten Faktor dar:

„‚Schwingelvergiftung´ ist eine der wirtschaftlich kostspieligsten durch Gräser verursachten Vergiftungen von Vieh in den USA. Die Rohrschwingel-Sorte Kentucky 31 (Lolium arundinaceum [Shreb.] Darbysh.) wächst auf mehr als 20 Millionen Hektar Weideland in den Vereinigten Staaten und stellt ein wichtiges Weidegras für die Vieharten dar. Mehr als 95 Prozent aller Rohrschwingelweiden dieser Sorte sind infiziert mit dem Endophyten Neotyphodium coenophialum. Unterschiedliche Gruppen von Giften werden von N. coenophialum gebildet, einschließlich Ergotalkaloide, Lolinalkaloide und Peramin. Die Ergotalkaloide, die im Schwingel gefunden werden, schließen die Lysergsäureamide, die Clavinalkaloide und die Ergopeptine ein, von

C-Falter in Rohrschwingel. Die breiten Blätter des Grases fassen sich ledrig-zäh an, ihre Oberseite ist gerieft, die Unterseite matt glänzend.
Foto: Vanselow

Rasen in der Sommerdürre 2018. Fast alle Gräser sind oberirdisch vertrocknet, doch der Rohrschwingel erweist sich als besonders widerstandsfähig. Vorsicht: Hier findet eine Selektion auf die Härtesten und Giftigsten statt! *Foto: Vanselow*

denen Ergovalin das am meisten vorherrschende ist. Mit Endophyten infizierter (E+) Schwingel ist verantwortlich für über $1 Milliarde Verlust jährlich in der Viehproduktion in den Vereinigten Staaten. Die meisten klinischen Symptome der Schwingelvergiftung entstehen durch die Prolaktin senkenden und Gefäße verengenden Effekte des Ergovalins und vergleichbarer Endophytengifte" (Zitat aus: Evans et al. 2012).

Die giftigen Wirkstoffe führen zu Viehvergiftungen, schützen aber andererseits die Wirtsgräser vor Stress wie Dürre, Insektenfraß oder Infektionen. Hiatt und Hill (1997) bringen den Zielkonflikt auf den Punkt:

„Produzenten sind daher mit dem biologischen Dilemma konfrontiert, den Verlust ihrer Weidegrundlage zu riskieren, indem sie endophytenfreie Rohrschwingelweiden nutzen, oder Tiere auf mit Endophyten infizierten Rohrschwingel-Weiden zu verlieren" (Zitat aus: Hiatt & Hill 1997).

Für sicher gehaltene Gräser für Wiederkäuer verursachten bei Pferden Probleme bis hin zum Tod (Equines Schwingelödem)

Wie drastisch die Wirkung der Gifte auf das Vieh ist, geht aus folgendem Zitat hervor:

„Die Nutzung nicht giftiger Endophyten zur Steigerung des Ausdauervermögens von Rohrschwingel und Deutschem Weidelgras ohne nachteilige Effekte auf das Vieh ist die neueste Entwicklung in der Herstellung gewinnbringender Futter (Bouton et al., 2000; Latch, 1994). Diese Strategie hat die mittlere tägliche Gewichtszunahme bei Rohrschwingel um 80 Prozent erhöht (Bouton et al., 2000) und um 600 Prozent beim Deutschen Weidelgras (Lolium perenne L.) (Fletcher, 1999)" (Zitat aus Hill et al. 2002).

Patentiertes Saatgut macht die Landwirte abhängig von den Saatgut-produzenten

Die Endophyten der weltweit wichtigsten Wirtschaftsgräser sind ökonomisch von so großer Bedeutung, dass Methoden zu ihrem schnellen Nachweis entwickelt wurden, ungiftige Endophyten gezielt in patentierte Grassorten eingebracht wurden und somit die Ernte eigenen Grassaatguts auf den Farmen beschränkt wurde (Hill et al. 2002). Daneben wurden Methoden zum Schutz des Viehs vor den Giften

Auch dieses Deutsche Weidelgras zeigt sich erstaunlich resistent, während andere Deutsche Weidelgräser verdorrt sind. Foto: Vanselow

patentiert wie beispielsweise Impfungen und Behandlungsmethoden (siehe Patent US5876726 „Vaccines and methods for preventing and treating Fescue toxicosis in herbivores" von HILL ET AL. 1998).

Was in der Theorie erfolgreich und sicher klingt, zeigt in der Praxis Schwächen. Der beweissichere Nachweis der Gifte in Futter und Tieren ist nach wie vor äußerst schwierig, in Europa meist unmöglich. Patentierte, für sicher geglaubte Gräser für Wiederkäuer verursachten bei Pferden Probleme bis hin zum Tod (Equines Schwingelödem).

Patentiertes Saatgut untergräbt zudem prinzipiell die traditionelle Nutzung eigenen Saatguts durch Bauern und macht vollständig abhängig von den Saatgutproduzenten. Endophytenfrei oder mit freundlichen Endophyten angesäte Grasländer sind oft schneller mit giftigen Endophyten infiziert, als logisch über eine Verunreinigung der Flächen durch Verschleppung von Samen und Wurzeln erklärbar ist.

Behandlungsmethoden, die messbare Rückstände des Medikaments im Tierkörper verursachen, sind für Lebensmittel liefernde Tiere nicht erlaubt. Und die patentierten Impfungen kamen, warum auch immer, in der Praxis nicht zur Anwendung.

Gräsergifte in Lebensmitteln

In der Nahrungskette ist der Mensch ein Endverbraucher. Fleisch, Fett und Milch von Vieh dienen der menschlichen Ernährung und könnten Gifte enthalten (Paul 2000, Miyazaki et al. 2004). Gifte der Gräserendophyten wurden in Milch und in Fett nachgewiesen (Durix et al. 1999, Miyazaki et al. 2004, Realini et al. 2005, Shimada et al. 2013, Finch et al. 2012, Finch et al. 2013).

Über Mutterkorngifte in menschlicher Milch schreibt des BfR (2004): *„Bei Müttern, die nach der Entbindung mit Mutterkornextrakten therapiert wurden, zeigten 90 Prozent der gestillten Säuglinge Anzeichen von Ergotismus."* Über die Kontraindikation von Ergotalkaloid-haltigen Medikamenten schreibt das BfR (2004) unter anderem: *„Stillzeit, da die Substanz in die Milch übergeht und in Abhängigkeit von Dosis, Art der Anwendung und Dauer der Medikation eine ernsthafte Schädigung des Säuglings eintreten kann (Ergotismussymptome; Verursachung von Erbrechen, Durchfall, Kreislaufkomplikationen und Krämpfen beim Kind). Außerdem wirkt Ergotamintartrat laktationshemmend."*

Im Mehl nimmt der Gehalt der Ergotalkaloide trotz ständig verbesserter Reinigungsverfahren des Getreides nicht ab (Tabelle 6.10). Im Roggenbrot nimmt ihr Gehalt sogar über die Jahre deutlich zu, was möglicherweise der Verarbeitung der Brotteige geschuldet ist: Die arbeits- und zeitaufwändige Sauerteigbereitung weicht zunehmend dem Einsatz von Hefe oder sogar der rein chemischen Aufbereitung. Hefe oder gar chemische Backzusätze können den mikrobiellen Sauerteig nicht ersetzen. Mikroorganismen verdauen im Sauerteig das Mehl und alles, was darin vorhanden ist. Damit dienen sie der menschlichen Verdauung so, wie ein Pansen dem Gras fressenden Wiederkäuer dient – nur dass der Sauerteig als Parallele zum Pansen außerhalb unseres Körpers liegt. Unsere Vorfahren wussten aus Erfahrung, wie der besonders leicht mit Echtem Mutterkornpilz verunreinigte Roggen so zu bearbeiten ist, dass mögliche Giftgehalte reduziert werden und ein bekömmliches Lebensmittel entsteht.

Mikroorganismen verdauen im Sauerteig das Mehl – und alles, was darin vorhanden ist

Am Lehrstuhl für Milchwissenschaften des Instituts für Tierernährung an der Justus Liebig Universität in Gießen beschäftigt man sich intensiv mit dem auf Antikörpern

Tabelle 6.10: Ergotalkaloide in Roggenmehl und Roggenbrot

Ergotalkaloide in Roggenmehl und in Roggenbrot		
Jahr	**Roggenmehl [ng/g]**	**Roggenbrot [ng/g]**
1985	140	21,3
2001	172	87
2003	n.a.	120
2005	160	156

Tab. 6.10: Jährliche Mittelwerte der Summen aus 16 Ergotalkaloiden, gemessen in Roggenmehl und in Roggenbrot in der Schweiz (Reinhard et al. 2007). Gemessen wurden die Gehalte von Ergometr(in)in, Ergos(in)in, Ergotam(in)in, Ergost(in)in, Ergocorn(in)in, Ergokrypt(in)in, Ergokrypt(in)in und Ergocrist(in)in. N.a.: keine Angabe.

Dieser Demeter-Roggen wurde weder kurzgespritzt noch auf besonders kurze Halme selektiert. Das Feld überragt das Fahrrad deutlich. Kurzhalmiges Stroh von modernen Getreidezüchtungen ist für Pferde als Futterstroh ungeeignet da zu derb und unbearbeitet als Einstreu wenig saugfähig. Foto: Vanselow

Vieles spricht dafür, dass schon Spuren von Giftgehalten in unserer Nahrung uns beeinflussen können

basierenden Nachweis von Ergotalkaloiden. Untersucht wurden Lebensmittel (Roloff 2010), insbesondere Milch, Futtergräser (Riemel 2012) sowie Blut und Urin von Sportpferden (Gross & Usleber 2015). Leider weisen antikörperbasierte Messverfahren große Unsicherheiten auf und erzeugen oft falsch-positive Messergebnisse, wie ab Seite 141 dargestellt.

Gras, Blattlaus und Marienkäfer – wo bleibt das Gift?

Der Mensch steht als Endkonsument ganz am Ende der Nahrungspyramide. Können Spuren von Giftgehalten in unserer Nahrung uns beeinflussen? Die Weidetiere, von denen Milch und Fleisch stammen, waren gesund. Kann dennoch eine Wirkung möglich sein? Vieles spricht dafür.

Die Gesundheit von Marienkäfern (*Coccinella septempunctata*) könnte uns als vereinfachtes Modell dienen, denn sie fressen Getreide-Blattläuse (*Rhopalosiphum padi*), die für die Endophytengifte besonders empfindlich sind (De Sassi et al. 2006). Die Blattläuse, die auf mit Endophyten (*Neotyphodium lolii*) infiziertem Deutschen Weidelgras (*Lolium perenne*) Pflanzensaft gesaugt hatten und den Marienkäfern als Nahrung dienten, waren also keinen schädlichen Giftmengen ausgesetzt. Dennoch war die Larvenentwicklung der Marienkäfer verlängert, ihr Überleben verringert, die ausgewachsenen Käfer zeigten eine verringerte Fruchtbarkeit und eine Beeinträchtigung der Fortpflanzung (De Sassi et al. 2006). Die Autoren der Studie (De Sassi et al. 2006) fassen ihre Ergebnisse folgendermaßen zusammen: *„Durchweg stark negative Effekte von Endophyten auf die Lebensleistung von Marienkäfern zeigt, dass Pilzgifte durch die Nahrungskette weiter gegeben werden und* *einen signifikanten Schaden der Beutegreifer an der Spitze verursachen."* Weitere Forschungsarbeiten dieser Wissenschaftler der Universität Würzburg konkretisieren den Verdacht: *„All alkaloids cascade up insect food chains and may be responsible for fitness disadvantages of higher trophic levels (Fuchs, Krischke, Mueller, & Krauss, 2013)"* (Zitat aus: König et al. 2018b)

Fuchs et al. (2013) wiesen nach, dass alle Alkaloide über die Nahrungskette der Insekten nach oben wandern. König et al. (2018b) vermuten, dass sie für eine Benachteiligung der Lebenstüchtigkeit auf höheren Trophiestufen verantwortlich sind. Endophyten sind längst Gegenstand intensiver Forschung in der Züchtung widerstandsfähiger Nutzpflanzen. Pilzliche Endophyten spielen eine Rolle in Kaffee (Vega et al. 2008), in Gemüse (Fenchel, Salat, Chicorée und Sellerie: D´Amico et al. 2008) und in Obst (Bananen: Bancy et al. 2014).

Auch der Getreideanbau setzt auf den Schutz seiner Nahrungspflanzen von innen heraus durch Endophyten

Auch der Getreideanbau setzt auf den Schutz seiner Nahrungspflanzen von innen heraus durch Endophyten (de Bonth et al. 2018, Hume et al. 2018, Johnson et al. 2018, Llorens et al. 2018, Moody et al. 2018, Popay & Jensen 2018, Simpson et al. 2018, Wang & Li 2018, Xuekai et al. 2018, Yawen et al. 2018), um zunehmend auf den Herbizideinsatz wie vom Verbraucher gewünscht verzichten zu können (O´Hanlon et al. 2012). Das Interesse gilt den Endophyten in Weizen (Marshall et al. 1999, Larran et al. 2002, Monaco et al. 2004, Perello et al. 2006, Larran et al. 2007, Sadrati et al. 2013), Gerste (Wang & Li 2018) und Roggen (Hume et al. 2018, Johnson et al. 2018, Popay & Jensen 2018, Simpson et al. 2018).

Bei einem Versuch im Weltraum bereitete ein unbemerkter *Neotyphodium*-Endophyt in Weizen den Astronauten Probleme (Bishop et al. 1997). In wilden Gersten-Arten wurden *Neotyphodium*-Endophyten nachgewiesen (Clement et al. 2005, Wilson 2007). Auch im Reis werden Endophyten gesucht und erforscht (Bu et al. 2012, Li et al. 2012).

Erkrankungen wie die Zöliakie werden auf bestimmte Weizen-Eiweiße zurückgeführt (Wen et al. 2012). Ob die Wirkstoffe von Pilz-Endophyten in Brotgetreide bei Erkrankungen von Menschen wie Allergien und Zöliakie eine Rolle spielen, ist unbekannt.

Marienkäferlarven, die Blattläuse gefressen haben, die wiederum Gifte aus Gräsern in sich aufgenommen hatten, werden zu kleineren Käfern und zeigen eine verringerte Vitalität. Larve (links) und Puppe (rechts) des Marienkäfers. *Fotos: Vanselow*

Die Folgen der Resistenzzüchtung

Um Nutzpflanzen an Standorten anbauen zu können, an denen sie normalerweise gar nicht vorkommen, sind nicht nur bestimmte Pflegemaßnahmen wie Düngung und Regelung des Wasserstands nötig. Auch die Zucht auf Widerstandskraft und Kampfkraft der Gewächse spielt eine große Rolle. Das umso mehr, je weniger Pestizide wie Herbizide, Insektizide und Fungizide eingesetzt werden sollen. Was im ökologischen Landbau bereits gut funktioniert, muss mit den immer strengeren Gesetzen zur Schonung der Umwelt als rein natürlicher Wirkstoff ins Pflanzeninnere verlegt werden.

Auf vielen Sportrasenflächen, etwa Golfgreens, sind Ameisenbauten, Maulwurfshaufen oder Wühlmausgänge unerwünscht. Foto: Vanselow

Tatsächlich gibt es ein besonders anschauliches Beispiel für den hervorragenden Erfolg derartiger Zuchtversuche aus dem Bereich der Gräser: Stark giftige Gräser, speziell gezüchtet und vermarktet gegen Vogelschlag an Flughäfen, vergrämen weidende Gänse und halten über die Abnahme der Beute, hier Singvögel, Mäuse und Ähnliches, auch große Greifvögel fern. Die dokumentierte erfolgreiche Reduktion der Vögel durch das Flughafen-Gras lag bei 87 Prozent. Die Artenvielfalt der Insekten wurde oberirdisch um 69 Prozent reduziert, unterirdisch sogar um 88 Prozent (Penell & Rolston 2011). Eingesetzt werden diese Gräser im Bereich von Freizeitparks, in Sportrasen, insbesondere Golfgreens, und an Flughäfen.

Wir Pferdehalter sollten bedenken: Gifte in Pflanzen dienen der Abschreckung und nur im äußersten Falle der Vernichtung von Fraßfeinden. Die Wildtiere können zumeist abwandern, die großen Grasfresser wie Pferde werden durch Zäune am Verlassen der Fläche gehindert. Wer einen Zaun zieht, muss mit Konsequenzen rechnen. Selektion auf Gifte in Gräsern durch gnadenlose Überweidung, insbesondere bei Dürre, endet irgendwann in Vergiftungen.

Selektion auf Gifte in Gräsern durch gnadenlose Überweidung endet irgendwann in Vergiftungen

Mit giftigen Endophyten infizierte Gräser verhalten sich im von Säugetieren und Insekten beweideten Grünland zudem anderen Pflanzen gegenüber wie invasive Neophyten (Clay & Holah 1999, Clay et al. 2005), das heißt, sie dringen aggressiv in immer neue Flächen vor, auf Kosten des ursprünglichen Bewuchses. Unter Beweidung mit Vieh ist mit einer Zunahme infizierter Gräser von mehr als fünf Prozent pro Jahr zu rechnen (Clay et al. 2005). Fast könnte man die besonders kampfkräftigen Gras-Endophyt-Symbiosen als eine Art „Super-Ungras“ (im Sinne von Super-Unkraut) verstehen.

In Sukzessionsflächen, also sich selbst überlassenen Flächen ohne dynamische Prozesse wie den Fraß durch große Weidetiere, Windwurf, Erdrutsche oder mäandrierende Flüsse, die eine ungestörte Entwicklung von der Brache über Grasland, Verbuschung bis hin zum Urwald durchmachen dürfen, behindert die Infektion der

Gräser mit Endophyten über Jahrzehnte die Besiedlung durch andere Pflanzenarten (Clay et al. 2010).

Das Zusammenspiel von Wirtsgras, Pilzendophyt, Fraßfeinden, parasitären Pflanzen und anderen Organismen ist jedoch hoch komplex und die Endophyten nehmen dabei keineswegs immer eine für das Gras förderliche Stellung ein (Saikkonen & Helander 2010). Gräser wirken nicht nur als Futtergrundlage auf ihre Umwelt ein. Pflanzen scheiden allgemein Wirkstoffe in den Boden und die Luft aus, mit denen sie zum Beispiel die Nährstoffaufnahme und das Zusammenleben mit anderen Organismen beeinflussen (Allelopathie). Die Wechselwirkungen von mit Endophyten infizierten Gräsern und ihren Wurzelausscheidungen auf die Bioaktivität im Boden stehen erst am Anfang der Erforschung (McNear & McCulley 2010, Omacini et al. 2018, Rodriguez 2018).

Mit giftigen Endophyten infizierte Gräser dringen aggressiv in immer neue Flächen vor

Franzluebbers & Hill (2005) fanden, dass infizierter Rotschwingel die Kohlenstoffspeicherung im Boden durch eine Reduktion der mikrobiellen Bodenaktivität verändern kann und dass Ergotalkaloide im Boden unter infiziertem Rotschwingel vorhanden sind.

Nach meinen eigenen Beobachtungen versuchen manche Pferde Grasflächen, auf denen immer wieder verdächtige Symptome auftreten, zu meiden. Werden sie durch Zäune gezwungen, dennoch das Gras zu fressen, kommt es eventuell zu Erkrankungen, wie sie für Vergiftungen durch Gräser (Munday et al. 1985, Bourke et al. 2009, Strickland et al. 2011, Johnstone et al. 2012) beschrieben werden. Bockelmann & Sieg (2008a, b) konnten zeigen, dass Robustpferde Aufwüchse von extensiv genutztem, artenreichem Grasland eindeutig vor intensiv genutztem Wirtschaftsgrasland bevorzugen. Intensiver Verbiss führt bei manchen Gräsern zu gesteigerter Fraßabwehr (Seldal et al. 1994). Gänse, Mäuse, Lemminge und Insekten können abwandern, eingezäuntes Vieh nicht.

Ich halte diese Gifte auch für eine Form der Fraßabwehr und Stressbewältigung, also Resistenz, für eine ökosystemare Selbstregulation, um Überweidung und Überbevölkerung zu korrigieren und das Ökosystem Grasland vor Schäden zu schützen (Vanselow 2008).

Grasende Wintergäste. Diese Grau-, Bläss- und Nonnengänse können jederzeit wegfliegen, falls das Gras ihnen nicht bekommt. Foto: Vanselow

Kapitel 7

Globalisierung von Risiken

Lebensmittel, Agrarprodukte, aber auch kleinste Lebewesen und Mikroorganismen verbreiten sich heute auf den Handelswegen über die ganze Welt. Auch Saatgut für Europa wird in Kanada und Neuseeland vermehrt und danach zurückimportiert.

Wir Menschen verändern unsere Umwelt weltweit. Der Handel mit Agrarprodukten trägt ebenso dazu bei wie unbemerkt über Kontinente verschleppte Lebewesen. Spektakulär, aber extrem selten ist der Fund exotischer Spinnen in Bananenstauden im Obstregal. Leider werden viele Organismen übersehen, weil wir durch Aufsehen erregende Berichte abgestumpft sind. Erst wenn Winzlinge große Lebewesen wie Bäume hinwegraffen wie zum Beispiel beim Ulmensterben (Blumenstein 2015), werden wir auf sie aufmerksam.

Die gedankenlose globale Durchmischung von Lebensgemeinschaften betrifft aber gerade auch unscheinbare Lebensformen – und die für den Menschen notwendigen Nahrungs- und Futterlieferanten. Woher kommt eigentlich das Saatgut für den Zierrasen im Vorgarten und ist der Rasen als Futtergrundlage für das Zwergkaninchen wirklich geeignet? Was ist drin in den preisgünstigen Futterpellets für Grasfresser? Und ist aus der Region stammendes autochthones Wildsaatgut tatsächlich immer aus heimischer Saatgutvermehrung? Der Teufel steckt im Detail, aber gerade darum ist es sinnvoll, genau hinzuschauen.

Was ist wirklich drin in den Futterpellets für Pferde? Details wie die Herkunft des Saatguts können entscheidend sein

Foto links: Zu den global verschleppten und problematischen Pflanzen zählt die aus Nordamerika stammende Robinie. Der imposante Baum überwächst andere Pflanzen und düngt den Boden nachhaltig auf. Das Holz der Robinie wird unter der Bezeichnung Akazie gehandelt und ist durch seine rein natürlichen Wirkstoffe, sprich Gifte, widerstandsfähig gegen Zersetzer. Besonders giftig ist die Rinde. Die Vergiftung endet für Pferde oft tödlich und kann unter anderem zur Hufrehe auf allen vier Hufen führen. Seltsamerweise ist dieser Baum nicht überall für Pferde gleich giftig. Warum der Baum in einigen Regionen stark giftig ist, in anderen nicht, ist bisher nicht bekannt. *Foto: Vanselow*

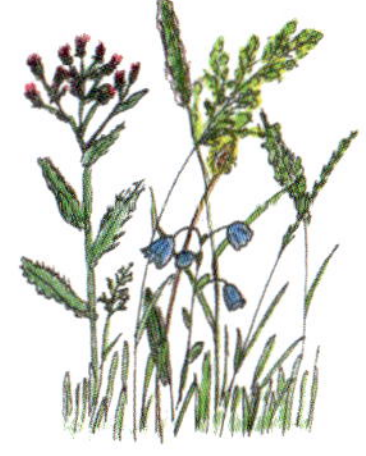

Weltweit unterwegs: Verschleppte Organismen

Das Rohrglanzgras (*Phalaris arundinacea*, Reed Canary Grass) ist auf der Nordhalbkugel heimisch und wurde in Deutschland traditionell als wertvolles Futtergras problemlos genutzt (Weber 1928b). In den USA hingegen hat dieses Gras zu Vergiftungen bei Schafen (Phalaris Staggers, „sudden death“) geführt, bei denen chronische Veränderungen an Gehirn und Rückenmark gefunden wurden (Thompson et al. 2001). Rohrglanzgras kann stark psychoaktive Substanzen enthalten (Thompson et al. 2001). Es kann viele Endophyten beherbergen (Martin & Dombrowski 2015). Das gilt selbstverständlich insbesondere dort, wo es von Natur aus heimisch ist. Wer die Gifte im Rohrglanzgras in Amerika produziert, das Gras selber oder einer seiner dort standorttypischen Endophyten, ist nicht bekannt.

Auch in Amerika beheimatete Schlickgräser, zum Beispiel *Spartina alterniflora*, werden von Endophyten besiedelt (Gessner & Kohlmeyer 1976). *Spartina alterniflora* wurde 1816 erstmals in Südengland gefunden. Dieses nordamerikanische Gras hybridisierte sich mit in England heimischem Schlickgras. Der fruchtbare Hybrid (*Spartina anglica*) wurde zwischen 1924 und 1937 zur Wattbefestigung in den Niederlanden, Deutschland und Dänemark angepflanzt. Tatsächlich gibt es Endophyten wie den Pilz *Phaeosphaeria typharum*, der sowohl in amerikanischen Schlickgras-Arten als auch in Rohrglanzgras (Martin & Dombrowski 2015) gefunden wurde, also wenig wirtsspezifisch zu sein scheint. Für diesen Endophyten gibt es online abrufbar eine weltweite Karte mit Fundorten (siehe Karte im Literaturverzeichnis).

Heu, das ungenießbare oder gar giftige Bestandteile enthalten kann, darf nur an erfahrene Tiere und nur zur freien Verfügung gefüttert werden, damit die Tiere gründlich aussortieren können. Die Koniks in der Rinderfanganlage im NSG Schäferhaus lassen alles, was ungeeignet ist, liegen. Foto: Vanselow

Getreide sind ganz normale, auf hohen Samenertrag gezüchtete Gräser, die Endophyten beherbergen können. Menschen zählen also ebenfalls zu den Grasfressern – mit allen Risiken

Der Endophyt *Phaeosphaeria typharum* und seine Wirtsgräser können hypothetisch veranschaulichen, wie leicht eine weltweite Ausbreitung von verborgenen Mikroorganismen möglich wäre. Wenig wirtsspezifische Mikroorganismen mit dem Potenzial, hohe Wirkstoffgehalte zu produzieren, könnten bei einer Verschleppung unbemerkt zu einer echten Gefahr für Futter- und Nahrungsmittel werden. Da Menschen Getreide essen und Getreide ganz normale, auf hohen Samenertrag gezüchtete Gräser sind, zählen wir selber direkt zu den möglicherweise betroffenen Grasfressern.

Kontrasaisonale Saatgutvermehrung und deutsches Saatgut

Die Zucht und Vermehrung von Pflanzen für das Freiland muss sich auf die Vegetationsperiode beschränken, also das Sommerhalbjahr. Damit ist das Winterhalbjahr wirtschaftlich betrachtet verlorene Zeit und ein Kostenfaktor. Tatsächlich lässt sich der Winter umgehen, wenn man auf der Südhalbkugel der Erde ein Gebiet findet mit vergleichbarer Witterung wie in Deutschland oder Europa und geeigneten Böden. Auf der Südhalbkugel herrscht Sommer, wenn die Nordhalbkugel Winter hat. Der Äquator ist die Grenze zwischen den kontrasaisonalen Polen unseres Planeten. Zudem kann es für Pflanzenproduzenten sinnvoll sein, auch auf der Nordhalbkugel vergleichbare Gebiete zu suchen, weil damit die zur Verfügung stehende Anbaufläche vergrößert werden kann.

Das meiste für Deutschland und Europa zertifizierte Saatgut wird in Kanada und Neuseeland vermehrt: die Hälfte der Gräser und fast alle Leguminosen

Das für Deutschland und Europa zertifizierte Saatgut wird überwiegend in Kanada und Neuseeland vermehrt und danach zurückimportiert (Deutscher Bundestag, Drucksache 15/5087 vom 14.03.2005). Im Wirtschaftsjahr 2002/2003 handelte es sich um folgende Mengen von aus dem Ausland nach Deutschland importierten Samen: Grassaatgut 17 500 Tonnen, Leguminosensaatgut 3500 Tonnen, Kräutersaatgut ohne Leguminosen 280 Tonnen (Auskunft BLE 2004, zitiert in Deutscher Bundestag, Drucksache 15/5087 vom 14.03.2005). Die Mengen der importierten Samen entsprechen bei den Gräsern der Hälfte des Gesamtbedarfs und bei den Leguminosen sogar fast dem kompletten Bedarf an Saatgut. Der weit überwiegende Teil dieses Saatguts dürfte für die Landwirtschaft bestimmt gewesen sein.

Rationierte Futtermengen führen dazu, dass die verzweifelten Tiere alles fressen, was in erreichbarer Entfernung liegt oder wächst. Dann ist die Vergiftungsgefahr hoch. *Foto: Fersing*

Doch auch autochthones Wildsaatgut, also sogenanntes Regio-Saatgut, das nach Bundesnaturschutzgesetz zwingend vorgeschrieben ist für die Verwendung in der „freien Natur“, darf laut dem Deutschen Bundestag im Ausland vermehrt werden: *„Es besteht mengenmäßig ein großes Potential für die Produktion von Regio-Saatgut für die Aussaat in der freien Natur. Allerdings muss Regio-Saatgut nicht zwangsläufig in der Region produziert werden, aus der es stammt, sondern vielmehr ist entscheidend, dass das Ausgangssaatgut in der Region gewonnen wurde, in der es auch wieder ausgebracht wird. Die Anzucht und weitere Produktionsschritte können durchaus an anderen Orten, also auch im Ausland, erfolgen“* (Zitat aus: Deutscher Bundestag, Drucksache 15/5087 vom 14.03.2005).

Autochthones Wildsaatgut darf tatsächlich im Ausland vermehrt werden

Zudem sind in Deutschland Gärten und Parks gesetzlich privilegiert. Für das Saatgut gelten hier weder die Gesetze für die Landwirtschaft (Sorten- und Saatgutrecht; Handel ausschließlich erlaubt mit vom Bundessortenamt zertifizierten Zuchtsorten

Rasenflächen in Gärten waren früher artenreiche Mosaike voller Leben mit Blüten und Bienen. Dann kam Englischer Rasen als monoton grüne Fläche aus kampfkräftigen Zuchtgräsern in Mode. Gänseblümchen (links) und Löwenzahn mit Wildbienen.

Fotos: Vanselow

nach dem Saatgutverkehrsgesetz) noch für die sogenannte freie Natur (Bundesnaturschutzgesetz). Unter Gärten und Parks fallen zum Beispiel Bolzplätze, Golfgreens, Vorgärten, Turnierplätze und Rennbahnen oder Schlossgärten und Freizeitparks.

Deutsches Weidelgras wurde weltweit angebaut, verschleppt und auf allen Kontinenten eingebürgert (Lenuweit et al. 2002). In der intensiven Weidetierhaltung wird es besonders in Europa und Neuseeland verwendet. Die Anbaufläche für Weidelgras betrug um die letzte Jahrtausendwende in Neuseeland sieben Millionen Hektar als Futteranbau für Schafe und Rinder (Lenuweit et al. 2002). In Oregon, zum Beispiel im Willamette Valley im Nordwesten der USA, werden 70 Prozent des weltweiten Bedarfs an Grassaatgut für die kaltgemäßigten Breiten produziert, inklusive Rohrschwingel und Deutsches Weidelgras (Blythe et al. 2007, Craig et al. 2014). Bei diesem in Oregon vermehrten Saatgut handelt es sich vorrangig um Rasengrassorten für Parks und Sportrasen.

Rasengrassorten werden nicht zum Zweck der Verfütterung gezüchtet, sie dürfen giftig sein

Für den Ackerbau Kanadas ist insbesondere der Südosten interessant, zum Beispiel Ontario oder das Annapolis Valley auf Nova Scotia. Die intensive Landwirtschaft konzentriert sich auf diese fruchtbaren Böden bei geeigneter Witterung mit sehr beschränkter räumlicher Ausbreitung. Rasengrassorten werden nicht zum Zweck der Verfütterung gezüchtet, sie dürfen giftig sein. Ein Schutz dieser Rasengräser in Form von Resistenzen durch die Wirkstoffe von Endophyten ist also erwünscht (Blythe et al. 2007).

Die Deutsche Saatveredelung AG (DSV) vertrat 2009 dagegen die Ansicht, es sei sicherlich nicht haltbar, dass Rasensorten besonders giftig für Pferde seien: *„Der Unterschied zwischen Rasen- und Futtersorten der gleichen Art, zum Beispiel bei Deutschem Weidelgras, ist nicht durch Inhaltsstoffe gegeben, sondern im Wesentlichen durch die Wuchsform. Rasengräser zeichnen sich durch eine sehr tief ansetzende Beblätterung aus, die auch bei tiefem Schnitt ein schnelles Wiederergrünen ermöglicht. Von daher bietet es sich an, Futtersorten für Pferdeweiden auszuwählen, die ebenfalls einen tiefen Blattansatz haben und den tiefen Verbiss durch Pferde tolerieren und gleichzeitig einen guten Futteraufwuchs liefern. Rasengräser werden in der Regel mit dem Zusatz „nicht zur Futternutzung bestimmt" zugelassen. Hier ist der Hintergrund aber lediglich der geringere Futterertrag gegenüber den schneller wachsenden ‚Verwandten'"* (Zitat aus: Leserbrief von Frank Trockels, Produktmanager der Deutschen Saatveredelung AG, in: Landwirtschaftliches Wochenblatt Westfalen-Lippe, Nr. 8/2009, Seite 8).

Eine Pferdeweide-Grassaatmischung aus dem deutschen Landhandel mit überwiegend Weidelgras ergab einen Ergovalingehalt von über 600 ppb – als Alleinfutter für Pferde wäre dieses Weidegras äußerst riskant

Eine konventionelle Pferdeweide-Grassaatmischung aus dem deutschen Landhandel mit überwiegend Weidelgras in zwei Futter- und einer Rasensorte ergab

einen Ergovalingehalt von über 600 ppb – als Alleinfutter für Pferde wäre dieses Weidegras äußerst riskant.
Deutsche Rasenproduzenten, insbesondere für Rollrasen, agieren seit Jahren erfolgreich global und sind weltweit, beispielsweise bei der Verlegung von Sportrollrasen wie zur Fußball WM 2018, führend. Hersteller der Rollrasen geben an, dass der Chemieeinsatz gegen Unkraut wesentlich geringer sei als in der konventionellen Lebensmittelproduktion (Quelle: Deutschlandfunk, Rubrik Marktplatz: Firmenporträt – Der Rasenmacher aus Bayern, 03.06.2016 ab 10:10 Uhr). Wie das erreicht wird, bleibt offen.
Die globalisierte Pflanzenproduktion birgt Risiken, wie ein Blick auf das Saatbett, den Pollenflug und mögliche Endophyten schnell deutlich macht.

Rotes Straußgras in voller Blüte.
Aus: Vanselow 2005a

Das Saatbett

Bevor das Saatgut im Ausland zur Vermehrung ausgebracht wird, muss das Saatbett, also der Acker, möglichst frei sein von Wurzelresten und ruhenden Samen. Gelingt das nicht, dann kommt es zur Saatgutverunreinigung, also der Einschleppung von Pflanzen in das Saatgut, die nicht Ziel der Vermehrung waren. Das können für Deutschland nicht zertifizierte Zuchtsorten der gleichen Pflanzenart ebenso sein wie global verschleppte Pflanzen oder am Vermehrungsort heimische Gewächse, die bisher in Deutschland kein Vorkommen haben.

Der Pollenflug

Bei allen Pflanzen, die über Bestäubung vermehrt werden, stellt sich die Frage nach möglichen fremden Pollen. Je größer ein angelegtes Feld und je näher gelegen, desto höher die Gefahr, dass nennenswerte Mengen an Pollen weit entfernte Pflanzen befruchten (Pollack 2004): Gentechnisch veränderte Straußgräser (GVO, gentechnisch veränderte Organismen) für Golfrasen wurden in Oregon angepflanzt und ihr Ausbreitungspotenzial wissenschaftlich untersucht.
Der Pollen des gentechnisch veränderten Straußgrases befruchtete artgleiche Straußgräser in Windrichtung so weit, wie gemessen wurde: 13 Meilen (20,917 Kilometer). Natürliche Vorkommen einer anderen Straußgrasart wurden noch neun Meilen (14,481 Kilometer) mit dem Wind entfernt erfolgreich befruchtet (Auskreuzung in verwandte Arten, Artbastard). Bis zu diesen Versuchen waren nie erfolgreiche Befruchtungen anderer Arten durch Pollenflug der gentechnisch veränderten Pflanzen über weitere Entfernungen als eine Meile gemessen worden. Der Unterschied zu früheren Versuchen lag an der Flächengröße (Pollack 2004). Während man bis dahin nur sehr kleine Flächen mit gentechnisch veränderten Pflanzen zu Versuchszwecken angebaut hatte, waren hier 400 Acres (161,872 Hektar) mit modifizierten Straußgräsern angepflanzt worden. Das veränderte Straußgras kann sich mit zwölf artfremden Gräsern verkreuzen und so seine gentechnisch erworbene Roundup-Resistenz weitergeben (Pollack 2004).

Die Sicherheit der kontrasaisonalen Vermehrung von für Deutschland und Europa zertifiziertem Saatgut in Übersee erscheint zweifelhaft

Das Deutsche Weidelgras und das Welsche Weidelgras sind selbststeril und fremdbefruchtend (Lenuweit et al. 2002). Pollen benachbarter Gräser ist eine notwendige Voraussetzung für die Samenbildung dieser Gräser.

Unter diesen Aspekten betrachtet, erscheint die Sicherheit der kontrasaisonalen Vermehrung von für Deutschland beziehungsweise Europa zertifiziertem Saatgut in Übersee allein durch Pollenflug oder verunreinigte Saatbetten eher zweifelhaft.

Gefahren bei der Wildsaatgutvermehrung

Auch autochthones Wildsaatgut aus und für eine Region in Deutschland könnte in Übersee legal vermehrt werden (Deutscher Bundestag, Drucksache 15/5087 vom 14.03.2005). Welche Risiken kann das bergen? Angenommen, es stünde nicht genug *Senecio jacobaea*-Saatgut (Jakobs-Kreuzkraut, JKK) für eine besonders preisgünstige und daher besonders gut nachgefragte Mischung zur Verfügung. (Ich wähle diese Pflanze als Beispiel, weil zu ihr besonders viel Literatur vorliegt.) Das wäre denkbar, wenn man die Preisliste 2008/2009 „Samen und Pflanzen gebietseigener Wildblumen und Wildgräser aus gesicherten Herkünften“ eines deutschen Wildsaatgutproduzenten studiert. Neben der Zusatzkomponente „Bienenweide“ für eine Rebzeilen-Mischung findet sich dort *Senecio jacobaea* auch in einer preislich sehr attraktiven Mischung für „Wildacker, Wildäsung und Wilddeckung“.

Die gesetzlich zulässige Fläche der Mutterpflanzenquartiere für (Wild-) Saatgutproduktion war zum Zeitpunkt der Erstellung der Preisliste begrenzt: Im Jahr 2006 war im Ständigen Saatgutausschuss bei der Europäischen Kommission eine Menge von vier Prozent des in einem Mitgliedstaat von einer Pflanzenart üblicherweise vermarkteten Saatgutes im Gespräch. Für Pflanzenarten, bei denen es keine nennenswerte Saatgutvermarktung gibt, sollte eine Menge zugrunde gelegt werden, die zur Begrünung einer Fläche von 20 Hektar ausreichend ist. Wildpflanzensaatgut war noch nicht als solches zertifiziert.

Nur als Gedankenspiel einmal angenommen, ein Wildpflanzenproduzent hätte daraufhin sein *Senecio jacobaea*-Saatgut legal in Neuseeland vermehrt. *Senecio jacobaea* ist in Neuseeland seit Langem als invasiver Neophyt, also sich stark auf Kosten anderer Pflanzen ausbreitende, neu eingeschleppte Pflanze, bekannt (Wardle et al. 1995).

Braunwurz ist eine unscheinbare Staude, die für Insekten große Bedeutung hat. Er ist die Futterpflanze der Raupen des Braunen Mönchs (rechts). Seine Blüten sind so nektarreich, dass er als Wespenfutterpflanze (links) gilt. Hummeln (Mitte) und Bienen suchen ihn ebenso gerne auf. *Fotos: Vanselow*

Völlig entgleiste Ackerbrache mit Massenaufkommen von Jakobs-Kreuzkraut. *Foto: Vanselow*

Genau wie bei den Wirtschaftsgräsern – Weidelgräser, Schwingel – ist die Pflanze dort also bereits vorhanden, und ganz sicher nicht als ein genetischer Ökotyp, den man mit gebietseigenen Ökotypen Deutschlands mischen möchte. In Neuseeland sind insgesamt acht *Senecio*-Arten einheimisch und elf weitere eingeschleppt und verwildert (SULLIVAN ET AL. 2008). Für deutsche Regionen gebietsheimisches Saatgut von *Senecio jacobaea* hätte in Neuseeland also die Möglichkeit, sich mit zwar artgleichen, aber für den deutschen Standort gebietsfremden Ökotypen zu mischen. Es besteht in einem solchen genetischen Schmelztiegel außerdem die Möglichkeit zur Verbastardierung sowohl mit neuseeländischen *Senecio*-Arten als auch mit global dorthin verschleppten anderen Arten der Gattung *Senecio*. Damit wäre Neuseeland ein ungünstiger Ort für eine Saatgutvermehrung dieser Pflanze in Übersee.

Für andere Wildpflanzen, die weniger intensiv erforscht wurden, wäre eine ausgelagerte Saatgutvermehrung ebenfalls riskant. Was grundsätzlich logisch und einfach zu sein scheint, kann im Detail viele Sicherheitslücken ans Licht bringen. Das betrifft auch Wildgräser, die mancher Pferdehalter sich zur Erhöhung der Artenvielfalt auf seiner Weide wünscht, deren Saatgut aber so gut wie nicht auf dem Saatgutmarkt vorhanden ist.

Wildgräser zur Erhöhung der Artenvielfalt auf Pferdeweiden sind oft schwer zu bekommen und nicht im Handel – aber eine Vermehrung in Übersee birgt große Risiken. Infektionen mit fremden Endophyten sind nicht sicher zu verhindern.

Mögliche Infektion mit Endophyten

Die symbiontischen Endophyten der wirtschaftlich bedeutenden Weidelgräser und Schwingel pflanzen sich nicht über Pilzsporen fort, sondern indem sie die Samen noch auf der Mutterpflanze besiedeln. Aus diesem Grunde fühlen sich Landwirte und Pflanzenzüchter recht sicher, selbst wenn Flächen aus infizierten und nicht infizierten Gräsern in direkter Nachbarschaft zueinander liegen. Die Verschleppung von Samen und Wurzelstücken durch Hufe, Profilreifen oder Wühlmäuse erscheint beherrschbar.

Wenn Blattläuse und vielleicht auch andere Pflanzensaft saugende Insekten Endophyten nicht nur unter vereinfachten Laborbedingungen von Pflanze zu Pflanze übertragen und die Infektion so im Bestand verschleppen könnten (siehe Kapitel „Uralte Schutzmechanismen im Grasland", Seite 113), dann wären Endophyten ähnlich mobil wie Blüten bestäubende Pollen. Blattläuse werden zum Luftplankton gezählt, das in großer Höhe sogar von Kontinent zu Kontinent verdriftet wird. Ein Weidezaun hat für solche Organismen keinerlei Bedeutung. Für eine Verbreitung von Endophyten durch Getreideblattläuse würden vermutlich ähnliche Regeln der Berechnung gelten wie bei dem oben dargestellten Beispiel gentechnisch veränderter Gräser und ihrem Pollenflug (POLLAK 2004).

Flächen mit Futtergräsern und Mutterpflanzenquartiere zur Grassamenproduktion werden in der Nähe infizierter Grasbestände auf Dauer nicht endophytenfrei bleiben, denn zu viele Lebewesen sind aktiv in die Durchmengung der Landschaft eingebunden, ohne dass wir die Zusammenhänge begriffen haben.

Grassamenstroh – ein Abfallprodukt als Exportschlager

Hochgiftiges Grassamenstroh aus den USA wird verschnitten, das Gift also verdünnt

Bei der Grassamenvermehrung in Oregon fallen riesige Mengen an ausgedroschenen Halmen, dem sogenannten Grassamenstroh oder Druschheu, und an abgefallenen Samenspelzen an. Ursprünglich wurden die ausgedroschenen Grasfelder in den USA nach der Ernte abgebrannt. Doch das Abbrennen riesiger Felder ist nicht nur riskant, es führt auch zu einer extremen Luftverschmutzung. Daher wurde zwischen 1987 und 1991 stufenweise das Brennen der Felder zur Vernichtung des Grassamenstrohs verboten (Duringer 2007a, Aldrich-Markham et al. 2007, Craig et al. 2014). Aus der Not entstand eine neue Tugend: die Vermarktung des Grassamenstrohs und der Spelzen als Viehfutter.

Die jährlichen Einnahmen für Oregon und Washington aus dem Verkauf belaufen sich auf etwa 350 Millionen US Dollar (Craig et al. 2014). Erhebliche Mengen dieses Futters, jährlich über 660 000 Tonnen – entsprechend 33 000 Containern – (Blythe et al. 2007, Craig et al. 2014), gehen in den weltweiten Export (Duringer 2007a, Blythe et al. 2007, Aldrich-Markham et al. 2007, Craig et al. 2014), vorwiegend nach Ost-Asien mit Japan, Korea und Taiwan. In Japan und Korea macht das Grassamenstroh 55 Prozent des dort benötigten Raufutters aus (Craig et al. 2014).

Grasstroh stark mit Endyphyten infiziert

Um noch ökonomischer produzieren und Wasser, Dünger und Pestizide sparen zu können, griffen die Saatgutproduzenten zunehmend auf mit Endophyten infizierte Zuchtsorten zurück (Duringer 2007a, Blythe et al. 2007).

Grassamenstroh entsteht, wenn zur Saatgutgewinnung Gras in Monokultur angesät und die Samen geerntet werden. Wie bei der Getreideernte bleibt das ausgedroschene Stroh, hier von Zuchtgräsern, übrig. Es handelt sich also um ganz normales, aber extrem spät geschnittenes Heu. Wie bei dem hier abgebildeten ersten Schnitt eines Trockenrasens (Naturschutzfläche) im August 2015 ist solches Heu blattarm und halmreich, besonders rohfaserreich, energie- und proteinarm. Foto: Vanselow

Dort, wo Tierhalter das Grassamenstroh wie Heu fütterten, kam es zu teilweise drastischen Viehvergiftungen (Duringer 2007a, Blythe et al. 2007, Aldrich-Markham et al. 2007, Craig et al. 2014, Parsons & Bohnert 2003). Im Jahr 2000 kam es allein in Japan zu über 5400 Fällen von Weidelgrastaumelkrankheit, Aborten durch Schwingelvergiftung oder Milchlosigkeit (Blythe et al. 2007, Craig et al. 2014). Japan stoppte die Grassamenstroh-Importe und schickte die Containerschiffe in die USA zurück (Blythe et al. 2007, Craig et al. 2014). Das Oregon State University Endophyte Service Laboratory in Corvallis/USA wurde zur Lösung des Problems durch wissenschaftliche Analysen und Kontrolle der neuen Gesetze für den Export von sicherem, zertifiziertem Futter nach Japan, Korea und Taiwan eingesetzt (Aldrich-Markham et al. 2007, Blythe et al. 2007, Craig et al. 2014). Bei Überschreitung der gesetzlichen Grenzwerte für die Giftgehalte von Ergovalin und Lolitrem B werden die Chargen für diese ostasiatischen Länder mit weniger belasteten Aufwüchsen verschnitten, also verdünnt (Craig et al. 2014).

Kamele, hier ein Alpaka, sind als besonders empfindlich gegenüber Endophytengiften bekannt. *Foto: Paauldc/Pixabay*

Grassamenstroh aus den USA ist weltweit als Futtergrundlage gefragt, auch im Nahen Osten. Wissenschaftlich gesicherte Grenzwerte für klinische Vergiftungen von Kamelen lagen bisher nicht vor. Um das amerikanische Grassamenstroh nutzen zu können, wurde daher in den Arabischen Emiraten Altweltkamelen giftiges Grassamenstroh verfüttert und die vergifteten Kamele untersucht (Alabdouli et al. 2014).

Neuweltkamele, also Lamas und Alpakas, werden schon lange als besonders empfindlich gegenüber den Endophytengiften beschrieben (Reed 1999a, Reed 1999b; Quigley & Reed 1999; Bluett et al. 2004; Blythe et al. 2007). Altweltkamele erleiden, im Tierversuch mit Grassamenstroh gefüttert und durch Obduktion nachgewiesen, früher als andere Tierarten irreversible organische Schäden durch das Gift Lolitrem B nicht nur am Gehirn, sondern zum Beispiel auch an der Leber und den Nieren (Alabdouli et al. 2014).

Ständige Analysen der Giftgehalte nicht nur importierter Grassamenstroh-Chargen zur Vermeidung von Tiervergiftungen sind unumgänglich.

Amerikanische Graslandwirtschaft – wirklich nachahmenswert?

Die Futterpflanzenzüchtung wird in den USA bereits deutlich länger betrieben als eine planmäßige Grünlandwirtschaft

Für viele deutsche Pferdehalter haben die USA eine Vorbildfunktion, nicht nur was das Westernreiten und die dafür typischen Pferderassen betrifft. Wie aber unterscheiden sich die Grasländer und der Futterbau von der deutschen Tradition und worin sind die Unterschiede begründet? Was ist machbar, was ist sinnvoll und was wollen wir in Hinsicht auf die Lebensgrundlage unserer Pferde und in Hinsicht auf unsere eigene Umwelt, in der wir selber leben?

Nach dem Zweiten Weltkrieg kam es zum freundschaftlichen Austausch und etlichen Studienreisen zwischen Landwirten der USA und Europas. Das Heft 39 des „Land- und Hauswirtschaftlichen Auswertungs- und Informationsdienst“ (AID) berichtet über eine solche Studienreise in die USA im Rahmen der Auslandshilfe der USA, an der neben zehn deutschen Landwirten und Agrarwissenschaftlern auch 31 Vertreter anderer europäischer Länder sowie aus Thailand teilnahmen. Die Berichte der deutschen Teilnehmer muten heute, 65 Jahre später, teilweise seltsam aktuell an und machen nachdenklich. Es handelt sich bei den Berichterstattern sämtlich um Agrarexperten wie Vertreter der Landwirtschaftskammern, Landwirtschaftsämter, landwirtschaftlichen Versuchsanstalten, aber auch der BASF (Graeber 1953b).

Während der Norden nahe der kanadischen Grenze klimatisch teilweise vergleichbar ist mit den Verhältnissen in Deutschland, finden sich in den Südstaaten der USA extrem trockene Bedingungen (Graeber 1953c). Dort spielten 1953 nur überwiegend aus der Alten Welt importierte und gezielt durch Züchtung für die neuen Standorte optimierte (Graeber 1953d, von Bleichert 1953) Obergräser wie Wehrlose Trespe, Knaulgras, Sudangras, Rohrschwingel, Rohrglanzgras und Wiesenlieschgras im Futterbau eine wirtschaftliche Rolle, weil sie die Trockenheit im verstrohten Zustand zu überdauern imstande sind, während die Untergräser, also zum Beispiel Deutsches Weidelgras, hier verloren gehen (von Bleichert 1953).

Mit konventionellem Saatgut angesäte deutsche Pferdeweiden. *Foto: Vanselow*

Im trockenen Klima Andalusiens im Süden Spaniens halten empfindliche Untergräser kaum aus. *Foto: Vanselow*

Statt der Untergräser waren 1953 in den Trockengebieten importierte Leguminosen wie Luzerne, Ladinoweißklee, Rotklee, Hornklee, Steinklee oder Lespedeza interessant (GRAEBER 1953d). Die Futterpflanzenzüchtung wird in den USA tatsächlich deutlich länger betrieben als die planmäßige Grünlandwirtschaft (GRAEBER 1953d).
Als Grundlage für die standortangepassten Züchtungen für die USA dienten aus Herkünften in allen (!) Teilen der Welt zusammengetragene Zuchtsorten und neue Arten. So zeichnete sich die auf der Studienreise vorgefundene Luzerne dadurch aus, dass sie auch ohne Bewässerung höchste Erträge als Futterpflanze erbrachte, da sie das Grundwasser in fünf bis sieben Metern Tiefe mit ihren Wurzeln erreichte (BRÜNNER 1953).
Weideland und Futterbau der Südstaaten entsprachen zur Zeit der Studienreise in die USA eher den Bedingungen, die SCHÄFER (1980) für spanische Pferde beschreibt, also verdorrte Gräser auf den Weideflächen der andalusischen Zuchtstuten in der Trockenzeit, für die spanischen Reithengste wenig Luzerneheu und viel Futterstroh – Reitpferde erhielten sechs bis neun Kilogramm –, aber reichliche Mengen an Kraftfutter, die in Deutschland eines Rennpferdes würdig gewesen wären. SCHÄFER (1980) listet für Spanien Kraftfutterarten auf wie Puffbohnen, Erbsen, verschiedene Rübenarten, aber auch Johannisbrot, (Kork-) Eicheln, Edelkastanien und sogar Feigen. Tatsächlich stellten die Teilnehmer der Studienreise in die USA für die Südstaaten eine eher an spanische denn an deutsche Gegebenheiten erinnernde Situation fest. Kraftfutter war in den USA vergleichsweise preisgünstig und stand fast uneingeschränkt zur Verfügung (KELCH 1953). Statt einer Futtergrundlage aus Gras und Heu bot sich eher die traditionelle Alternative aus Stroh und Leguminosen an.

Zur Futtergewinnung wurden Futterpflanzen auf Äckern angebaut

Maschinelle Erntemethoden dominierten in den USA schon 1953

Im Gegensatz zu Deutschland standen den Farmern der USA laut Kelch (1953) damals riesige Flächen kultivierbaren Bodens zur Verfügung. Nicht die Fläche, sondern die in einem Industrieland wie den USA nicht vorhandene Arbeitskraft und teure Arbeitszeit war ein Problem. In den USA kamen also 1953 bereits Maschinen statt Menschen in der Ernte zum Einsatz. Maschinelle Erntemethoden und Scheunen- statt Feldtrocknung wurden auf eine Optimierung des maschinengerechten Ernteguts abgestimmt. Blattreiche junge Aufwüchse sind besonders zart, empfindlich und besonders schwer maschinell zu verarbeiten. Die derberen Obergräser kommen dem Maschineneinsatz entgegen: Es bleiben weniger Bröckelverluste auf dem Feld, das stärkere Material kann einfacher grob gehäckselt und luftig zur Scheunentrocknung eingelagert werden. Dadurch können qualitative Verluste an Inhaltsstoffen vermindert werden. Deutsche Bauern setzten viel Handarbeit ein, oft noch mit Hilfe der Reutertrocknung. Ein Reuter ist eine Holz- oder Drahtkonstruktion mit Pfosten auf der Heuwiese, auf welcher der Aufwuchs per Hand aufgehängt und unter freiem Himmel bei Wind und Wetter getrocknet wurde. Das Bestücken der Reuter konnte sogar bei Regen geschehen. In Deutschland waren reichlich Landarbeiter zu vergleichsweise geringen Löhnen vorhanden.

Heu stand in Deutschland damals in ganz anderem Kontext als in den USA

Die deutschen Bauern versuchten, die kostspielige Stallzeit durch Weidegang zu minimieren. An Eiweiß und Energie gehaltvolles zartes junges Gras wurde als Heu eingefahren, das nicht nur zur Sättigung, sondern vor allem als Leistungsfutter, also Kraftfutterersatz, diente.

Amerikanische Farmer konnten es sich aufgrund des luxuriösen Kraftfutterangebots und massivem Maschineneinsatz bei niedrigen Kraftstoffpreisen leisten, qualitative Einbußen beim Heu im Vergleich zu Deutschland durch eine relativ späte Ernte grobstängeliger Obergräser in Kauf zu nehmen (Kelch 1953). Der Unterschied der verwendeten Gräser und Trocknungsmethoden damals war also neben klimatischen Gründen vor allem dem Mangel an bezahlbaren Arbeitern in den USA geschuldet sowie dem preislichen Unterschied an Kraftfutter, Kraftstoff und Maschineneinsatz hüben und drüben.

Viehweiden wurden künstlich angelegt

Die von den Reiseteilnehmern vorgefundenen Viehweiden waren überwiegend auf ehemaligen Waldböden nach Rodung als Extensivweiden durch Selbstberasung entstanden (von Bleichert 1953). Dieses einzig zur Beweidung angelegte Dauergrasland wurde zur Produktionssteigerung vernichtet und durch Neuansaat oder Nachsaat verändert. Das Dauergrasland wurde in den USA nicht gemäht, denn zur Futtergewinnung wurden Futterpflanzen auf Äckern angebaut (von Bleichert 1953).

Eine überragende Rolle in diesem künstlich angelegten Weideland spielten Straußgräser (*Agrostis alba* und andere), Wiesenrispe (*Poa pratensis*) und Weißklee (*Trifolium repens*). Straußgräser und Wiesenrispe konnten Reinbestände bilden, wobei

Sauber aufgesetzte Stapelmiste (links) findet man heute in Deutschland selten, denn sie sind Handarbeit. Hier kann der Mist zu wertvollstem Dünger reifen. Rechts: Mehrfach auf der Mistplatte umgestapelter und feucht gehaltener Pferdemist reift über Winter zu hervorragendem Dünger für Heuwiesen. Fotos: Vanselow

Die Heuwiesen im Tal von Garmisch-Partenkirchen im Sommer 1991. Intensive Mistdüngung, Trocknung auf Holz-Reutern, Lagerung lose in Heustadeln. Aus: VANSELOW 2005A

die Straußgräser unter den schlechteren, Wiesenrispe unter den besseren Bedingungen zur Dominanz gelangten (VON BLEICHERT 1953). In tiefen Lagen am Atlantik der Südoststaaten ersetzte Küsten-Bermudagras (*Cynodon*) die Wiesenrispe vollständig, der Weißklee war in allen Tieflagen vorhanden. In Wisconsin und den Nordoststaaten war das Wiesen-Lieschgras (*Phleum pratense*) stark verbreitet. Daneben fanden sich in geringerem Ausmaß auch folgende Futterpflanzen im beweideten Dauergrasland: Rohrschwingel (*Festuca arundinacea*), Knaulgras (*Dactylis glomerata*), Schafschwingel (*Festuca ovina*) und andere schwachwüchsige Schwingelarten, Quecke sowie Bartgräser (*Andropogon*) und Hirsen (*Panicum*).

Die auf der Studienreise in die USA vorgefundenen Dauerweiden waren mit importiertem Saatgut vollkommen künstlich angelegt worden

Im feuchten bis nassen Bereich fand sich Rohrglanzgras (*Phalaris arundinacea*) und Rasenschmiele (*Deschampsia caespitosa*). Vereinzelt wurden Wiesenschwingel (*Festuca pratensis*), Rotschwingel (*Festuca rubra*), Wehrlose Trespe (*Bromus inermis*), Kammgras (*Cynosurus cristatus*), Kammschmiele (*Koeleria cristata*), Wiesenfuchsschwanz (*Alopecurus pratensis*) sowie die Schmetterlingsblütler Hornklee (*Lotus corniculatus*), Rotklee (*Trifolium pratense*), Bastardklee (*Trifolium hybridum*) und Steinklee (*Melilotus alba, Melilotus officinalis*) gefunden, während das Deutsche Weidelgras (*Lolium perenne*) vollständig fehlte (VON BLEICHERT 1953).
Die auf der Studienreise in die USA vorgefundenen Dauerweiden waren also mit überwiegend aus Europa importiertem Saatgut vollkommen künstlich angelegt worden.

Bodenzerstörung erzwingt Dauergrasland

Als Einstreu diente in den USA zur Zeit der Studienreise weniger Stroh oder schlechtes Heu als vielmehr Hilfsmittel wie Sägemehl oder Hobelspäne (BRANDY 1953) mit den bekannten Folgen für die Mistqualität: langsame, schwierige Verrottung, hoher Säuregehalt des entstehenden Humus, Neigung zu einer ungünstigen, wenig fruchtbaren Rohhumusbildung auf dem Feld. Eine Humuswirtschaft mit sorgfältig gereiftem (Edel-) Mist (BEINERT & SAUERLANDT 1951) zur Düngung war in den

USA unbekannt (Brandy 1953, von Bleichert 1953). Die vorgefundene amerikanische Wasserwirtschaft konzentrierte sich auf die Einschränkung der Erosion und auf oberflächliche Beregnungsanlagen (Graeber 1953c).

Grasland ist das beste Mittel zur Verhinderung von Bodenerosion

Die folgenden wörtlichen Zitate aus den Berichten der Studienreise in die USA (Graeber 1953a) zeigen, wie die Graslandwirtschaft in den USA damals auf führende Experten für Landwirtschaft in Deutschland wirkte.

„Man geht wohl nicht fehl, wenn man feststellt, daß in den Vereinigten Staaten Nordamerikas eine Grünlandwirtschaft im eigentlichen Sinne erst seit 15 bis 20 Jahren betrieben wird. Die Grünlandbewegung ist in engstem Zusammenhang mit der Bodenkonservierung entstanden, weil in vielen Fällen das beste Mittel zur Verhinderung der Bodenerosion die Anlage von Grünland ist. Dies gilt sowohl für Dauergrünland wie für das Grünland in der Fruchtfolge, dessen bodenschützende Wirkung besonders beim Kontur-Farming zum Ausdruck kommt. […]

Das Ziel der Grünlandwirtschaft in den USA wurde uns in einem kurzen Satz dargestellt, nämlich: ‚Die Nation stark zu machen: a) durch nutzbringenden, ausgeglichenen Landbau, b) durch Zurverfügungstellung einer Fülle guter Nahrungsstoffe für Mensch und Tier und c) durch Schutz des Bodens und der Wasservorräte.‘

Im Zusammenhang mit diesem Problem ist in weiten Teilen der östlichen Staaten der USA eine Umstellung in den Betrieben erfolgt, und zwar in dem Sinn, daß die Monokultur oder die Kultur stark vorherrschender Früchte stark eingeschränkt wird zugunsten des Grünlandes“ (LR Albert Michaelis, Landesbauernkammer Schleswig-Holstein in Kiel, Zitat aus: Michaelis 1953).

„Aus diesen äußerst ertragsarmen Extensivweiden sind dank des seit 15 Jahren erwachten Interesses am Grünland vielfach heute sogenannte ‚verbesserte‘ Dauerweiden entstanden, auf die weiter unten noch mehr eingegangen werden soll. […]

Wie in den Anfangszeiten verstärkten Interesses an der Leistungssteigerung des Grünlandes in Deutschland, so beschreitet man heute in den USA zur Verbesserung des Dauergrünlandes fast ausschließlich den Weg über Neuansaat züchterisch bearbeiteter Klee- und Grasarten nach möglichst völliger Vernichtung des alten Pflanzenbestandes. In den von uns besuchten Gebieten wurde dieser Grundsatz am ausschließlichsten in Wisconsin verfolgt, während in den Nordoststaaten gewisse andere Möglichkeiten der Grünlandverbesserung immerhin nicht ganz in Abrede gestellt werden und in den Südoststaaten vereinzelt gewisse Ansätze zu umbruchloser Grünlandverbesserung beobachtet werden können. Das von der Regierung, Wissenschaft und Beratung aber überall als das beste angesehene und empfohlene Verfahren der Grünlandverbesserung wird als ‚Renovation‘ oder ‚Reseeding‘ bezeichnet. […]

Im Winter vegetationsfreie Hänge zeigen auch in Deutschland Bodenerosion. Foto: Vanselow

Pferdemist ist nach wie vor ein wertvoller Dünger im Gemüsegarten.
Foto: Vanselow

Wie man sieht, ist die amerikanische Methode der Verbesserung durch Umbruch und Neuansaat insofern sehr verschieden vom deutschen Verfahren, als man in den USA keinen endgültigen, durch weitere Pflege laufend verbesserungsfähigen Pflanzenbestand, sondern einen artenarmen, zwar anfangs massenwüchsigen, aber nur kurzlebigen feldfutterartigen Bestand schaffen will, bei dem insbesondere auf einen sehr hohen Leguminosenanteil Wert gelegt wird. Es liegt in der Natur der Sache, daß Höhe der Erträge und Leguminosenanteil nach ein bis drei Jahren stark zurückgehen, Verunkrautung und erneutes Durchsetzen der in den USA als sehr unerwünscht betrachteten bodenständigen Gräser (vor allem Wiesenrispe) bis zu allmählichem völligem Verschwinden der eingesäten Grasarten, mit Ausnahme von Rohrschwingel und Teilen der sonstigen Obergräser, fortschreiten. Dementsprechend wird die Wiederholung der Erneuerung alle sechs bis zehn Jahre in Form eines gewissen Turnus innerhalb der gesamten Dauerweideflächen empfohlen. Die Kosten werden für das Verfahren in Wisconsin mit 110 bis 112 Dollar je Hektar angegeben. [...]

Stallmistdüngung mit frisch aus dem Stall kommendem Mist wird empfohlen. Von der Verwendung alten Stallmistes aus Haufen wird abgeraten, da dieser zu sehr ausgewaschen sei und keinen Erfolg habe; Einstreu ist nämlich meist kaum vorhanden, bestenfalls sehr geringe Mengen von Stroh oder schlechtem Heu, häufiger Säge- oder Hobelspäne. Stallmistpflege ist nicht üblich, da zu arbeitsreich! Feste Düngerstätten waren ebensowenig wie Jauchegruben während unserer Reise irgendwo zu sehen. [...]

Stallmistpflege ist in den USA nicht üblich, da zu arbeitsreich

In Deutschland ist die Art der Weidewirtschaft weitestgehend von den Ansprüchen und Gegebenheiten des Dauergrünlandes bestimmt. Ergänzender Feldfutterbau wird, wenn überhaupt, im allgemeinen nur so weit zur Beweidung herangezogen, wie das bei Festhalten an den erprobten Grundsätzen der Dauergrünlandbewirtschaftung ohne Schaden für die Feldfutterpflanzen möglich ist. Im übrigen wird der Feldfutterbau nur zur Gewinnung von Heu, Silage und Grünfutter zur Verabreichung im Stall genutzt. Über grundsätzliche Abänderungen der Weidewirtschaft speziell für den Feldfutterbau hat man sich m. W. bei uns noch nicht viel Gedanken gemacht. In den USA. dagegen wird der gesamte Feldfutterbau (nicht nur der Kleegrasbau!) zur Beweidung herangezogen und die Beweidungsart den Ansprüchen der verschiedenen Futterpflanzen angepaßt. So werden zum Beispiel Luzerne, Rohrglanzgras und Sudangras mit unzweifelhaftem Erfolg als Weidepflanzen genutzt, während diese bei uns als ‚nicht weidefähig' gelten. Natürlich wird Luzerne dabei nicht scharf beweidet, Rohrglanzgrasbestände werden nur gelegentlich und bei genügend ausgetrocknetem Boden zur Weide

Durch landwirtschaftlichen Raubbau verwüstete Böden in den USA 1953 erscheinen vor dem Hintergrund einer ‚enkeltauglichen' Landwirtschaft erschreckend aktuell

Das unter Buchenwald freigelegte Bodenprofil zeigt eine ausgeprägte Humusschicht durch Laubzersetzung. Aus Vanselow 2005a

herangezogen, und bei Sudangras erfolgt die Weidenutzung nur von der Erreichung einer Wuchshöhe von mindestens 50 Zentimeter an und nicht bei Nachwuchs im Herbst, nachdem durch Frost das Wachstum schon einmal unterbrochen war; denn nur so kann man der Gefahr von Blausäurevergiftungen durch Sudangrasfütterung ausweichen. Es ist nicht einzusehen, weshalb eine verstärkte Nutzbarmachung wertvoller Futterpflanzen und verstärkte Erschließung aller Vorteile der Weidehaltung nicht auch in Deutschland möglich sein sollte, wenn wir uns dazu entschließen, unsere vielleicht etwas zu einseitig und starr auf die Beweidung von Dauergrünland ausgerichteten Weidemethoden etwas zu variieren und den Ansprüchen besonders vorteilhafter Feldfutterpflanzen mehr anzupassen. Dies wäre um so mehr gerechtfertigt, nachdem durch die Entwicklung des Elektrozaunes der Feldfutterbau für die Beweidung ohnehin weit mehr erschlossen ist als in früheren Zeiten" (Dr. Horst von Bleichert, Studiengesellschaft zur Förderung der Grünlandwirtschaft, Frankfurt-Steinach/Ndb., Zitat aus: Von Bleichert 1953).

Subventionierter Kunstdünger statt Mist und Humuswirtschaft – zum Schaden der Böden

„Erst seit wenigen Jahren ist es für den Farmer selbstverständlich geworden, Mittel aufzuwenden, um seinen Boden auf einem hohen Stand der Produktivität zu erhalten. In der Vergangenheit veranlaßte der Reichtum an fruchtbarem Land vielfach dazu, die Fruchtbarkeit des Bodens zu unterminieren und nach ihrer Vernichtung auf neues jungfräuliches Land weiterzuziehen. Jetzt müssen wir uns mit dem durch Raubbau verwüsteten Boden befassen, um ihn wieder auf einen wirtschaftlich tragbaren Produktionsstand zu bringen.' Diese Sätze, die aus einer allgemeinen Schrift über den Boden und seine Pflege in den USA zitiert sind, umschreiben sehr deutlich, vor welche Probleme der Farmer in vielen Gebieten Nordamerikas bezüglich der Bodenpflege gestellt ist. [...] An eine geregelte Stallmistwirtschaft in unserem Sinne denkt der Farmer unter den gegebenen Verhältnissen nicht, und infolgedessen kann es nicht verwundern, daß nach amerikanischen Untersuchungen mehr als die Hälfte der ursprünglich vorhandenen Nährstoffe des Frischmistes verloren gehen. [...]

Von Beratung, Wissenschaft und Industrie wird mit allen zur Verfügung stehenden Mitteln eine Steigerung des Düngerverbrauches angestrebt. Es laufen eine Vielzahl von Programmen – oft im Rahmen des Bodengesundheitsdienstes –, die neben einer Ertragssteigerung durch angemessene Düngung eine schnelle und lückenlose Pflanzenbedeckung der erosionsgefährdeten Lagen anstreben. Der Einsatz von Düngemitteln wird dem Farmer in solchen Fällen häufig durch erhebliche Zuschüsse, die bis zu 2/3 des Preises betragen, schmackhaft gemacht.

Hervorragend ist die bereits früher erwähnte Arbeit der ‚Tennessee Valley Authority', die sich durch über 30 000 Beispielwirtschaften – nicht nur im eigentlich betroffenen Gebiet – an den amerikanischen Landwirt wendet, um ihm zu zeigen, welche Erfolge sich durch eine ausreichende und harmonische Versorgung der Pflanzen mit Nährstoffen erzielen läßt. Dieses Programm hat sich besonders die Aufgabe gestellt, den Verbrauch an Phosphorsäure, die neben Kalk am häufigsten im Minimum ist, zu steigern. Aus eigenen Vorkommen in Tennessee werden Rohphosphate in großen Mengen gedüngt, die auf lange Sicht den Phosphatspiegel des Bodens heben sollen, um im Verein mit Superphosphat, das in den USA 90 Prozent der Phosphatdünger ausmacht, die Erträge zu steigern und den Boden vor Abschwemmen zu bewahren" (Dr. Klaus Brandy, Staatl. Lehr- und Versuchsanstalt für Grünlandwirtschaft und Futterbau, Wehrda, Kreis Hünfeld/Hessen, Zitat aus: BRANDY 1953).

Viele der damals in den USA bereits gesehenen Probleme gelten heute für unsere eigenen Flächen hier in Deutschland

„Da durch die dünne Besiedlung und die starke Industrialisierung des Landes in USA die ohnehin so kleine Zahl der Landarbeiter immer kleiner wird, ist die Mechanisierung weitestgehend durchgeführt. Die ganze Organisation des Betriebes ist einseitig auf höchste Arbeitsproduktivität eingestellt, selbst auf Kosten des Flächenertrages. Grundstücke, die die Arbeit nicht bezahlen, bleiben unbestellt liegen. Auf solchen, jetzt nicht mehr genutzten Flächen, die früher einmal bebaut wurden, hat man augenscheinlich die Erhaltung und Mehrung der Bodenfruchtbarkeit außer acht gelassen, so daß sie jetzt, ihres Mutterbodens durch Erosion beraubt, nach ihrer Ausbeutung zu Ödland geworden sind" (OLR Wilhelm Graeber, LWK für Hessen-Nassau, Frankfurt a. M., Zitat aus: GRAEBER 1953c).

„Infolge fortgesetzter einseitiger Nutzung des Ackerlandes, z. B. durch Mais oder Getreide oder in den südöstlichen Staaten vorwiegend durch Baumwolle, sind die Böden im Laufe der Jahrzehnte nährstoff- und humusärmer geworden, da der amerikanische Farmer den Boden allzulange ohne Wiederzufuhr von Nährstoffen bewirtschaftet hat. Die hierdurch bedingten immer deutlicher werdenden Ertragsrückgänge haben schließlich Tiefpunkte erreicht und dazu geführt, daß in der Vergangenheit zahlreiche Farmen verlassen wurden, das Land einfach liegenblieb und von den abziehenden Farmern in anderen Gebieten neue jungfräuliche Böden bewirtschaftet wurden. Diese Entwicklung mußte zwangsläufig einmal enden, weil frisch in Kultur zu nehmendes Land auch einmal begrenzt ist und zum anderen die stark zunehmende Bevölkerung der Vereinigten Staaten auch auf die Nutzung der alten durch Monokultur ärmer gewordenen Gebiete angewiesen ist. Nachdem in zahlreichen von den amerikanischen Versuchsstationen zur Lösung dieses Problems durchgeführten Versuchen die bodenverbessernde nährstoffanreichernde Wirkung des Kleegrasbaues auch für die amerikanischen Böden nachgewiesen war, ist die Einschaltung von Kleegras als Gesundungsfrucht in die Fruchtfolge einer der wichtigsten Punkte zur Förderung und Aufrechterhaltung der Bodenfruchtbarkeit geworden. [...]

Begrenzte Fläche zwingt zu nachhaltigem Wirtschaften

Der zur Verhinderung dieser in weiten Gebieten auftretenden und die amerikanische Landwirtschaft ernstlich bedrohenden Bodenzerstörungen eingerichtete und mit staatlichen Mitteln weitgehend unterstützte Bodenerhaltungsdienst (soil conservation service) empfiehlt als eine der wirkungsvollsten Schutzmaßnahmen gegen die Bodenabtragung durch Wasser den Anbau von Luzerne beziehungsweise Kleegras. Hierdurch erhält der Boden anders als bei den nur für einen Teil des Jahres den Boden bedeckenden Ackerfrüchten eine ganzjährige Pflanzendecke, welche die bodenabtragende Wirkung der Regengüsse weitgehend ausschaltet“ (Dr. Heinrich Nüllmann, LWK Rheinland, Bonn a. R., Zitat aus: Nüllmann 1953).

Viele der damals schon in den USA gesehenen Probleme gelten heute für unsere Flächen hier in Deutschland

Soweit die Erfahrungen der Reiseteilnehmer (Graeber 1953a). Viele der damals in den USA gesehenen Probleme gelten heute für unsere eigenen Flächen hier in Deutschland.

- Der Humusgehalt der Böden hat abgenommen und ist als klimaschädliches Kohlendioxid in die Atmosphäre entwichen.
- Eine Vermaisung der Landschaft, oft auf Kosten des traditionellen Dauergrünlands, führt zu Bodenerosion nicht nur in Hanglagen.
- Endlose, von Wäldchen und Gebüsch ausgeräumte Schläge mit Monokulturen verursachen in vegetationsarmen Zeiten für Autofahrer gefährliche Sandstürme.
- Riesige Maschinen verdichten empfindliche Böden.
- Die ständige Zufuhr von leicht löslichen Nährstoffen aus Kunstdünger ebenso wie aus nicht zu fruchtbarsten Ton-Humus-Komplexen in Kompost gebundenen Düngern der Massentierhaltung belastet in Form wasserlöslicher Nitrate das Grund- und Oberflächenwasser.
- Bodenleben und Fruchtbarkeit sinken mit dem Verlust an Humusgehalt des Bodens. Der Selbstdüngeeffekt des Dauergrünlandes geht zusammen mit den Bewohnern des Humus verloren.
- Die fehlende Bodengare des vom Humus entblößten Bodens lässt Regenwasser schlecht eindringen. Fehlende Vegetation und wasserabweisende, verdichtete Böden können nicht mehr wie Schwämme das Regenwasser aufnehmen und speichern. Das steigert in Kombination mit den durch den Klimawandel bedingten Starkregenereignissen das Risiko gefährlicher Überschwemmungen und Erdrutsche.

Billige Massenproduktion hat ihren Preis. In den Plastikgewächshäusern in Almeria, Andalusien, wird in riesigem Maßstab Gemüse für den Weltmarkt produziert. Diese Aufnahme aus dem Jahr 1992 zeigt die mit Plastikmüll überzogene Umgebung neben einem solchen Gewächshaus (links im Bild).
Foto: Vanselow

Die Folgen der Industrialisierung der Landwirtschaft betreffen uns alle. Der Verlust an schlecht bezahlten Arbeitsplätzen in der Landwirtschaft vor der Industrialisierung mag positiv empfunden werden. Die Verbilligung von Nahrungsmitteln mag den Verbraucher freuen, ruiniert letztendlich aber den Landwirt. Die Umweltfolgen schließlich sind für uns alle bedrohlich.

Letzteres scheint mir der Hebel zu sein, den wir jetzt umlegen müssen: Die Landwirte dürfen nicht länger für möglichst billige Produktion von Massengütern bezahlt werden. Vielmehr müssen sie ihre Aufgabe neben der Erzeugung hochqualitativer Lebensmittel im Dienste des Schutzes der Bevölkerung und der nachhaltigen Bewahrung unserer aller Lebensgrundlagen finden.

Die Folgen des Acker-Futterbaus

Acker-Futterbau hat eine lange Tradition – auch in Deutschland. Bisher wurden mit seiner Hilfe vor allem die Wintermonate überbrückt oder minderwertige Futtergrundlagen aufgewertet. Doch zunehmend konkurriert der Futterbau mit der Weidehaltung. In der Massentierhaltung und den Milchviehställen erhalten die Tiere ihr Futter im komplett kontrollierten Stallbereich. Viele dieser Tiere betreten ihr ganzes Leben lang kein Weideland. Beweidetes Grasland fällt überwiegend an Pferdehaltungen. Doch was wäre, wenn auch Pferde zunehmend vom Grasland genommen und im Stallbereich gefüttert würden? Und warum könnte das geschehen?

Viele Tiere betreten ihr ganzes Leben lang keine Weide

Wenn Europa und Deutschland ihr in Übersee vermehrtes Saatgut (Deutscher Bundestag, Drucksache 15/5087 vom 14.03.2005) nicht vor den weltweit verschleppten Endophyten auch in Wildgräsern schützen (siehe ab Seite 161), dann werden wir die naturnahe Weide als Futtergrundlage unserer Pferde möglicherweise langfristig verlieren. Pferde reagieren empfindlicher als Wiederkäuer. Pferde werden gleichzeitig weniger als Fleischlieferanten, sondern meist als Freizeitpartner sportlich eingesetzt. Sportliche Höchstleistungen sind aber nur möglich, wenn das Futter optimal den Gesundheitszustand unterstützt. Jede Beeinträchtigung der Gesundheit des Pferdes macht sich sofort für den feinfühligen Reiter spürbar und den Tierarzt messbar bemerkbar.

Die im Naturschutz erwünschte artgerechte Weidetierhaltung in halboffenen Weidelandschaften ist ohnehin bezogen auf die Fläche extrem bedroht. Diese savannenähnliche Kulturlandschaft besteht seit Jahrtausenden und entspricht weitgehend

Das Naturschutzgebiet Bültsee bei Eckernförde ist ein Trichter auf ärmstem Boden, in dessen Mitte der kalkreiche, aber nährstoffarme (kalkoligotrophe) Bültsee liegt. Die ganzjährige Beweidung mit Galloway-Rindern hat Schilf und Bruchwald am Ufer wieder verdrängt, sodass die extrem seltenen Pflanzen Wasserlobelie, Strandling, Brachsenkraut und Pillenfarn hier wieder wachsen können. In den Trittsiegeln finden Amphibien geschützte Lebensräume. *Foto: Vanselow*

Der geborene Landschaftspfleger. *Foto: Vanselow*

Eine Timotheegras-Monokultur hat mit einer Wiese so viel zu tun wie eine Fichtenschonung mit einem Urwald

dem, was laut der Mega-Herbivoren-Theorie von Natur aus an Vielfalt zu erwarten wäre (BUNZEL-DRÜKE ET AL. 2008, BUNZEL-DRÜKE ET AL. 2015; siehe „Natürliches Grasland bis zur Zeit der Jäger und Sammler“ ab Seite 34).
Was schlussendlich bliebe, wäre die amerikanische Art der Beweidung von extrem artenarmen Futterpflanzen-Äckern und Heu aus Timotheegras-Monokulturen, einer speziellen Zuchtform des Wiesen-Lieschgrases, sowie Luzerne. Damit wäre die Futterbasis der Pferde weitgehend komplett entkoppelbar von der der Wiederkäuer. Tatsächlich findet sich dieses für Reitpferde gezielt erstellte Futterangebot – Timothee und Luzerne sowohl aus heimischem Anbau als auch in Form von Importware aus den USA und Kanada – im deutschen Handel.
Die speziell für die Erhaltung artenreichen Graslandes so wichtige gemeinsame Beweidung durch unterschiedliche Grasfresser, beispielsweise Rinder, Schafe, Pferde, Ziegen, Gänse, Kaninchen, Wühlmäuse oder Grillen, wird zunehmend der Intensivierung geopfert.
So, wie die europäische Fraßsavanne mit der Trennung von Wald und Weide vor gut 200 Jahren der Intensivierung geopfert wurde, folgt nun das artenreiche Grasland durch die Futtergewinnung im künstlichen Acker-Futterbau. Diese Futterpflanzen-Monokulturen gemahnen an wirtschaftlich produktive Aufforstungen, und man vermeint leise flüsternd wie eine Warnung die nüchtern auf eine Formel gebrachte Erfahrung der Forstwirtschaft zu hören: „Willst du deinen Wald vernichten, pflanze Fichten, Fichten, Fichten ...“. Eine Timotheegras-Monokultur hat mit einer Wiese so viel zu tun wie eine Fichtenschonung mit einem Urwald.

Die Folgen der Humuszehrung

Wie sieht es heute mit unseren Böden aus? Viele landwirtschaftliche Böden weltweit befinden sich aktuell im Bereich der Humuszehrung und sind vom Verlust ihrer Fruchtbarkeit bedroht. Für neun in Europa untersuchte Standorte unter ordnungsgemäßer Landbewirtschaftung fanden Kutsch et al. (2010) eine mittlere Humuszehrung des Ackerbodens von 95 Gramm Kohlenstoff pro Quadratmeter und Jahr. Je höher dabei die Kohlenstoffkonzentration des Bodens war, desto höher war gleichzeitig die Humuszehrung. Das bedeutet, der Boden verliert an Fruchtbarkeit, während gleichzeitig die im Humus europäischer Böden festgelegten Kohlenstoffverbindungen als Kohlendioxid freigesetzt werden und den globalen Klimawandel anheizen. Die moderne Landwirtschaft trägt also durch Humusabbau auf unseren Äckern ganz entscheidend zur globalen Erderwärmung bei.

Die moderne Landwirtschaft trägt durch Humusabbau auf unseren Äckern entscheidend zur globalen Erderwärmung bei

Laut Fritz Scheffer (zitiert in Simon & Speichermann 1938) zeichnen sich die fruchtbarsten Böden in Deutschland durch ihren Reichtum an basischem Humus ebenso aus wie durch ihren Gehalt an zeolithischen (Zeolith ist ein Tonmineral mit hohen Bindeeigenschaften), organischen oder mineralischen Bestandteilen mit hohem Aufnahmevermögen an Nährstoffen und Kalzium-Ionen sowie durch ihren Vorrat an Kalk (Simon & Speichermann 1938). Für die Fruchtbarkeit sind die Kombination dieser Substanzen und das Klima des Standorts, also Niederschlag, Temperatur und Luftfeuchtigkeit, entscheidend. Die Bodenfruchtbarkeit sinkt, wenn ein Teil der Substanzen verlorengeht, und der Pflanzenwuchs verändert sich. Der Humusgehalt des Bodens ist dabei von besonderer Empfindlichkeit.

Wie wirkt sich mineralischer Dünger auf den Humusgehalt und die Bodenfruchtbarkeit aus? Eine Antwort findet sich im Lowland Grassland Management Handbook der Royal Society for Nature Conservation:

„Zudem schädigt der Gebrauch von löslichem Dünger das bodeneigene System zur Sicherstellung der Fruchtbarkeit, denn Bakterien und Pilze benötigen organisches Material als Substrat. Wenn organischer Dünger (zum Beispiel Festmist) ersetzt wird durch lösliche, anorganische Quellen, nimmt die Population der bodenbewohnenden Kompostzersetzer ab und wird uneffektiver. Chemische Gaben stören außerdem das natürliche Gleichgewicht zwischen Bakterien und Pilzen im Boden (Bardgett et al. 1997), was sich über eine Schädigung der Mycorrhiza-Gemeinschaft auf die oberirdische Pflanzengesellschaft auswirken kann. Eine hohe Produktivität kann dann nur gehalten werden, solange die Gaben löslicher Dünger fortgeführt werden“ (Zitat aus: Crofts & Jefferson 1999).

Die in Europa traditionelle naturnahe Weidetierhaltung wurde einer fragwürdigen Intensivierung geopfert

Das Dauergrasland in Deutschland unterscheidet sich heute kaum noch von dem Grasland, welches die Teilnehmer der Studienreise in den USA vorfanden. Die damals festgestellten Unterschiede existieren so nicht mehr, Differenzen sind heute überwiegend dem Klima geschuldet. Die in Europa traditionelle naturnahe Weidetierhaltung in einer artenreichen Fraßsavanne wurde einer fragwürdigen Intensivierung geopfert.

Futterbau in Monokulturen oder artenärmsten Systemen kann mit einer beeindruckenden Produktivität betrieben werden – auf Kosten der Böden, der Kohlendioxid-Bilanz, der Nachhaltigkeit und der Artenvielfalt. Um im Hier und Jetzt im scheinbaren Überfluss zu schwelgen, lasten wir kommenden Generationen einen sehr hohen Preis auf.

Die Zucht giftresistenter Haustierlinien

Unterschiedlichste Giftbindemittel werden heute massenhaft im Tierfutter eingesetzt

Haustiere, die Gifte aufnehmen und der Lebensmittelproduktion dienen, sind aus zweierlei Gründen Gegenstand der Forschung. Zum einen gilt es Tierarztkosten zu minimieren (Looper et al. 2010), denn was helfen produktivste Graszüchtungen, wenn der Gewinn durch steigende Tierarztkosten aufgefressen wird? Zum anderen gilt es die Milch- und Schlachtprodukte für den menschlichen Verzehr in toxikologisch unbedenklicher Qualität zu erhalten (Durix et al. 1999, Miyazaki et al. 2004, Realini et al. 2005, Shimada et al. 2013, Finch et al. 2012, Finch et al. 2013).

Ziegen reagieren besonders unempfindlich auf Gifte. Foto: Vanselow

Es erscheint naheliegend und logisch, giftfreies Futter für die Nutztiere zu produzieren. Doch oft ist es einfacher, und für isoliert betrachtete Teilbereiche der Nahrungsmittelkette vermeintlich wirtschaftlicher, nach Wegen zu suchen, wie man Futtermittel trotz hohen Giftgehalts verfüttern kann. Unterschiedlichste Giftbindemittel werden heute massenhaft im Tierfutter eingesetzt (Baars 2000, Raymond et al. 2003, Rakebrandt 2015). Zudem versucht man die Tiere vor Giften im Futter zu schützen, indem man in ihre Verdauungskammern gezielt Mikroorganismen (MO) einschleust, die besonders effektiv Gifte abbauen und somit unschädlich machen können (Thamhesl et al. 2009, Duringer 2007b). Während dieser Ansatz für das giftige Jakobs-Kreuzkraut bei Wiederkäuern recht erfolgversprechend ist (Duringer 2007b), sind die Ergebnisse für Ergotalkaloide eher fraglich (Thamhesl et al. 2009).

Ein weiterer Ansatz ist die gezielte Zucht von Haustierlinien, die nachweislich weniger gesundheitliche Probleme mit der Verwertung giftiger Futtermittel zeigen (Browning jr. 2003, Bhusari 2006, Rosenkrans et al. 2010). Die genetisch festgelegte Möglichkeit, Gifte im eigenen Körper unschädlich zu machen, kann durch Zuchtselektion gezielt beeinflusst werden. Als Testorganismen für diese Zuchten von Lebensmittel liefernden Haustieren dienen beispielsweise Zuchtlinien von Labormäusen (Bhusari 2006), die besonders schnell das Narkose- und Euthanasiemittel Barbiturat abbauen können (Arthur 2002, Arthur et al. 2003). Bei optimalem Zuchterfolg könnte sich das Gras fressende Nutztier von Giftpflanzen ernähren, ohne Vergiftungssymptome zu zeigen.

Konkret heißt das: Schafe könnten massenhaft Jakobs-Kreuzkraut vertilgen, ohne jemals Leberprobleme zu erleiden. Milchvieh könnte problemlos mit giftigen Gräsern gefüttert werden.

Für die Zucht von Haustierlinien, die besonders hohe Giftgehalte im Futter tolerieren, stellen sich verschiedene Fragen.

Sind Produkte, also Lebensmittel, aus diesen Tierzuchten sicher? Gifte aus gefressenen Pflanzen finden sich oft in der Milch oder im Fettgewebe wieder. Über das Gift der Herbstzeitlose berichten BRIEMLE ET AL. (1991, S. 128): *„Schafe und Ziegen scheinen weniger empfindlich zu sein; sie können nach Hegi (1909/1939) im Gegenteil ohne Schaden ziemliche Mengen von der Herbstzeitlosen vertragen. Dafür enthält dann die Milch dieser Tiere das Gift!“*

Florfliege.
Foto: Vanselow

Auch die Gifte des Jakobs-Kreuzkrauts werden über die Milch weitergegeben (LLUR 2013). Über Mutterkorngifte, also Ergotalkaloide, schreibt das BFR (2004): *„Bei Müttern, die nach der Entbindung mit Mutterkornextrakten therapiert wurden, zeigten 90 Prozent der gestillten Säuglinge Anzeichen von Ergotismus.“*

Heimischer Siebenpunkt-Marienkäfer an Hundskamille.
Die Larven beider Räuber fressen Blattläuse. Wenn Blattläuse an giftigen Gräsern gesaugt haben, verringern sie als Nahrung ihrer Räuber deren Vitalität.
Foto: Vanselow

Über die Kontraindikation bei Medikamenten mit diesen Wirkstoffen schreibt das BFR (2004) unter anderem: *„Stillzeit, da die Substanz in die Milch übergeht und in Abhängigkeit von Dosis, Art der Anwendung und Dauer der Medikation eine ernsthafte Schädigung des Säuglings eintreten kann (Ergotismussymptome; Verursachung von Erbrechen, Durchfall, Kreislaufkomplikationen und Krämpfen beim Kind). Außerdem wirkt Ergotamintartrat laktationshemmend.“*

Es erscheint daher nicht klug, besonders giftresistente Milchkühe züchten zu wollen. Die Gesundheit von Getreide-Blattläuse fressenden Marienkäfern und Florfliegen ist ein vereinfachtes Modell für die Weitergabe von Endophytengiften in der Nahrungskette. DE SASSI ET AL. 2006 stellen fest: *„Durchweg stark negative Effekte von Endophyten auf die Lebensleistung von Marienkäfern zeigt, dass Pilzgifte durch die Nahrungskette weiter gegeben werden und einen signifikanten Schaden der Beutegreifer an der Spitze verursachen.“* FUCHS ET AL. (2013) wiesen Peramin und Lolitrem B aus Weidelgras sowohl in Getreideblattläusen als auch in Marienkäfern und Florfliegen nach.

Brauchen wir giftresistente Kühe, Sportpferde und Menschen, damit wir unsere Futter- und Lebensmittel weiter intensiv herstellen können?

Ist es sinnvoll, gifttolerante Sportpferde zu züchten, damit sie giftige Gräser und deren Produkte unbeschadet fressen können? Muss beispielsweise ein Holsteiner Springpferd neben der Selektion auf Sportpferdeeigenschaften auch noch genetisch auf Gifttoleranz gezüchtet werden, damit die Zucht und Haltung auch in giftigen Graslandschaften wirtschaftlich ist?

Und wer züchtet den giftresistenten Menschen, der Gifte in Lebensmitteln unbeschadet übersteht?

Grenzwerte

In der Fachliteratur finden sich für Ergovalin und Lolitrem B folgende Schwellenwerte, ab denen Erkrankungen bei Tieren ausgelöst werden:

Tabelle 7.1: Schwellenwerte Ergovalin und Lolitrem B

	Schwellenwert Symptome				
Gift [ppb]	**Pferd (subklinisch)**	**Pferd (klinisch)**	**Rind (klinisch)**	**Schaf (klinisch)**	**Kamel (klinisch)**
Lolitrem B	> 800 (b)	> 1200 (b)	> 1800 (c)	> 1800 (c)	500 (c)
Ergovalin	> 150* (a)	> 300* (c)	> 300 (c)	> 500 (c)	unbekannt

Tab. 7.1: Schwellenwerte der Gifte Ergovalin und Lolitrem B für verschiedene Weidetiere, verändert nach Vanselow 2011. Die Einheit parts per billion (ppb) entspricht µg/kg beziehungsweise ng/g oder anschaulich: auf eine Tonne Futter ein Milligramm Gift. Quellen: (a) Smith et al. 2009, (b) Fink-Gremmels 2010, (c) Craig et al. 2014.

** Bei trächtigen Stuten sollte nach Craig et al. 2014 der Schwellenwert 60 bis 90 Tage vor dem Geburtstermin 0 ppb betragen. Aus ökologischer Sicht ist das nicht realistisch.*

Bei der Quelle „Fink-Gremmels 2010" in Tabelle 7.1 handelt es sich nicht um wissenschaftlich belastbare Fachliteratur, sondern um Angaben in einem Vortrag und dem ausgeteilten Vortrags-Skript. Entsprechende Angaben in der Fachliteratur habe ich nicht gefunden. Trotzdem dürfen meiner Meinung nach in dieser Tabelle die Angaben von Prof. Fink-Gremmels deshalb nicht fehlen, weil sie ein Hinweis darauf sind, dass Pferde auch auf dieses Gift, Lolitrem B, empfindlicher reagieren als manche anderen Weidetiere. Was als Rinderfutter geeignet ist, kann möglicherweise als Pferdefutter bereits zu Problemen führen.

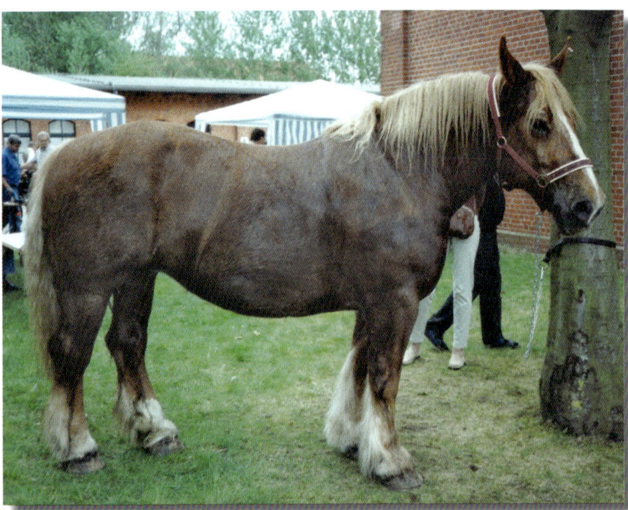

Zu den kleinen und leichten Kaltblutrassen mit nur etwa 800 Kilogramm Körpergewicht zählt das Schleswiger Kaltblut. Dieses Pferd hatte gerade einen Einsatz als sicheres Fahrpferd im Straßenverkehr. Foto: Vanselow

Wer mit einem durchschnittlich 600 Kilo schweren Partner gemeinsam Sport betreibt und sein Leben oder das seiner Lieben diesem Partner anvertraut, wird diesen Hinweis zu schätzen wissen. Unerwartete Koordinationsprobleme beim Pferd können für Menschen gefährlich werden. Die meisten den Versicherungen gemeldeten Schadensfälle entstehen im Pferdesport nicht durch Stürze vom Pferd, sondern im Umgang durch unbeabsichtigtes Stoßen oder Quetschen durch das Tier. Ein Torkeln reicht, um im ungünstigen Fall einen menschlichen Brustkorb einzudrücken. Im Verdachtsfall kann es daher empfehlenswert sein, vorsichtshalber das Futter zu wechseln. Aus diesem Grund kann ich persönlich mich der Aussage von Prof. Fink-Gremmels in ihrem Vortrag und dem dazu gehörigen ausgeteilten Skript (Fink-Gremmels 2010) nicht anschließen, diagnostizierte Lolitremintoxikationen seien „kein großes Problem".

Fink-Gremmels empfahl (Fink-Gremmels 2010), die betroffenen Pferde wegen der Ataxien und Instabilität, aber auch wegen der bekannten Überreaktionen auf akustische und visuelle Reize, für 48 Stunden in eine reizarme, dunkle Box zu stellen und anschließend bis zu sechs Wochen Sportruhe einzuhalten. Für Berufsreiter oder -fahrer, Züchter und Landwirte, die mit Pferden arbeiten, etwa Biolandbau oder Holzrücken, könnte eine so lange Ausfallzeit eines wichtigen tierischen Mitarbeiters die Existenz gefährden. Daher wären meiner Meinung nach in der Pferdehaltung Grenzwerte für die Gräsergifte wünschenswert, die angeben, ab wo die Leistungs- und Arbeitsfähigkeit der tierischen Mitarbeiter (zum Beispiel Webb et al. 2010, siehe auch Kapitel „Training und Kondition", Seite 132) gefährdet sein könnte.

Ponys und Kinder sind ideale Partner. Doch ein Shetlandpony bringt ohne Probleme 200 Kilogramm auf die Waage. Wären Koordination und Wahrnehmung durch Nervengifte gestört, könnte auch ein freundliches kleines Pferd zur Gefahr für ein Kind werden. *Foto: Vanselow*

Bei Rindern und Schafen hängt das Sichtbarwerden von Symptomen der Ergovalinvergiftung auch von der Witterung ab (Craig et al. 2014). Blythe et al. (2007) weisen auf ein kapazitives Verhalten mit Pufferfunktionen im Tierkörper hin, wenn sie schreiben: *„Die Schwellenwerte müssen möglicherweise an die relative Zeit der Verfütterung angepasst werden."* Allgemein als Speicher für fettlösliche Gifte im Tierkörper bekannt ist das Fettgewebe.

Ab 150 ppb Ergovalin ist bei Pferden mit subklinischen Vergiftungsreaktionen zu rechnen (Smith et al. 2009), oberhalb von 300 ppb mit klinischen Erkrankungen (Craig et al. 2014). Ernste Lahmheiten traten bei fortgesetzter Aufnahme von 280 ppb im Tierversuch mit Quarter Horses auf (Douthit et al. 2012). Besonders empfindlich sind Zuchtstuten. Die European Food Safety Authority (EFSA) gibt an, dass Zuchtstuten bereits ab einem Wert von 50 bis 100 ppb Ergovalin im Futter klinische Symptome wie zum Beispiel Unfruchtbarkeit, Aborte, Milchlosigkeit, schwache oder totgeborene Fohlen, verlängerte Tragzeit oder verdickte, ödematöse Plazentas zeigen können (EFSA 2005). Eine rentable Pferdezucht ist auf infiziertem Grasland schwierig bis unmöglich.

Fettlösliche Gifte können im Tier im Fettgewebe gespeichert werden – Vergiftungssymptome können dann entkoppelt von der Giftaufnahme viel später auftreten

Craig et al. (2014) geben den Grenzwert für Ergovalin-Vergiftung beim Rind genau wie beim Pferd oberhalb von 300 ppb an und warnen davor, Grassamenstroh oder Spelzen aus der Grassamenproduktion als (Winter-) Futter zu verwenden, ohne zuvor den Giftgehalt analysiert zu haben.

Ergotalkaloide können zum Verlust der Hornkapseln bei Huftieren allgemein führen. Ein Ausschuhen der Hornkapseln ist das Endstadium der Laminitis (Hufrehe, Klauenrehe). Hier könnte infiziertes Saatgut mit dem Tierschutzgesetz in Konflikt geraten, das besagt (§ 3): *„Es ist verboten [...] 10. einem Tier Futter darzureichen, das dem Tier erhebliche Schmerzen, Leiden oder Schäden bereitet [...].“*

Infiziertes Saatgut kann in Konflikt mit dem Tierschutzgesetz geraten

Der Gesamt-Ergotalkaloidgehalt der Sklerotien von Mutterkorn (*Claviceps purpurea*), also der vergrößerten und zur überwinternden Dauerform des Pilzes umfunktionierten schwarzen Getreidekörner, liegt laut MÜHLE & BREUEL (1977) zwischen 0 und 1,0 Prozent der Trockenmasse (TM), meistens aber unter 0,2 Prozent. Diesen Wert von durchschnittlich 0,2 Prozent verwendet auch das BFR (2004) unter Berufung auf WOLFF ET AL. (1988). Aus diesen statistischen Vorgaben leitet sich die Tabelle 7.2 mit offiziellen Grenzwerten in Deutschland beziehungsweise der EU ab.

Tabelle 7.2: Grenzwerte für Ergotalkaloide ind Lebens- und Futtermitteln

	µg/kg Körper-gewicht/ Tag	mg/kg Futter od. Lebens-mittel	Quelle
Ergotalkaloide: tolerierbar in Lebensmittel, lebenslang	0,6		BMEL: EFSA 2012
Ergotalkaloide: akute Wirkung Lebensmittel	1		BMEL: EFSA 2012
Höchstgehalt Mutterkorn (Sklerotien) in ungemahlenem Getreide-Futtermittel, 88 Prozent TM		1000	§ 23 Abs. 1 *Futtermittelverordnung,* Anhang I Abschnitt II der *Richtlinie 2002/32/EG*
Höchstgehalt Mutterkorn-Sklerotien in unverarbeitetem Getreide Lebensmittel		500	*Verordnung (EG) Nr. 1881/2006 zur Festsetzung der Höchstgehalte für bestimmte Kontaminanten in Lebensmitteln* vom 28.10.2015
Grenzwert Intervention für Mutterkorn		0,05 % (500 mg/kg)	*Verordnung (EG) Nr. 687/2008 über das Verfahren und die Bedingungen für die Übernahme von Getreide durch die Interventionsstellen*

Tab. 7.2: Grenzwerte für den Gehalt von Ergotalkaloiden in Lebens- und Futtermitteln in der EU beziehungsweise in Deutschland. Quellen: BMEL, Bundesministerium für Ernährung und Landwirtschaft; EFSA, European Food Safety Authority.
Die European Food Safety Authority (EFSA 2005) geht davon aus, dass Rinder 1000 bis 2000 ppb tolerieren.

Tatsächlich gemessene Giftgehalte in Futtermitteln

Einige gemessene Giftgehalte in Deutschland lagen erstaunlich hoch.

- Im Juli 2016 fand sich in Gras von einer Pferdeweide 2828,1 ppb – hier war ein Englischer Vollblüter gestorben.
- In „Luzerne-Pellets“ der Ernte September 2016 eines deutschen Bioproduzenten, die, weil „gehaltvoll“ nur sehr kontrolliert gefüttert werden sollten, wurden 12 926,2 ppb gemessen.
- In Reform-Basisfutter der Ernte 2016 zum Raufaserersatz eines anderen deutschen Futtermittelanbieters fanden sich 18 175,5 ppb dieser Gifte.
- In Aufbaufutter zur Kur desselben Anbieters wurden 15 825,2 ppb nachgewiesen.

Die laut beauftragtem Labor beweissicheren Messungen geben die Summe aus den Giften Ergotamin, Ergometrin, Ergosin, Ergocornin, Ergocryptin und Ergocristin an. Diese beweissicher gemessenen Gehalte liegen im wirksamen Bereich weit oberhalb der Grenzwerte aus Tabelle 7.2.

Hohe Wirkstoffgehalte machen auch den Zersetzern (Destruenten) das Leben schwer. Diese beseitigen Dunghaufen ebenso wie tote Tiere und abgestorbene Pflanzenteile – und sind selbst Futter. Mistkäfer (links) etwa sind eine wichtige Nahrungsquelle für Fledermäuse.

Insektenfresser wie Maulwurf, Spitzmaus und Igel fressen fette Würmer und Engerlinge, also Käferlarven, unter Dunghaufen.

Die Larven der Mistbiene, einer Schwebfliege, die bei Insekten fressenden Singvögeln beliebt ist, leben in der Jauche.

Einige selten gewordene Kurzflügler machen in Dunghaufen Jagd auf Insekten.

Ganz links: Pilze fördern die Humusbildung und leben mit vielen Pflanzenwurzeln in Symbiose.

Fotos: Vanselow

Wie verhalten sich die Gifte im Futter oder in Proben für Analysen?

Rasengrassorten sind Gräser, die für Sport-, Zierrasen oder Parkanlagen gezüchtet wurden und nicht zum Verfüttern. Rasengräser sind keine Futtergräser. Sie sind allgemein deutlich resistenter und oft giftiger als Futtergrassorten (Parsons & Bohnert 2003, Reinholz 2000).

Was steckt im Grünmehl?

Grassamenstroh aus der Grassamenproduktion kann besonders hohe Giftgehalte aufweisen. Das gilt insbesondere für die ausgedroschenen Spelzen der Blüten (Parsons & Bohnert 2003). Diese preisgünstigen Abfälle aus der Grassamenproduktion werden als Zusätze für Viehfutter weltweit vermarktet (Duringer 2007a; siehe auch ab Seite 166). Einer der weltweit führenden Grassamenproduzenten für Sportrasen, Futterbau und Biogas hat seinen Hauptsitz in Nordeuropa mit Niederlassungen auch in Übersee. Ich halte es nicht für ausgeschlossen, dass Aufwüchse resistenter Sorten aus der Samenproduktion auch Bestandteil deutscher Futtermittel sind, vielleicht deklariert als „Grünmehl“.

Es ist nicht möglich, dem Futter seinen Giftgehalt anzusehen. Sauerstoff, reaktive Gase und UV-Strahlung können Gifte reduzieren. Hitze und Druck scheinen wenig Wirkung zu haben. *Foto: Vanselow*

Eine Schwingelvergiftung durch Ergovalin in Deutschem Weidelgras ist jederzeit möglich

Stress für Gräser kann ausgelöst sein durch die Witterung, etwa Dürre, Temperaturschwankungen oder Hitze, durch parasitäre Pilze wie Fusarien, Rost- oder Brandpilze, durch Fraß von Weidetieren, Feldmäusen, Insekten oder Nematoden, durch zersetzende Bakterien, Nährstoffmangel oder anderes. Hohe Giftgehalte können folglich zu jeder Jahreszeit auftreten und eine Schwingelvergiftung durch Ergovalin in Deutschem Weidelgras ist jederzeit möglich – darauf weisen Parsons & Bohnert (2003) ausdrücklich hin.

Hoher Druck und hohe Temperaturen bei der Herstellung von Pellets für Grünmehl und Cobs zerstören das Gift Ergovalin nicht (Parsons & Bohnert 2003). Daher ist eine Verringerung dieses Gifts durch Heubedampfer nicht zu erwarten. Bentonite und andere in der Masttierhaltung eingesetzte Tonerden haben hervorragende Eigenschaften als Toxinbinder, insbesondere bezüglich der Ergotalkaloide.
Ein anderer Weg, den Giftgehalt zu reduzieren, ist das Bedampfen von Heu mit Ammoniakgas, die sogenannte Ammonifizierung. Das Diagramm in Tabelle 7.3 zeigt, dass Licht, Sauerstoff und somit auch die Verdichtung des Erntematerials einen Einfluss auf die Giftgehalte bei der Lagerung haben.

Tabelle 7.3: Einfluss von Konservierungsmethoden

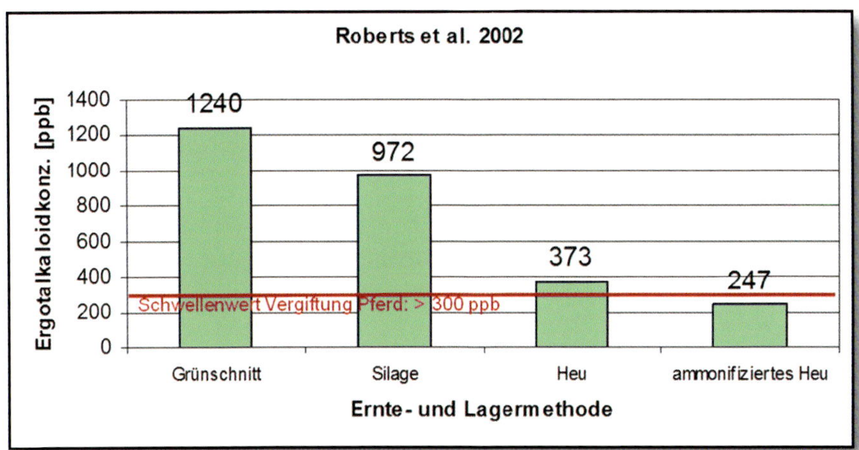

Tabelle 7.3 (Diagramm): Einfluss der Konservierungsmethoden auf Futter aus Gras. Quelle: Roberts et al. 2002.

Der teilweise rasche Abbau der Gifte durch Trocknung und Oxidation kann Messwerte verfälschen. So weisen Smith et al. (2009) darauf hin, dass Frischgras für die Analyse gefriergetrocknet werden muss, will man den durch die langsame Trocknung entstehenden künstlichen Fehler nicht bestimmen und herausrechnen. Smith et al. (2009) geben für die langsame Trocknung einen Verlust des Giftgehalts auf 30 Prozent an, was auch den Angaben von Roberts et al. (2002) im Diagramm 7.3 entspricht.
Über das Verhalten von Lolitrem B in Heu und anderem Futter habe ich nur eine einzige Quelle gefunden, den auf Seite 182 bereits erwähnten Vortrag von Prof. Fink-Gremmels (2010), also wissenschaftlich nicht belastbare Fachliteratur. In ihrem Vortrag und auch im dazu ausgeteilten Vortrags-Skript gab Fink-Gremmels (2010) an, dass Lolitremgehalte während der Lagerung von Heu vermindert werden könnten. Innerhalb von drei Monaten würde ein Gehalt von 5600 ppb auf 900 ppb, in Abhängigkeit von den Lagerungsbedingungen, sinken. Allgemein reagieren viele Wirkstoffe empfindlich auf UV-Strahlung (Sonne) und Sauerstoff (Oxidation, luftige Lagerung von unverdichtetem Material).

Wird giftiges Gras getrocknet und dann analysiert, ist mit einem Verlust von zwei Dritteln des Giftgehalts zu rechnen.

Kapitel 8

Umgang mit giftigem Grasland

Wer mit toxischen Grasbeständen zu tun hat, dem bieten sich mehrere Möglichkeiten, die betroffenen Gräser zurückzudrängen. Ganz wichtig: Samen aus mit giftigen Endyphyten befallenen Wiesen dürfen nicht in gute Futterflächen gelangen.

Infizierte Gräser beseitigen

In den USA werden unterschiedlich aufwändige und erfolgreiche Methoden im Umgang mit giftigen Grasländern praktiziert (Andrae et al. 2005, Roberts 2000, Jennings et al. 2006). Sie lassen sich grob in drei Gruppen zusammenfassen. Daneben gibt es Möglichkeiten, bei uns heimische Wiesenpflanzen gezielt zu nutzen, um mit toxischen Endophyten infizierte Gräser zurückzudrängen.

Methoden aus Übersee

Schnellste, aber unsicherste Methode: Ab Frühjahr ist jede Samenbildung zu unterbinden. Im späten Sommer wird der Bestand mit Herbiziden zweimal hintereinander im Abstand von einer Woche totgespritzt. Danach erfolgt eine Neuansaat mit endophytenfreiem Saatgut, das heißt Saatgut von unter fünf Prozent Infektionsgrad. Vorsicht: Bis zu 50 Prozent des alten, infizierten Grases kann bei dieser Methode aus alten Samen im Boden und aus Wurzelresten erneut durchwachsen!

Gemischte Methode, auch bekannt als „spring killing, summer rotation and fall seeding“ oder „spray – smother – spray recipe“): Der Grasbestand wird vor der Samenbildung totgespritzt und die Fläche umgepflügt, dann wird eine Sommerfrucht gepflanzt. Im Herbst wird erneut durchwachsendes, infiziertes Gras tot gespritzt. Danach wird endophytenfreies Saatgut ausgesät. Die Chancen, giftige Gräser abzutöten, sind bei dieser Methode besser.

Gründlichste, aber langwierigste Methode: Im späten Sommer oder zeitigen Frühjahr wird der Grasbestand mit Herbizid totgespritzt. Über Winter wird eine einjährige Ackerfrucht gepflanzt, zum Beispiel Wintergetreide oder andere dicht wachsende Bestände. Eine Düngung erfolgt im Frühjahr. Im Spätsommer oder Herbst werden, falls nötig, durchwachsende infizierte Gräser erneut mit Herbiziden totgespritzt. Danach erst erfolgt die Ansaat endophytenfreier Gräser.

Nicht nachhaltig und ökologisch äußerst bedenklich: Regelmäßiges Totspritzen und Ackergraswirtschaft wie in den USA üblich

Links: Gesunde, fruchtbare Pferde sind der Spiegel einer gesunden Futtergrundlage. *Foto: Fersing*

Gier nach Produktivität führt zum Totalverlust der nachhaltigen Weidelandschaft

Sicherer geht, wer nicht nur ein, sondern zwei Jahre lang Ackerbau mit erstickend dichten Beständen durchführt, bevor er neu Gras ansät.
In Übersee wird oft empfohlen, vorsorglich alle fünf bis zehn Jahre das Grasland völlig neu mit nicht infizierten Saaten anzulegen beziehungsweise jährlich bis zu einem Viertel der Fläche (BATES 2015) – eine Praxis, die weder nachhaltig noch ordnungsgemäß ist, siehe Seite 221.
Aufwüchse, die hohe Giftgehalte zeigen, können meistens problemlos an Rinder und Schafe verfüttert werden. Ein neuer Aufwuchs auf der gleichen Fläche kann bei anderer Witterung und ohne Stress wieder niedrigere Giftgehalte haben (BALL ET AL. 1995, KALLENBACH ET AL. 2003, REPUSSARD ET AL. 2014) und dann zum Beispiel als Heu für Pferde geeignet sein (ROBERTS ET AL. 2002). Die meisten Sportpferdebesitzer in Deutschland fordern eine Neuansaat der Flächen, wenn die Pferde nicht mehr länger als zwei oder drei Stunden pro Tag auf die Weide können, ohne Symptome wie Fühligkeit, dicke Beine, Koliken oder Ödeme im Kopf-Hals-Bereich zu zeigen.
Pferdehalter in Deutschland haben allergrößte Probleme, überhaupt von Saatgutanbietern eine Auskunft über den Infektionsgrad oder die Beschaffenheit von Endophyten der angebotenen Gräser zu bekommen. Die Saatgutproduzenten hüten sich, eine derartige Aussage zu treffen, denn ihnen droht möglicherweise eine Produktgewährleistung und sie könnten haftbar gemacht werden. Mir persönlich ist nur ein einziger Fall bekannt, in dem ein Saatgutproduzent einem Kunden schriftlich bestätigt hat, dass das vom Kunden verwendete Saatgut im eigenen Labor auf Endophyten kontrolliert wurde und kein Besatz festgestellt worden sei.

Die Fuchsschwanz-Heuwiese

Alternative zu Gift, Umbruch und Neuansaat: die Fuchsschwanz-Wiese

Es gibt einen Weg, giftige Grasländer ohne Umbruch und Herbizideinsatz in eine gesunde Heuwiese zu überführen, wenn der Boden fruchtbar und frisch, also ausreichend feucht ist. Doch ohne Umbruch und Herbizid braucht die Veränderung ihre Zeit. Die tragende Rolle hierbei übernimmt der Wiesen-Fuchsschwanz.

Heuwiese aus Wiesen-Fuchsschwanz. Gut mit Mist versorgt und spät gemäht, konnte der Fuchsschwanz sich durchsetzen. Foto: Vanselow

Wiesen-Fuchsschwanz liebt feuchte, nährstoffreiche Böden und ergibt bei maximal zweischüriger Mähnutzung ein hervorragendes Pferdeheu. Zudem wächst er bei reichlicher Mistdüngung über 120 Zentimeter hoch und sehr dicht. Ein sehr produktives Gras, das eine hohe Ernte abwirft. Gerne darf er mehrmals im Jahr mit Mist versorgt werden, um die Wüchsigkeit zu erhalten.
Wiesen-Fuchsschwanz wächst so dicht und hoch, dass er andere Gräser und Kräuter im Laufe der Jahre komplett erdrücken kann. Gut mit Mist versorgte Flächen, die nicht zu früh gemäht werden, entwickeln sich in der Folge oft ganz von alleine zu Fuchsschwanz-Monokulturen.

Der Lebensraum der Fuchsschwanz-Wiese ist ein fruchtbares Feuchtgrünland. Foto: Vanselow

Da dieses Gras deutlich früher im Jahr als die meisten anderen blüht, hat es zum Schnittzeitpunkt oft bereits kräftig Samen verloren. Später Schnitt fördert daher seine Dominanz im Bestand.
Man kann Wiesen-Fuchsschwanz problemlos in bestehende Grasländer einsäen. Die jungen Pflanzen entwickeln sich erst im zweiten oder dritten Jahr kräftiger. Der Fuchsschwanz ist also sozusagen ein Spätzünder. Wenn ihm die Fläche zusagt, legt er dann aber auch los. Was Fuchsschwanz nicht mag, ist neben Trockenheit und Nährstoffmangel die Beweidung. Wiesen-Fuchsschwanz ist also nicht weidefest. Das bedeutet, dass ständiges Verbeißen und Betreten ihn schwächt und verdrängt. Damit ist auch gesagt, wie aus Fuchsschwanz-Monokulturen in kurzer Zeit auch ohne natürliche Gegenspieler der Gräser wie Klappertopf artenreichere Bestände geformt werden können.
Wenn eine Fläche aus Wiesen-Fuchsschwanz aus einem vormals giftigen Weidelgrasbestand entstanden ist, können jedoch noch Reste giftiger Gräser vorhanden sein. Rohrschwingel ist zudem als Obergras ein gleichwertiger Konkurrent des Fuchsschwanzes und lässt sich von ihm nicht verdrängen.

Rohrschwingel lässt sich von Fuchsschwanz nicht verdrängen

Unter Beweidung können sich infizierte Weidelgräser innerhalb kürzester Zeit wieder ausbreiten. Mal eben schnell mit Fuchsschwanz als Heugras giftige Weidelgrasflächen ersetzen und danach sofort wieder beweiden, das funktioniert nicht. Wer diesen Weg zum ungiftigen, artenreichen Grasland beschreiten möchte, der sollte, wenn es klappen soll, nicht in Jahren rechnen, sondern in Jahrzehnten oder Generationen.

Rohhumusbildner

Eine Ursache für die Konkurrenzvorteile von Deutschem Weidelgras ist die extrem tiefe Beweidung, sehr gerne kombiniert mit intensiver Düngung oder von Natur aus fruchtbaren, bevorzugt feuchten, aber nicht nassen Böden. Die tiefe Beweidung wird in unkultivierten Grasländern oft verhindert durch Gräser und Kräuter, die zu den Rohhumusbildnern gezählt werden. Das sind Pflanzen, die im bodennahen Bereich viel altes Material bilden, das dann früh zu kompostieren beginnt. Sie nähren damit die Humusschicht.

Rohhumusbildner in Bodennähe verhindern Überweidung und Selektion auf die Härtesten und Giftigsten

Der Rohhumus schmeckt den Tieren allerdings nicht, auch nicht im Heu. Weidetiere fressen den Pflanzenbestand ungern tiefer als etwa zehn Zentimeter herunter – und dezimieren so die Konkurrenz der Weidelgräser im Unterwuchs nicht. Wo viel Honiggras, Gewöhnliches Rispengras oder auch Riesen-Straußgras wächst, da fühlt das Deutsche Weidelgras sich nicht immer wohl.
Intensiver Fraß und Tritt, vor allem im Winter, drängt jedoch den Rohhumus zurück. Der Rohhumus wird dadurch verdichtet, dem feuchten Boden angedrückt und mit Oberboden vermengt. Das fördert die Humusbildung und neben Kräutern auch das Weidelgras.

Giftige Gräser nicht verschleppen

Infizierte Grasländer erfordern umfangreiche Maßnahmen der Weidehygiene, sollen nicht weitere Flächen von den potenziell giftigen Gräsern befallen werden.

- Auf keinen Fall darf Heu oder Silage möglicherweise infizierter Gräser auf den eigenen Weideflächen verfüttert werden. Endophyten werden über Grassamen weitergegeben, und das heißt konkret: Die Samen aus Heu und Silage sind keimfähig und können giftige Endophyten einschleppen.
- Tiere, die auf infizierten Flächen geweidet haben, dürfen nicht sofort auf endophytenfreies Grasland gelassen werden. Ihr Dung enthält gefressene Samen, die durchaus noch keimfähig sind. Es dauert mindestens zwei bis drei Tage, bis das samenhaltige Futter den Verdauungstrakt passiert hat. So lange sollten die Tiere auf einer kontrollierten Fläche stehen, die gut abgeäppelt wird, bevor sie in das nicht infizierte Gras entlassen werden.
- In den Hufen sammelt sich nicht nur Erdreich. Auch Samen werden von den Tieren mit ihren Hufen und Klauen übertragen. Das gilt auch für Schuhsohlen (Profilsohlen) oder Treckerreifen. Daher sollen infizierte Flächen keine direkte Verbindung (Treibwege, Weidetore) zu nicht infizierten Flächen haben.
- Wo infizierte Flächen vorhanden sind und genutzt werden müssen, sollten Gräserblüte und Samenbildung unbedingt verhindert werden. Solche Flächen dürfen auf keinen Fall überweidet werden, insbesondere nicht bei Sommerdürre. In Stresssituationen ist genau zu beobachten, ob einzelne Tiere, die aufgrund ihrer genetischen Disposition oder vorhandener Stoffwechselanomalien empfindlicher als andere Pferde auf Gifte reagieren, verdächtige Symptome zeigen. Falls Symptome auftreten (siehe Tabelle 6.2, Seite 109) oder falls die Witterung gefährliche Stressreaktionen der Gräser erwarten lässt, sollten alle Tiere vorsichtshalber von dieser Fläche genommen und auf eine nicht infizierte Fläche oder einen Paddock mit Heufütterung gebracht werden.

Wird bei Dürre überweidet, ist dies schärfste Selektion auf die giftigsten Pflanzen

Dürresommer 2018, 4. August: Die Weide ist komplett verdorrt. Mitten im Sommer muss Winterfutter auf den Weideflächen gefüttert werden, die Heuvorräte werden landesweit knapp.

Dieselbe Fläche nach Regen und Beweidungspause am 3. Oktober 2018: Das Grasland hat sich ohne Nachsaat aus Wurzeln und ruhenden Samen regeneriert. *Fotos (2): Vanselow*

Trotz aller Vorsichtsmaßnahmen können besonders giftige Endophyten der Gattung *Neotyphodium* unbemerkt übertragen werden, wenn in der noch nicht infizierten Empfängerfläche die entsprechenden Wirtsgräser, also Weidelgräser (*Lolium*) und Schwingel (*Festuca*) vorkommen.

Wühlmäuse können als Überträger dienen, weil sie die Samen und Wurzeln der Gräser in unterirdischen Gängen als Vorrat lagern und somit die Gräser aus Fläche A in einer direkt benachbarten Fläche B ansiedeln. Auch andere mobile Kleintiere fressen Gräser und deren Samen. Eine Verschleppung wäre zudem möglich, falls zum Beispiel Pflanzensaft saugende Insekten wie Getreideblattläuse während des Saugvorgangs die Pilze von Pflanze zu Pflanze übertragen könnten (Dobrindt et al. 2009).

Mit Vielfalt gegen giftige Gräser

In Deutschland stehen sehr viele heimische Grasarten für alle Standorte zur Verfügung, sowohl zur Beweidung als auch für die Mahd. Viele der bei uns heimischen Gräser wurden nicht oder kaum züchterisch auf Resistenzen selektiert. Sie lassen also auch bei der gegebenen natürlichen Infektion mit allerlei Mikroorganismen, auch pilzlichen Endophyten, keine einseitige Spezialisierung auf besonders giftige Partner erwarten. Einzelne giftige Individuen gehen im riesigen genetischen Pool der Wiese auf und verdünnen sich – solange kein Dauerstress giftige Exemplare genetisch begünstigt. Die Lösung der Giftproblematik wäre einfach: Wo keine Wirtsgräser vorkommen, können auch ihre giftigen Endophyten nicht leben. Saatgutrezepturen für Pferdehaltungen gänzlich ohne die für Rinder optimierten Weidelgräser und Schwingel stellen aber leider bisher die große Ausnahme dar.

In Übersee werden unsere heimischen Gräser als aus Europa importierte Wirtschaftgräser in Form von resistenten Zuchtlinien eingesetzt. Hier bei uns kommen sie dagegen wild vor. Auch die für die Selbstregulation des Graslandes notwendigen Gegenspieler dieser Wildgräser und ihrer wilden Endophyten sind Teil unserer heimischen Ökosysteme. Gegenspieler sind im Ökosystem wie die Immunabwehr eines Körpers zu verstehen. Zu den Gegenspielern gehören konkurrierende heimische Gräser und Kräuter.

Eine besondere Rolle als Gegenspieler nehmen dabei vor allem die pflanzlichen Halbparasiten ein. Zu ihnen gehören die selten gewordenen Klappertöpfe, Augentrost, Zahntrost und die Wachtelweizen. In der Vergangenheit wurden sie von der Landwirtschaft scharf bekämpft, verringern sie doch die Produktivität der Gräser. Viel Quantität muss aber nicht höchste Qualität bedeuten, wie uns giftige Endophyten lehren. Alles hat seinen Preis. Nachweislich können Klappertöpfe gezielt den Infektionsgrad der Gräser reduzieren und die Vormachtstellung der Gräser im Bestand brechen (LEHTONEN ET AL. 2005).

Welche der aufgezeigten Strategien erfolgreich sind, müssen wir herausfinden. Dies ist Neuland.

Artenreiche Wiese im Naturschutzgebiet Schäferhaus. Wo Glockenblumen (kleines Foto oben) und Augentrost im Grasland stehen, ist ein Massenvorkommen besonders resistenter Gräser unwahrscheinlich. Fotos (2): Vanselow

Kapitel 9

Verkrautung von Weiden

Sogenannte Weideprobleme treten immer dann auf, wenn das dynamische Gleichgewicht zwischen Vergrasung und Verkrautung sehr einseitig verschoben wird. Massenaufwüchse sind die sichtbare Lösung des Problems durch die Natur.

Von Vergrasung spricht man, wenn auf einer Fläche Gräser auf Kosten der Kräuter so sehr dominieren, dass kaum mehr krautige Blütenpflanzen vorhanden sind. Andererseits spricht man von Verkrautung, wenn sich Kräuter massiv auf Kosten der Gräser durchsetzen. Allgemein wird Vergrasung durch Nährstoffreichtum, insbesondere Stickstoff, und späte Nutzung gefördert (siehe Seite 190), während Kräuter oft als Folge von Übernutzung oder Mangelsituationen einseitige Aufwüchse bilden. Im Folgenden möchte ich an drei häufig zu beobachtenden Beispielen, nämlich Weißklee, Hahnenfuß und Stumpfblättrigem Ampfer, die Zusammenhänge anschaulich erklären. Der Sumpfschachtelhalm, auch Duwock genannt, ist ebenfalls ein sehr schönes Beispiel, das in seiner Darstellung jedoch so umfangreich ist, dass ich ihm in der Vergangenheit ein eigenes Buch gewidmet habe (Weber & Vanselow 2011).

Ein deutscher Kamelzüchter berichtete mir vor Jahren, dass die ersten Altwelt-Kamele, die er importierte, kein Gras fressen wollten, sondern all die sogenannten Unkräuter: Ampfer, Disteln, Brennnesseln und derlei. Daraufhin habe er gezielt diese Pflanzen auf seine Weideflächen geholt, damit seine Tiere geeignetes Futter vorfänden. Diese Information ist sehr interessant, und zwar in Zusammenhang mit der Mega-Herbivoren-Theorie: Als in Europa die großen Pflanzenfresser zeitgleich mit dem Auftauchen des Menschen ausstarben, gingen da genau die wilden Futterverwerter verloren, die alles das fraßen, was heute von den Haustieren übrig gelassen wird?

Gab es, bevor der Mensch in Europa auftauchte, noch große Pflanzenfresser, die sich vor allem von Disteln, Ampfer und anderen Kräutern ernährten?

Zahme Haustiere besetzen heute die frei gewordenen Nischen. Der Mensch hat sich das wilde Ökosystem komplett nutzbar gemacht, indem er die für ihn zu wilden Mitspieler gegen kultivierte Zuchtformen ersetzt hat. War vielleicht der ausgestorbene Riesenhirsch, der kein Wald-, sondern ein Savannenbewohner war, auf diese Pflanzen spezialisiert? Gab es für dieses gefährliche Jagdwild keinen zahmen Ersatz und die Nische blieb unbesetzt? In heutigen Weidesystemen fehlt jedenfalls ein solcher großer Pflanzenfresser.

Links: Die Schönheit der Weidebegleitflora und ihrer Bewohner. Artenvielfalt anstelle von Massenaufwüchsen ist auf Pferdeweiden möglich. Fotos: Vanselow

Massenhaft Weißklee

Zwischen den Gräsern und den Kräutern herrscht ein Konkurrenzkampf. Je nach Nutzung und Pflege einer Fläche fällt das Gleichgewicht mehr zu der einen oder anderen Seite.

Massenaufwuchs von Weißklee auf einer Pferdeweide. Der Graswuchs auf einer Urinierstelle gibt bereits einen Hinweis darauf, wie dieser Klee zu verdrängen ist. Das Fallbeispiel erklärt, wie es geht. Foto: Vanselow

Klee – wertvolle Ergänzung oder gefährlicher Konkurrent?

Schmetterlingsblütler düngen die Gräser und ermöglichen ihnen eine bessere Wüchsigkeit

Schmetterlingsblütler wie der Weißklee sind im Wirtschaftsgrasland erwünscht, denn sie sind Stickstoff-Sammler. Nicht nur im Ökolandbau werden Schmetterlingsblütler daher als düngende Zwischenfrucht im Ackerbau eingesetzt. Im Grasland sind sie eine Ergänzung der Gräser. Sie düngen die Gräser und ermöglichen ihnen eine bessere Wüchsigkeit. Als Lückenfüller halten sie Giftpflanzen wie das Jakobs-Kreuzkraut fern (siehe Kapitel „Die Bedeutung von Klee für Artenvielfalt und Futterqualität“, Seite 95). In den USA ersetzen Schmetterlingsblütler in den obergrasreichen künstlich angelegten Grasländern die unter trockenem Klima fehlenden Untergräser (siehe Kapitel „Amerikanische Graslandwirtschaft – wirklich nachahmenswert?“, Seite 168). Zudem sind Schmetterlingsblütler als Futter vergleichsweise eiweißreich und mineralreich, man denke nur etwa an Soja und Luzerne.

Schmetterlingsblütler können aber auch unerwünschte Effekte haben. Sie blühen intensiv und verbreiten einen angenehmen Duft, der Schmetterlinge und Bienen in hoher Anzahl anlockt. Massenaufwüchse von Klee sind eine attraktive Insektenweide. Fressen Weidetiere mitten zwischen Bienen und Hummeln, dann sind Stiche im Maulbereich vorprogrammiert. Auch wenn Pferde sich wälzen, wehrt sich manche Biene durch einen verzweifelten Stich gegen das Zerdrücktwerden. Schließlich können massenhafte Aufwüchse von Klee (*Trifolium*) zur sogenannten Trifoliose, also Kleevergiftung, führen.

Vorteile dank Helfer

Wenn Schmetterlingsblütler mit ihren Symbionten, den Wurzelknöllchenbakterien, infiziert sind, dann versorgen diese ihre Wirtspflanze mit gebundenem Luftstickstoff. Wenn also genug Nährstoffe im Boden vorhanden sind und nur der Stickstoff fehlt, dann befinden sich Schmetterlingsblütler im konkurrenzlosen Schlaraffenland: Konkurrenten ohne spezielle Strategien zur Beschaffung von Stickstoff kümmern und bleiben konkurrenzschwach.

Andererseits können Schmetterlingsblütler Böden deutlich aufdüngen. Das wussten unsere Vorfahren und haben auf ärmsten Sandböden Besenginster angebaut – nicht nur zur Besenproduktion, sondern als Tierfutter.

Allerdings handelte es sich bei den Nutztieren der armen Heidebauern vor allem um Ziegen und Schafe, und wenn ein Bauer sich auch die nicht leisten konnte, um Kaninchen. Diese Tiere können deutlich besser entgiften als Rinder oder gar Pferde. Sämtliche Schmetterlingsblütler (Leguminosen, Hülsenfrüchtler) enthalten Fraßabwehrstoffe, die mehr oder weniger wirksam sind, zumeist aber durch langes Kochen zerstört werden können.

Besenginster. *Foto: Vanselow*

Während der Besenginster hier traditionell angebaut wurde, stellt die aus Nordamerika stammende Robinie als Neophyt in Deutschland und Europa zunehmend ein Problem dar: Zwar ist sie als Holzlieferant, Bienenweide und Ziergehölz beliebt. Sie ist aber nicht nur durch ihre Gifte gefährlich, insbesondere für das Weidevieh. Sie dringt auch in Naturschutzgebiete auf ärmsten Böden vor, düngt diese Böden mit Stickstoff auf und beschattet die seltenen Kräuter am Boden. Dieser Ausflug in die Welt der Schmetterlingsblütler hilft, die Strategien der Kleearten im Grasland zu verstehen.

Ein typisches Fallbeispiel: Ein Pferdehalter übernimmt eine Fläche Grasland aus konventioneller, also intensiver Rinderhaltung. Der Boden wurde über eine Weile ordnungsgemäß anhand von Bodenanalysen gedüngt. Die Düngeempfehlungen orientieren sich am Bedarf unserer wichtigsten Wirtschaftsgräser, also insbesondere des *Lolium perenne* (Deutsches Weidelgras). Hauptnährstoffe der Dünger sind Stickstoff, Phosphor und Kalium (N, P, K).

Aus Angst vor Wohlstandserkrankungen ihrer Pferde reduzieren Pferdehalter die Düngung jedoch oft. Dem Boden geht dann zuerst der Stickstoff durch Auswaschung oder frei gesetzt als Luftstickstoff in die Atmosphäre verloren. Kalium bleibt länger erhalten, je nach Bodenart. Im Oberboden vorhanden bleibt der Phosphor. Damit wird klar: Je intensiver der Boden vorher aufgedüngt war und je krasser der Verlust des Stickstoffs im Boden, desto günstiger ist die Lage für den Klee im Konkurrenzkampf mit den Gräsern. Gelegentliche Kaliumgaben erhalten bei Stickstoffmangel die Dominanz der Leguminosen über die Gräser.

Hasenklee.

Hornklee.

Weißklee.

Rotklee (Wiesenklee).

Fotos: Vanselow

Klee ist nicht gleich Klee

Auf Pferdeweiden und in Heuwiesen können allerhand verschiedene Kleearten wachsen. Jede Art hat ihre ganz eigene Strategie zu überleben. Diese Strategie gilt es zu begreifen, will man den Klee fördern oder verdrängen – etwas, das übrigens für den Umgang mit jedem Bewohner des Systems Grasland gilt.

Es gibt hochwüchsige Kleearten, die mit den Obergräsern um Licht konkurrieren und ihre Blüten den bestäubenden Insekten entgegen strecken. Zu ihnen gehört der Wiesenklee (Rotklee). Will man ihn zurückdrängen, muss man ihn am Blühen hindern und die Gräserkonkurrenz durch genug Mistdüngung stärken.

Es gibt ein- oder maximal zweijährige Kleearten wie Hasenklee und Hopfenklee, die vom freien Boden lückiger Bestände profitieren, um in möglichst kurzer Zeit Samen zu produzieren. Diese sorgen dafür, dass auch in Zukunft die Art am Standort vorhanden ist. Der Same überdauert ungünstige Witterung wie Frost oder Dürre unbeschadet. In geschlossenen Pflanzendecken kommen ein- bis zweijährige Gewächse nicht mehr zur Keimung.

Manche Kleearten werden von Pferden in der Regel nicht gefressen, zum Beispiel der Mittlere Klee. Dadurch kann es stellenweise zu Massenaufwüchsen kommen.

Bei allen Gewächsen, die sich durch Inhaltsstoffe dem Fraß entziehen, sucht man idealerweise nach geeigneten Fraßfeinden durch Mischbeweidung oder spezialisierte Insekten, oder man übernimmt selber die Rolle des Fraßfeindes und mäht die Gewächse ab.

Da der Mittlere Klee lückige Bestände nährstoffarmer Böden anzeigt, verhindert man seine Ansiedlung durch die Vermeidung von Trittsiegeln und von durch schwere Maschinen aufgerissene Böden.

Der Weißklee ist eine ausdauernde Pflanze. Er lebt also viele Jahre lang. Sein lateinischer Name *Trifolium repens* weist uns auf seine Strategie hin: Er kriecht dicht über dem Boden entlang. Je intensiver Fraß oder Schnitt, desto dichter schmiegt sich sein Stängel mit seinen Blättern an den Boden an. War heute der Rasenmäher aktiv, so stehen morgen bereits wieder neue Blütenköpfe für Insekten bereit. Notfalls gestaltet er sich zum Briefmarkenwuchs: unerreichbar für Zähne und Schneidwerke. Dabei kann er erdrückend dichte Teppiche bilden, die den Boden perfekt beschatten und Keimlingen das Leben schwer machen. Doch er lässt sich durch das richtige Management zurückdrängen.

Mittlerer Klee. Foto: Vanselow

Wo kommt der Klee her?

Keimfähige Kleesamen sind meistens im Boden enthalten. Sie können über Jahre oder sogar Jahrzehnte im Boden ruhen und auf ihre Chance warten.

Die meisten Kleearten werden zudem durch Tiere verbreitet: Feldmäuse legen Vorräte an, Fell schleppt Samen mit, Vögel fressen Samen und setzen woanders Kot ab, Hufe tragen Erde und Samen weiter. Profilsohlen und Reifen darf man als eine moderne Form der Verbreitung durch Tiere (Zoochorie) auffassen. Krähen fressen angeblich gerne Kleesamen und sollen für seine Verbreitung sorgen.

In Saatgutmischungen für Viehweiden wurden vor hundert Jahren je nach Autor Anteile von maximal 20 bis hin zu 40 Prozent empfohlen. Diese Mischungen waren jedoch oft für ärmste Sandböden gedacht, auf denen auch keine Pferde, sondern Schafe weiden sollten. Der hohe Leguminosenanteil sollte die Düngung der Böden sicherstellen.

Allgemein werden heute Anteile bis 30 Prozent im Weideland toleriert. Bei mehr als 30 Prozent muss bei allen Weidetieren mit Kleevergiftung (Trifoliose) gerechnet werden.

Beliebt und erst in größerer Menge tatsächlich schädlich für die Weidetiere: Klee auf der Weide, hier Rotklee (Wiesenklee, Trifolium pratense). Foto: Fersing

Was tun, wenn … ein Beispiel

Die Weide eines Pensionsstalls war vor Jahren auf einem ehemaligen Acker angelegt worden. Zuerst wuchs das Gras gut. Die Pferdehalter hatten jedoch Angst vor Wohlstandserkrankungen und wollten keinen Dünger ausbringen. Pferdeäpfel wurden meistens abgesammelt, Mist wurde nicht ausgebracht. Im Sommer wurde überweidet. Auch im Winter durften die Pferde auf der Fläche laufen und fraßen nicht nur das Gras extrem kurz, sondern hinterließen auch jede Menge Trittsiegel.
Der Graswuchs ließ nach. Stattdessen nahm der nicht angesäte Weißklee zu. Als in vielen Bereichen der Weide bis zu 90 Prozent des Pflanzenbestands durch den Klee gebildet wurde, wollten die Pferdehalter den Klee loswerden. Zwar waren der Honigduft und die Vielfalt an Insekten beeindruckend. Viele Pferde hatten aber massive Probleme mit Bienenstichen im Maul. Zudem gab die Weide nur noch wenig Aufwuchs her. Doch wie vorgehen?

Maßnahmen gegen den Weißklee

Die Fläche wurde im Februar des Folgejahres aus der Nutzung genommen. Im regenreichen, milden schleswig-holsteinischen Spätwinter wurde eine erste Mistdüngung mit reifem Stallmist ausgefahren. Es bildete sich eine sehr dichte, etwa eine Handbreit hohe Grasschicht. Für die Keimung von Kräutern war hier kein Platz mehr. Im Frühjahr blieb diese Fläche für die Pferde gesperrt, bis das Gras in Blüte ging. Das Gras sollte zum Absamen gelangen, um die Samenbank im Boden mit eigenem Gras-Saatgut aufzufüllen.
Die auf anderen Weideflächen angegrasten Pferde durften ab Ende Mai stundenweise in das blühende Gras, ab

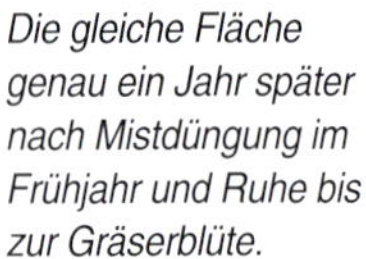

Etwa 90 Prozent Weißklee-Anteil auf einer Pferdeweide Ende Juni. So sollte eine Futtergrundlage für Pferde nicht aussehen, auch wenn diese Fläche eine wunderbare Insektenweide ist.

Die gleiche Fläche genau ein Jahr später nach Mistdüngung im Frühjahr und Ruhe bis zur Gräserblüte.

Die Untergräser mit dem blühenden Weißklee in der Vergrößerung. Der Klee ist im Unterwuchs noch da und wartet auf seine Chance.

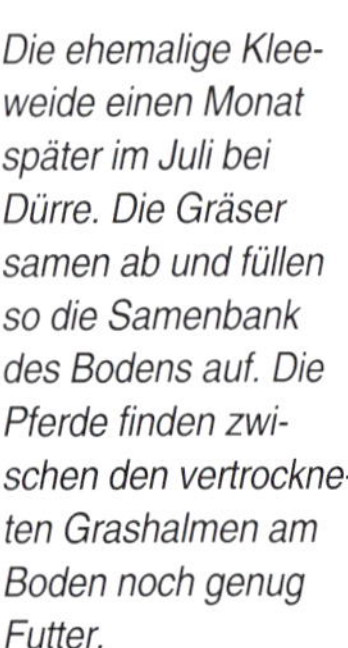

Die ehemalige Kleeweide einen Monat später im Juli bei Dürre. Die Gräser samen ab und füllen so die Samenbank des Bodens auf. Die Pferde finden zwischen den vertrockneten Grashalmen am Boden noch genug Futter.

Fotos: Vanselow

der Samenbildung ungefähr Mitte Juni 24 Stunden am Tag.

Vom Klee war nur noch im Unterwuchs etwas zu sehen.

Neben Deutschem Weidelgras war vor allem Wiesenrispengras übrig geblieben sowie trotz der jahrelangen Überweidung auch Knäuelgras und Wiesenlieschgras. Als Wildgräser von alleine angesiedelt hatten sich Honiggras und Quecke.

Bis zur Zeit der Heuernte im Juni war die Witterung feucht genug für das Graswachstum gewesen. Doch dann folgte ein extrem trockener Sommer. Alle Höfe rundherum hatten kein Gras mehr auf den Weiden und mussten zufüttern. Nur dieser Hof mit seiner ehemaligen Kleeweide hatte reichlich Gras. Zwischen dem samenden langstängeligen Gras fanden die Pferde bodennah jede Menge zartes frisches Grün. Trotz der Dürre konnte das Gras dieser Fläche noch gut nachwachsen, da der hohe Pflanzenbestand den Boden vor Austrocknung und Sonneneinstrahlung schützte und den nächtlichen Tau im Wurzelraum festhalten konnte.

Rechtzeitig vor Beginn des maritimen, wegen der Lage zwischen den Meeren an Süd-England erinnernden grünen Winters wurde die Weide erneut gesperrt und nochmals mit reifem Mist gedüngt. Das Gras konnte erneut dicht hochwachsen und eine gute Handbreit hoch in den Winter gehen.

Der Weißklee wurde auf diese Weise ohne Chemie und fremdes Saatgut innerhalb von zehn Monaten weitgehend verdrängt und stellt seitdem kein Problem mehr dar.

Die ehemalige Kleeweide wird nun bei Bedarf mit reifem Mist gedüngt, wird im Sommer nicht mehr überweidet, darf regelmäßig Saatgut für die Samenbank im Boden produzieren und hat über die nassen Wintermonate Ruhe.

Trotz der Dürre kann sich im Schutze des samenden, vertrockneten Grasbestands am Boden Feuchtigkeit halten und ermöglicht den Gräsern und dem Klee genug Wachstum, um die Pferde zu ernähren.

Die Fläche Mitte Oktober vor der zweiten Mistdüngung. Noch ist es warm zwischen den Meeren und das Gras wächst noch gut.

Die Weide Ende Januar nach der zweiten Mistgabe. Kleepflanzen haben es nun schwer. Alle Lücken sind geschlossen und das Gras steht bereits dicht.

Der Weißklee konnte ohne Chemie und ohne fremdes Saatgut innerhalb von weniger als einem Jahr zurückgedrängt werden.

Fotos: Vanselow

Massenhaft Hahnenfuß

Feuchtwiese mit üppig blühendem Scharfem Hahnenfuß. Foto: Vanselow

Wenn im Frühjahr der Löwenzahn verblüht ist, schwappt vielerorts im Grasland eine zweite gelbe Welle über die Landschaft. Insbesondere Pferdeweiden zeigen sich in fettig glänzender, gelber Pracht. Die einen holen entzückt ihre Fotoapparate heraus und lichten ihre Pferde in leuchtendem Gelb ab, die anderen rufen entsetzt bei der Landwirtschaftskammer an und erkundigen sich nach Herbiziden und anderen Gegenmaßnahmen.

Hahnenfüße sind zwar dekorativ, sie sind aber auch giftig. Allerdings wird ihre Giftigkeit oft weit überbewertet.

Überlebenskünstler dank Samenbank

Hahnenfüße produzieren sehr widerstandsfähige Samen, die jahrelang im Boden keimfähig bleiben. In dichten Grasbeständen haben die Samen es schwer, die Konkurrenz um Licht und Platz gegen die Gräser zu gewinnen. Wo die Pflanzendecke lückig ist, nutzen sie ihre Chance. Das kann ein frisch ausgehobener Graben sein, abgelegter Erdaushub, das können aber auch Trittsiegel durch Weidetiere sein oder Fahrspuren schwerer Maschinen.

Oft finden wir Hahnenfüße auf frisch ausgebrachtem Mist. Dort sind sie nicht hingeweht oder ausgestreut worden. Hahnenfußsamen aus Mähwiesen werden mit dem Heu gefressen und überstehen problemlos den Verdauungstrakt der Tiere. In Dung und Gülle bleiben die Samen keimfähig. Daher zählt man die Hahnenfüße, insbesondere den Scharfen und den Kriechenden Hahnenfuß, zur sogenannten

Gifthahnenfuß in einem frisch ausgehobenen Graben blühend im Frühjahr, samend im Sommer und überwachsen von Gras im Herbst. Dieser Hahnenfuß hat seine Chance nach dem Grabenaushub genutzt und innerhalb kürzester Zeit seinen Lebenszyklus durchgezogen, um mit neu produzierten Samen, die im Boden schlummern, auf seine nächste Chance in ein paar Jahren zu warten. Fotos: Vanselow

„Gülleflora“: Wie Brennnessel, Distel oder Weidelgras profitieren sie nicht nur von der guten Düngung. Vielmehr gelangt der Same über das Futter in den organischen Dünger und wird mit ihm in die Landschaft ausgebracht.

Kriechender Hahnenfuß keimt auf einem zu dick gestreuten Mistbrocken zwischen Gras. Die Samen waren im Mist enthalten. *Foto: Vanselow*

Doch es geht auch ohne Dünger. Wer Heuballen auf der Weide füttert, sollte darauf achten, woraus der Ballen besteht. Die Tiere stehen um den Ballen herum und zertreten den Boden. Das schafft ein ideales Keimbett. Dung wird im Bereich des Futterplatzes abgesetzt und fördert nährstoffliebende Gewächse. Beim Zupfen aus dem Ballen verstreuen die Tiere darin enthaltene Samen. Wo der Ballen gelegen hat, ist der Boden danach meist ohne Vegetation. Oft werden Ballen immer an den gleichen Plätzen ausgelegt. Im folgenden Sommer kann man dann am Aufwuchs an diesen Stellen sehen, was für Samen reifer Pflanzen im Ballen enthalten waren. Dieser Aufwuchs entspricht nicht immer den Vorstellungen der Pferdehalter.

In Pferdehaltungen gibt es oft Probleme mit Kriechendem und mit Scharfem Hahnenfuß. Beide haben etwas unterschiedliche Ansprüche und Strategien.

Strategie des Kriechenden Hahnenfußes

Der Kriechende Hahnenfuß hat seinen Namen von den langen Ausläufern, mit denen er sich vegetativ vermehrt. Er lässt lange Sprosse dicht über den Boden wachsen, die an den Blattachseln Wurzeln treiben. Auf diese Weise kann der Kriechende Hahnenfuß sich schnell große Flächen erschließen. Er liebt hohe Stickstoffgehalte des Bodens sowie Bodenverdichtung mit dadurch verursachter Staunässebildung.

Wo das belüftende Bodenporenvolumen durch ständiges Betreten und Zermatschen des Bodens vor allem bei Nässe zerstört wurde, kann der Boden seine wichtige Funktion als Schwamm nicht mehr ausüben. Bei Nässe nimmt er kein Wasser mehr auf und leitet es ab. Bei Trockenheit lässt er keine Luft mehr hinein. Wie ein irreparabel zusammengedrückter Schwamm hat der Boden sein aufnahmefähiges Volumen eingebüßt.

Kriechender Hahnenfuß. *Foto: Vanselow*

Wir finden Kriechenden Hahnenfuß besonders ausgeprägt auf Treibwegen,

Schwere Maschinen zerstören den Boden: Weltweit sind 80 Millionen Hektar landwirtschaftlicher Fläche irreversibel durch Unterbodenverdichtung geschädigt.

Winterausläufen und anderen Bereichen der Viehhaltung, an denen viel zertreten und Dung abgesetzt wird.

Oberflächliche Bodenzerstörungen durch Huftiere, zum Beispiel Rückepferde im Wald, können sich in kurzer Zeit erholen, wenn man den Boden in Ruhe lässt und allen kleinen und großen Wühlern gestattet, ihre Arbeit zu machen. Maulwürfe, Wühlmäuse, Würmer, Insektenlarven, Milben und andere Bodenbewohner können von Huftieren oberflächlich zusammengedrückte Böden in wenigen Monaten wieder auflockern – wenn man sie lässt. Die Schäden durch Hufe beschränken sich auf den Oberboden, sie setzen sich nicht in die Tiefe fort.

Ganz anders sieht es aus, wenn schwere Maschinen über empfindliche Böden gefahren sind. Ihre Schäden erkennt man auch Jahrzehnte später noch an der veränderten Vegetation.

„Die industrialisierte Landwirtschaft mit immer schwereren Schleppen und größeren Geräten führt zu großflächiger Verdichtung des Bodens. Eine Untersuchung aus dem Kanton Bern zeigte, dass der Anteil der Grobporen im Wurzelraum um 25 Prozent gesunken ist (Bodenschutzfachstelle). Experten schätzen, dass weltweit 80 Mio. Hektar landwirtschaftlicher Fläche (Europa 30 Mio. Hektar) irreversibel durch Unterbodenverdichtung geschädigt sind (Horn et al. 2000). Dadurch sinkt die Wasseraufnahmefähigkeit, was zu vermehrtem oberflächlichem Abfluss von Niederschlägen mit der Gefahr von Hochwassern führt“ (Zitat aus: Wahrenburg et al. 2010).

Von den Schäden besonders betroffen sind weiche, fruchtbare Böden. Wo schwere Maschinen auf diesen Böden zum Einsatz kommen, sind oberflächliche Schäden durch Pferdehufe vernachlässigbar. Diese Tatsache wird durch eine Doktorarbeit (Vossbrink 2004) gestützt. Die vergleichenden bodenphysikalischen Messungen der Auswirkungen verschiedener Erntemethoden auf den Boden wurden im Forstrevier St. Märgen im Hochschwarzwald durchgeführt. Vossbrink (2004) fasst seine Messungen so zusammen, *„dass eine bodenverträgliche Befahrung mit den in der forstlichen Praxis üblichen Fahrzeugen nicht möglich ist.“* Dagegen riefen die

Die Maschinenspur im Wald ist weit schädlicher als der Huftritt

Häufig genutzter Reitweg zwischen Straße und Radweg. Die hier gerittenen Pferde sind zum Teil beschlagen. Foto: Vanselow

Fahrspuren nach Baumfällarbeiten. Rechts vorn auf unzerstörtem Waldboden kaum sichtbar die Trittsiegel beschlagener Pferde. Foto: Vanselow

Rückepferde beim Vorrücken von Fünf-Meter-Abschnitten bis zu Brusthöhendurchmessern von 50 Zentimetern zu den Rückegassen keine irreversiblen Schäden am Boden hervor. Die Hufe der schweren Rückepferde verursachten im Zug weder lineare noch flächenhafte Zonen mit verdichteten und gestörten Böden.
VOSSBRINK (2004) kommt zu dem Schluss: „*Somit sind die ökologischen Folgen der Kurzholzrückung mit Rückepferden als minimal anzusehen.*“ Da Reitpferde deutlich weniger Gewicht haben als Rückepferde und zudem keine schwere Last ziehen müssen, ist bei Reitpferden mit noch geringeren Schäden zu rechnen.
Der Kriechende Hahnenfuß profitiert in allen Fällen von Staunässe durch Bodenverdichtung, egal ob durch Hufe oder Reifen verursacht, und kann sich so gegen Gräser behaupten.

Massenaufkommen vom Scharfem Hahnenfuß in einer Feuchtwiese.
Foto aus VANSELOW 2016

Strategie des Scharfen Hahnenfußes

Der Scharfe Hahnenfuß liebt feuchte Böden und Licht. Ansonsten ist er recht tolerant, was Umweltbedingungen angeht. Man trifft ihn auf allen feuchten Wiesen und Weiden. Kommt eine intensive Beweidung hinzu, die dafür sorgt, dass seine Konkurrenz, die Gräser, gefressen werden und Hufe Keimbetten schaffen, dann kann er äußerst dominant werden.

Giftigkeit und tolerierte Bestandsanteile

Das Institut für Tiermedizinische Pharmakologie und Toxikologie der Universität Zürich gibt auf seiner Homepage „CliniTox“ für die Wirkung der Gifte der frischen Hahnenfüße auf Pferde an: *„Maulschleimhaut und Lippen gerötet und geschwollen, Salivation, Schluckbeschwerden, Regurgitieren, Husten, Nasenausfluss, Kolik, Unruhe bis Tobsucht, Diarrhoe. Die Tiere bekamen Gras mit einem grossen Anteil an Ranunculus acris und Ranunculus flammula. Sie erholten sich fast gänzlich nach 2 Tagen (SHEARER, 1938)“* (Zitat aus: www.vetpharm.uzh.ch/giftdb/pflanzen/0096_tvm.htm).
Allgemein gilt als Daumenregel, dass vom Scharfen Hahnenfuß im Grasland nicht mehr als fünf Prozent, vom Kriechenden nicht mehr als zehn Prozent Bestandsanteile vorhanden sein sollten.
Eine Lufttrocknung zu Heu reduziert die Giftgehalte so deutlich, dass von Heu keine Gefahr mehr ausgeht. Anders sieht es bei Silage aus. Massenaufwüchse von Hahnenfuß sollte man daher immer nur zu Heu, nicht aber zu Silage oder Heulage machen.

Hahnenfuß im Heu ist praktisch nicht mehr giftig, in der Heulage dagegen bleibt ein höherer Giftgehalt erhalten

Traditionelle Gegenmaßnahmen

Fehlende Schafe, schwere Maschinen und mangelnde Schonung nasser Weidestandorte lassen Hahnenfuß sprießen

Hahnenfuß sollte keine Samen bilden können. Wer Feuchtwiesen, in deren Böden Hahnenfußsamen schlummern, in nassen Monaten überweidet und zertreten lässt, der wird im Folgejahr eine Monokultur aus gelben Blumen ernten.
Früher setzte man zur Vertilgung der blühenden Hahnenfüße Schafe ein: Im zeitigen Frühjahr ging der Wanderschäfer mit riesigen Schafherden über die Flächen. Die extrem hohe Anzahl von Schafen auf kleinen Flächen diente dazu, in ein bis maximal zwei Tagen den Aufwuchs komplett kurz zu fressen, den Boden durch den intensiven Tritt zu glätten und zu festigen und durch den Urin und den Schafsdung zu düngen. Der Hahnenfuß galt als geeignetes Futter speziell zur Lammzeit, wenn die Schafe hohe Milchleistungen erbringen mussten.
Nach den Schafen hatten die gleichmäßig kurz gefressenen Flächen Ruhe und durften hoch wachsen. Trockene Flächen konnten nach den Schafen beweidet werden, feuchte Standorte nicht. Zur Gräserblüte wurde das Heu gemäht.
Heu wurde früher gerne bei Regen geschnitten, denn das Aufhängen auf Reutern konnte im Gegensatz zu anderen landwirtschaftlichen Tätigkeiten auch bei strömendem Regen geschehen. Das lose hängende, kräuterreiche Heu wurde langsam bei Wind und Wetter durchgetrocknet und dann lose in Scheunen eingelagert. Die Mahd geschah meistens per Hand, seltener mit Pferdezug. Schwere Maschinen gab es nicht. Das schonte den Boden und es gab kein Zerschlagen der zarten Kräuter durch Maschinen, wie wir es heute kennen. Kräuter bleiben bei der heutigen Bodentrocknung als sogenannte Bröckelverluste als Gründüngung auf der Fläche zurück. Kräuter sind aus diesem Grund heute in Heuwiesen unerwünscht, da nicht maschinentauglich.

Nachweide einer alten Streuobstwiese im Herbst mit Schafen. Foto: Vanselow

Nach der Mahd durfte in trockenen Jahren das Vieh zur Nachweide auf die Flächen. Je trockener und tragfähiger der Boden, desto schwerer und lauffreudiger durften die Weidetiere sein. Sobald es im Herbst zu feucht wurde, musste das schwere Vieh von den Weiden. Abschließend ging zur Weidepflege der Wanderschäfer nochmals über die Flächen, bevor die Winterruhe einsetzte. Heute wird anstelle der nachweidenden Schafe mit schweren Maschinen gemulcht.

Hahnenfuß verdrängen

Ein typisches Fallbeispiel: Die humose Feuchtwiese eines Pensionsstalls wurde jahrelang von Pferden intensiv beweidet. Damit die Pferde nicht so stark verfetten, wurde die Wiese kurz gehalten und nicht gedüngt. In den feuchteren Bereichen fand sich überwiegend Wiesen-Fuchsschwanz, auf den trockeneren Erhebungen Straußgrasrasen. Im Grabenbereich und in den zeitweise überschwemmten Senken mit Tümpeln fanden sich neben Binsen auch Sumpfried, Wasserknöterich und Seggen. Der Fuchsschwanz kam gar nicht mehr zur Blüte und ging langsam zurück. Stattdessen machte sich ein Massenaufwuchs von Hahnenfuß breit. Die Pferdehalter bekamen Angst vor Vergiftungen durch diese Giftpflanze.

Übernutzung ist eine der Hauptursachen. Wird sie nicht abgestellt, bleibt der Hahnenfuß

Der Eigentümer ließ sich von der Landwirtschaftskammer beraten und tat alles, was ihm empfohlen wurde: Er kalkte, düngte nach Düngerempfehlung und säte Gras nach. Der Scharfe Hahnenfuß zeigte sich von diesen Maßnahmen überhaupt nicht beeindruckt und blühte im Folgejahr wie zuvor. Das Einzige, was sich änderte, war ein intensiverer Aufwuchs an Gräsern ebenso wie an Hahnenfuß. Neu waren zudem Erkrankungen einzelner Pferde an Hufrehe.

Scharfer Hahnenfuß in der Feuchtwiese aus Wiesen-Fuchsschwanz. Im Graben zu sehen ist der Gifthahnenfuß. Foto: Vanselow

Da die Übernutzung nicht abgestellt worden war, konnte sich auch nichts an den Massenaufwüchsen der gelb blühenden Pflanze ändern.

In solchen Fällen müssen Nutzung und Pflege der Fläche grundlegend verändert werden, denn es darf keine Beweidung bei Nässe und auf nicht tragfähigem Boden stattfinden. Winterweide ist nur möglich bei scharfem Frost und hart gefrorenem Boden. Im zeitigen Frühjahr mit Beginn des Pflanzenwachstums sollte eine Mistdüngung vorgenommen werden. Danach erhält die Fläche bis zur Gräserblüte Ruhe für den Aufwuchs.

Da Scharfer Hahnenfuß ins Feuchtgrünland hineingehört, kann man ihn zwar zuruckdrangen, nicht aber vollständig verdrängen. Es ist auch nicht sinnvoll, diese Pflanze komplett aus ihrem natürlichen Habitat zu verbannen. Man sollte

Die Feuchtwiese im sehr zeitigen Frühjahr. Mist streut man möglichst dünn und dafür lieber mehrmals im Jahr aus. Nur wuchskräftige Standorte aus hochwüchsigen Obergräsern vertragen dickere Schichten aus Mist. Die Büschel im Hintergrund stammen von Binsen in den Tümpeln. Foto: Vanselow

Der zweite Aufwuchs im goldenen Herbst. Beide Aufnahmen entstanden im Oktober auf der Feuchtwiese. Vom Scharfen Hahnenfuß ist zu dieser Zeit nichts zu sehen. Solange der Boden tragfähig bleibt, können die Pferde hier problemlos weiden. Fotos aus VANSELOW 2016 (oben), Vanselow (unten)

stattdessen auf solchen Standorten mit dem Scharfen Hahnenfuß leben, sich also mit ihm arrangieren. Im ersten Aufwuchs wird er immer mehr oder weniger große Bestandsanteile bilden, weil die Samen im Boden vorhanden sind und die durch vorangegangene Übernutzung geförderten Mutterpflanzen als Stauden lange überleben können.

Im Sommer geht seine Wüchsigkeit jedoch stark zurück. Wenn die Gräser also genug Nährstoffe bekommen, um im zweiten Aufwuchs gut zu wachsen, dann wird der Hahnenfuß in diesem zweiten Aufwuchs ab Hochsommer keine bedeutende Rolle mehr spielen.

Zur Blüte zwischen Ende Mai und Mitte Juni wird ein Heuschnitt gemacht, bei Bedarf gefolgt von einer erneuten leichten Mistdüngung. Je nach Witterung kann anschließend mit Pferden beweidet werden, bis die nassen Herbsttage dem ein Ende setzen.

Wie schon beim Massenaufwuchs von Klee ist die gnadenlose Übernutzung der Fläche das Problem. Die Pflanze ist jeweils nur das sichtbare Symptom, das den Missstand anzeigt.

Bleiben Wiesen mit hohem Hahnenfuß-Vorkommen dagegen über Jahre völlig ungenutzt, ersticken die Gräser mit ihrer zu Rohhumus vergilbten Winterstreu die Hahnenfuß-Stauden nach einiger Zeit. Die Vergrasung verdrängt die Verkrautung.

Massenhaft Stumpfblättriger Ampfer

Kaum ein Pferdehalter, der ihn nicht kennt: den Ampfer mit den kräftigen, breiten Blättern und den rötlich-braunen Blütenstielen im Herbst. Er trägt regionale Namen wie Halbpferd oder Rotstock. Lateinisch handelt es sich um *Rumex obtusifolius*. Allgemein wird die Pflanze in Deutschland Stumpfblättriger Ampfer genannt, in England als Broadleaved Dock bezeichnet.
Stumpfblättriger Ampfer ist kein Sauerampfer. Stumpfblättriger Ampfer ist auch nicht identisch mit dem Gemüse-Ampfer (*Rumex longifolius*) oder dem Echten Mönchsrhabarber (Englischer Spinat, Garten-Ampfer, *Rumex patientia*). Zwar ist der Stumpfblättrige Ampfer nicht so giftig wie sein naher Verwandter, der Krause Ampfer, mit dem er sich gerne kreuzt. Doch er enthält durchaus mehr Wirkstoffe als nur die Oxalsäure, die den Sauerampfer und den ebenfalls zur Familie gehörenden Rhabarber (*Rheum rhabarbarum*) sauer macht.

Massenaufwuchs von Stumpfblättrigem Ampfer. Pferde lassen ihn stehen. Foto: Vanselow

Keine großen Fraßfeinde

Wenn der Stumpfblättrige Ampfer so gut als Salatpflanze geeignet ist, wie häufig behauptet, warum steht er dann massenhaft auf Pferdeweiden? Wissen unsere Pferde nicht, wie gut diese Futterpflanze ist? Tatsächlich spricht einiges dafür, dass Ampfer ein bestens an Fraß angepasstes Gewächs ist: Diese Pflanze hat ein enormes Ausbreitungs- und Durchhaltevermögen. Intensiver Schnitt wird mit raschem Wiederaustrieb beantwortet. Alles Eigenschaften, die für eine sehr lange Anpassung an intensivste Beweidung sprechen.
Doch so einfach ist das nicht. Dieser Ampfer weiß sich durchaus zu verteidigen, auch mit Wirkstoffen. Sowohl der Krause als auch der Stumpfblättrige Ampfer enthalten neben Oxalsäure noch Wirkstoffe wie Gerbstoffe, Anthrachinone (unter anderem Chrysophansäure, Emodin, Physcion, Oxymethylantrachinon), Aloe-Emodin, Rheochrysin oder Lapathinsäure. Ein umfangreicher Cocktail, mit dem die Pflanze sich gegen ungebetene Gäste schützt. Möglicherweise fehlt hier ein ausgestorbener, großer Pflanzenfresser (siehe Seite 195).

Stumpfblättriger Ampfer im Rosettenstadium vor der Blüte. Foto: Vanselow

Die wunderschön bunte und attraktiv behaarte Raupe der Ampfer-Rindeneule (Acronicta rumicis), hier im Herbstlaub.

Hier bahnt sich das große Krabbeln an! Ampfer-Blattkäfer im zeitigen Frühjahr bringen nach der Überwinterung in unmittelbarer Nähe zu ihrer Futterpflanze die neue Generation auf den Weg.

Ampfer-Blattkäfer, ein kleiner Diamant.

Kleine Verehrer: Ampfer als Lebensraum

Die Massenverwerter dieser Pflanze mögen ausgestorben sein und uns somit ein Weideproblem hinterlassen haben. Übrig geblieben sind aber immerhin viele kleine Verehrer dieser Pflanze, allen voran die Insekten.

Unter den Insekten sind natürlich die Schmetterlinge besonders auffällig. Stumpfblättriger Ampfer dient dem Großen und dem Kleinen Feuerfalter, dem Zimtbär – der übrigens auch das Jakobs-Kreuzkraut frisst –, der Ampfer-Rindeneule, der Graubraunen Seidenglanzeule, der Uferstauden-Markeule, der Auenschuttflur-Blättereule, der Buchdruckereule, der Achateule und dem Raukenspanner als Futterpflanze. Mein persönlicher Favorit ist jedoch der Ampfer-Blattkäfer.

Die Löcher in den Ampferblättern verraten die Anwesenheit der Käfer, die auf dem Ampfer kaum auffallen.

Ganz rechts: Ampfer-Blattkäfer sorgen für Nachwuchs. Eierlager des Ampfer-Blattkäfers auf den Blattunterseiten.

Viele kleine Männchen, versammelt um ein bereits befruchtetes Weibchen. Diese Ampfer-Blattkäfer bereiten bei optimalem Futterangebot eine Massenvermehrung vor.

Ausgewachsene Käfer haben den Winter in unmittelbarer Nähe ihrer Wirtspflanze überdauert und laben sich nun am ersten Grün. Erste Käfer paaren sich. Bald findet man neben den wenigen Käfern aus dem Vorjahr zahlreiche Eier in Lagern auf den Blattunterseiten. Nun kommt die Käferpopulation in Fahrt. Überall findet man massenweise Käfer, die sich paaren. Es dauert nicht lange, und schwarze Käferlarven krabbeln in Massen über die Ampferblätter. Die Käferlarven fressen das zarte Blattgewebe von der Unterseite her auf.

In Jahren mit Massenbefall lassen die Käfer und ihre Larven nur braune Blattskelette, bestehend aus den toten, verholzten Wasserleitungsbahnen, zurück. Alles zarte, grüne Gewebe wird gefressen. Damit berauben sie die Pflanze ihrer Photosyntheseorgane, ohne frühzeitig die Verdunstung zu stoppen und

Die schwarzen Käferlarven des ersten von drei Eierlagern sind geschlüpft. Das große Krabbeln und Mampfen beginnt.

Käferlarve und Schmetterlingsraupe. Hier beginnt ein Massenbefall des Ampfers mit Blattkäfern. Wird der Ampfer geschnitten, dann verhungern diese zarten Larven und der Ampfer kann befreit von seinen Fraßfeinden neu austreiben.

Larve des Ampfer-Blattkäfers und ausgewachsene Ampfer-Blattkäfer.

Ganz links: Larven des Ampfer-Blattkäfers und ihr Fraßbild.

Fotos (10): Vanselow

Blattgerippe dokumentieren den Massenbefall.

Geschwächte Ampferpflanzen benötigen unter Umständen Monate, um erneut auszutreiben.

Typisches Fraßbild von Minierern.

Nacktschnecken machen sich bei Anbruch der Dunkelheit über Ampferblätter her.

Fotos (4): Vanselow

ohne einem neuen Blattaustrieb eine Chance zu geben.

Dieser schwere Schaden kann die Ampferpflanzen ganz erheblich schwächen: Mitunter stehen die Ampferpflanzen bereits im Juni als Gerippe da und schaffen keinen Neuaustrieb vor Oktober. Die Vegetationsperiode ist dann bereits gelaufen, die Speicherwurzeln konnten nicht aufgefüllt werden.

Auffällig sind auch die Minierer in den Blättern. Die als Minen bezeichneten Fraßschäden stammen von Larven ganz unterschiedlicher Tiere: Auf Stumpfblättrigem Ampfer kann man die Zweifarbige Blumenfliege (*Pegomyia bicolor*), den Gemeinen Ampfer-Rüsselkäfer (*Apium frumentarium*) und eine Gallmücke (*Wachtliella persicariae*) häufig finden.

In den feuchten Abendstunden mit Beginn der Dunkelheit suchen überdies Nacktschnecken den schmackhaften Ampfer auf.

Schlauch- und Rostpilze sind ebenfalls auf dem Ampfer zu Hause.

Große Ampferstauden als Strukturelement in ausgeräumten Landschaften

Nicht nur als Futterpflanze ist der Ampfer Lebensraum. Auch als Strukturelement hat er Bedeutung, und das umso mehr, je ausgeräumter und strukturärmer die Landschaft wird. Oft sind Unkrautfluren und Geilstellen auf Pferdeweiden die einzigen verbliebenen artenreichen Strukturen, die den Wildtieren Nahrung und Sichtschutz vor Feinden bieten. Aus der intensivierten Landwirtschaft drängen alle in die vermeintlich verwahrlosten Pferdehaltungen.

Die naturnahe sogenannte „Halboffene Weidelandschaft", hier Naturschutzgebiet Schäferhaus, ist eine Fraßsavanne. Sie entspricht weitgehend dem extrem artenreichen Mosaik unterschiedlichster Landschaftselemente, die ursprünglich unsere europäische Landschaft vor der Besiedlung durch den modernen Menschen bildeten. Foto: Vanselow

Egal ob bodenbrütende Vögel, Mäuse, Hasen, Rehe, Füchse, Dachse, Marder oder Wildschweine – in Pferdehaltungen und Gärten suchen immer mehr Wildtiere mitsamt ihren Jungtieren Asyl, weil sie in der modernen Landwirtschaft wohnungslos sind und vertrieben wurden.

Europa war in weiten Teilen nicht etwa Steppe. Auch die Vorfahren unserer Pferde und Rinder stammen überwiegend weniger aus der Steppe als mehr aus der Fraßsavanne.

Den meisten Pferden tun wir einen enormen psychischen Stress an, indem wir sie ohne Raumteiler und Sichtschutz auf engen Weideflächen Aggressionen durch Artgenossen, auch auf der anderen Seite des Zaunes, aussetzen. Wenigstens die Unkrautflur bietet noch etwas schützende Struktur, wenn schon alle Stauden, Büsche und Bäume dem Intensivierungswahn weichen mussten – von artgerechter oder gar naturnaher Nahrungssuche für ein gesundes Wohlbefinden ganz zu schweigen.

Verkrautung durch Ampfer – aber ist die Pflanze wirklich nur ein vernichtungswürdiger Platzräuber? Wildtiere und Pferde lieben das Mosaik aus Pfaden, Fressplätzen und Sichtschutz. Foto: Vanselow

Überlebenskünstler dank Samenbank und Speicherwurzel

Bevor man daran denken kann, ein Gewächs erfolgreich zu verdrängen, muss man seine Überlebensstrategie erkannt haben.
Stumpfblättriger Ampfer ist ein Erstbesiedler, auch als Pionier- oder Ruderalpflanze bezeichnet, auf bloßen Böden. Als konkurrenzschwacher Lichtkeimer mag er feuchte, nährstoffreiche Böden. Erst die etablierte Pflanze kann die Konkurrenz beschatten und verdrängen.
Dieser langlebige Ampfer ist ein Stickstoffzeiger, der nachweislich daneben von löslichem und festgelegtem Phosphor im Boden profitiert. Gerne mag er es humos, aber auch Lehm und Ton sagen ihm zu. Seine Pfahlwurzel kann zwei Meter tief reichen. Er durchwurzelt den Boden sehr intensiv.
Staunasse oder verdichtete Böden schrecken ihn nicht ab, denn er bildet in seiner Wurzel ein Belüftungsgewebe (Aerenchym) aus. Damit kommt dieser Ampfer aber auch als ökologischer Helfer in Betracht, verdichtete empfindliche Böden langfristig zu lockern und zu belüften.

Ampfer kann helfen, verdichtete Böden langfristig wieder zu lockern

Die zahlreichen Samen warten jahrzehntelang im Boden schlummernd auf ihre Chance. Nach 50 Jahren ist noch etwa die Hälfte der Samen keimfähig, einige wenige Samen können sogar noch nach 80 Jahren die günstige Situation nutzen. Entsprechend dicht ist die Samenbank alter Grasländer bestückt. Über Futter und Dünger (Heuhaufen, Dung, Mist, Gülle) gelangen die Samen als sogenannte Gülleflora auf neue Flächen.

Überschwemmungs-Flächen und Nasswiesen sind nicht nur im Zuge zunehmender Starkregen und versiegelter Böden als Aufnahmebecken des Oberflächenwassers wichtig. Diese wechselfeuchten Biotope sind der Lebensraum unzähliger vom Aussterben bedrohter Tiere und Pflanzen. Heute braucht die Natur unsere Hilfe – tatsächlich brauchen aber wir Menschen zum Überleben die Natur. Foto: Vanselow

Gegenmaßnahmen

Ampfer kann ausgestochen werden, jedoch besser vor der Blüte. Gut erkennbar sind links Stücke der Pfahlwurzel, die verdichtete Böden durchdringen kann. Foto: Fersing

Kleine Bestände und Einzelpflanzen lassen sich mit dem Ampferstecher bekämpfen.
Grundsätzlich: Ampfer darf nicht zur Blüte und zum Absamen gelangen. Selbst unreif geschnittene Samen können nachreifen und sind dann keimfähig.
Kompostierendes Mähgut ist eine Nährstoffquelle und beschattet Futterpflanzen. Es sollte möglichst abgefahren werden, weil jede Düngung – Stickstoff, Phosphor, organischer Dünger, Grabenaushub und anderes mehr – Ampfer fördert und der Schatten seine Konkurrenz, die Gräser, schwächt.

Mähen – dann aber richtig

Wer sich für häufige Mahd der Rosetten entscheidet, sollte das bis zu fünfmal jährlich tun. Die Speicherwurzel kann so über wenige Jahre ausgehungert und der Ampfer verdrängt werden. Wer allerdings nicht am Ball bleibt, kann von vorne beginnen.
Ampfer beginnt kurz nach dem Austrieb der Rosettenblätter, seine Speicher in der Wurzel aufzufüllen. Wer mit dem Mähen wartet, bis die Pflanze in schönster Blüte steht, wird die Wurzel mit der Mahd nicht schwächen, höchstens den Samenwurf verhindern.

Ampfer ohne Blüten für seine Fraßfeinde stehenlassen

Leider vernichtet die Mahd gleichzeitig die kleinen Fraßfeinde des Ampfers. Dieser dankt es mit einem kräftigen und von Parasiten befreiten Neuaustrieb. Wer Käfer zum großen Krabbeln züchten will, sollte tunlichst ihre Salatblätter stehen lassen und nur die Blüten abschneiden. Die Käfer sind sehr standorttreu. Wenigstens hier und da muss also eine Futterpflanze ohne Blüten stehen bleiben.

Massenaufkommen in Naturschutzgebieten

Massenaufwüchse von Ampfer in Naturschutzgebieten können auch dort einen begrenzten Einsatz geeigneter Herbizide rechtfertigen. Ampfer bildet dominante Bestände, in denen kaum eine andere Pflanze wachsen kann. Großflächige Monokulturen sind nicht im Interesse des Naturschutzes. Ampfer erfordert in der Regel zwei Herbizideinsätze. Im ersten Jahr werden die Mutterpflanzen beseitigt, im zweiten Jahr die in den Lücken aufgelaufenen Keimlinge und Jungpflanzen, die unter dem Blattwerk der Mutterpflanzen geschützt waren. Der flächigen Ausbringung ist wo immer möglich die Einzelpflanzenbehandlung vorzuziehen.
Der Einsatz von Herbiziden ist nur dann zu rechtfertigen, wenn gleichzeitig der Grund für das massenhafte Ampferaufkommen beseitigt wird, zumeist eine nicht dem Standort angepasste Beweidung oder Bodenverletzung durch schwere Maschinen. Massenaufwüchse von Stumpfblättrigem Ampfer sind ein hausgemachtes Problem. Die Ursache muss abgestellt werden.

Grund für massenhaftes Ampferaufkommen ist zumeist eine nicht dem Standort angepasste Beweidung oder Bodenverletzung durch schwere Maschinen

Stumpfblättriger Ampfer im artenreichen Nassbiotop

Aufgrund der zunehmenden Landverknappung werden Pferdehalter oft in Randbereiche des Graslandes abgedrängt. Ackerfähige Böden werden intensiv genutzt. Ackerfähig – das bedeutet: nicht zu nass, nicht zu trocken und nicht zu steinig oder felsig. Auch steile Hanglagen sind schwer bis gar nicht zu pflügen. Eben diese Flächen werden gerne Pferdehaltern angeboten, da sie für Landwirte uninteressant sind.

Doch Trockenrasen ernähren nur wenige Weidetiere auf viel Fläche, steile Hanglagen tragen schwere Weidetiere nicht bei jedem Wetter und nicht dauerhaft in hoher Anzahl.

Nasse Flächen stellen besonders sensible Biotope dar. Selbst wenn man die Flutrasen-Vegetation aus wilden Gräsern wie Schwaden, Fuchsschwänzen, Sauergräsern und Kräutern wie Schaumkraut und Sumpf-Dotterblume und ihre oft geschützten Bewohner wie Kröten, Frösche, Molche, Libellen oder Schlangen durch gezielte Entwässerung vernichtet, bleibt der empfindliche, oft humose Boden wenig tragfähig. Viele dieser Böden sind genau wie Moore CO_2-Speicher in Form mächtiger Humusschichten über wasserundurchlässigen Böden wie Ton und Mergel. Trocknet der Humus aus, dann wird er von Mikroorganismen zersetzt und die fruchtbare Humusschicht schmilzt weg. Mineraldünger heizt diesen Prozess noch an. Den Boden zu übersanden oder mit Steinen zu verfüllen zerstört das Biotop endgültig und nachhaltig. Aus ökologischer Sicht ist das eine einzige Katastrophe.

Artenreiches Nassbiotop im Winterhalbjahr, das als Senke Wasser von 50 Hektar Fläche aufnimmt. *Foto: Vanselow*

Wie bereits erklärt (siehe ab Seite 40), waren Nasswiesen vor der Mechanisierung die wertvollsten Standorte für die Heugewinnung. Hier standen die hervorragend für das Milchvieh (Echte Mielitz, also Wasser-Schwaden) sowie für die überall eingesetzten Pferde (Havel-Mielitz, also Rohr-Glanzgras) geeigneten Obergräser, die reichliche Aufwüchse abwarfen. Beweidung drängt diese Gräser zurück.

Neben der Sumpf-Dotterblume finden sich hier auch der Stumpfblättrige und der Krause Ampfer. Mit Überweidung und Zermatschung hat ihr Vorkommen an diesem Standort nur bedingt etwas zu tun. Sie sind an zeitweise Überstauung durch Wasser und wechselfeuchte Böden optimal angepasst: Während die Wurzeln der meisten anderen Landpflanzen dem Sauerstoffmangel unter Wasser nicht gewachsen sind, bilden diese Ampfer bei Bedarf zur Sauerstoffversorgung der atmenden Wurzelzellen ein sogenanntes Aerenchym, also ein Belüftungsgewebe. Damit können sie sogar mehrere Monate Überstauung im Winter aushalten.

Ampfer und Schachtelhalme schließen Böden auf

Genau wie Schachtelhalme wurzeln sie extrem tief. Für die Schachtelhalme ist nachgewiesen, dass sie die nährstoffarmen Humusböden der Sümpfe Alaskas mit aus großer Tiefe nach oben geförderten Mineralstoffen überhaupt erst fruchtbar machen, quasi in diesen Ökosystemen als Mineralpumpe fungieren (MARSH ET AL. 2000). Pflanzenwurzeln lockern zudem allgemein Böden und schließen undurchlässige Böden für Wasser und Luftzutritt auf. Sogar Asphaltdecken und Betonplatten können von Wurzeln gesprengt werden.

Pferdehaltern ist bei Übernahme eines Feuchtbiotops selten bewusst, welche Verantwortung seine Erhaltung bedeutet

Die Bilder zeigen ein artenreiches Nassbiotop im Sommerhalbjahr unter Wechselweide mit Pferden und die gleiche Fläche im Winterhalbjahr. Diese fünf Hektar traditioneller, seit Generationen als Dauergrasland bewirtschafteter Fläche nehmen das Wasser eines Trichters von etwa 50 Hektar auf. Die veraltete Entwässerung ist der Häufung der Starkregenereignisse nicht mehr gewachsen. Die Überstauung im Winter kann Monate anhalten. Der ehemals aus Grasland bestehende Trichter ist heute gepflügtes Ackerland. Er hat seine schwammartige Wasserhaltekapazität teilweise verloren: Bei Starkregen ergießt sich das Oberflächenwasser in einem ungebremsten Schwall als trübe Brühe in die abgebildete Senke.

Der Ampfer zeigt an, wo im Winter das Land oft überstaut wird, und findet sich vermehrt an der Wasserlinie der Überstauung. Sein Vorkommen ist Schäden an der Vegetation zum Beispiel durch Huftritte, aber auch durch vorübergehenden Ausfall der Vegetation nach zu langen Überstauungszeiten mit massiver Algenbildung und Erstickung vieler Landpflanzen geschuldet.

Die hier wachsenden Flutrasengräser und Kräuter keimen überwiegend aus Samen neu aus. Einige können mit Hilfe meterlanger Sprosse als Schwingrasen an der Wasseroberfläche überleben. Alle diese Gewächse gibt es, wenn überhaupt, dann nur als Wildsaatgut zu kaufen. Die Preise für solches regionales Saatgut können astronomisch sein.

Nachhaltig zerstörte Nassbiotope können nur sehr bedingt künstlich wieder in ihrer ursprünglichen Zusammensetzung hergestellt werden.

Pferdehaltern ist bei der Übernahme eines Feuchtbiotops selten bewusst, welche Verantwortung seine Erhaltung bedeutet. Da Pferde durch ihr Gewicht und ihre Bewegungsfreude die am wenigsten geeigneten Weidetiere für solche Grasländer sind, stehen die Pferdehalter in zu kleinen Arealen ohne Ausweichflächen vor einer unlösbaren Aufgabe.

Dieselbe Fläche im Sommerhalbjahr. Der Ampfer zeigt die Überstauung des vorangegangenen Winters an. *Foto: Vanselow*

Kapitel 10

Zeit für eine Kurskorrektur

Intensivierung der Graslandnutzung führt zu immer weniger Pflanzenarten, immer weniger Insekten, immer mehr giftigem Futter – und Landwirte sind für das Thema noch kaum sensibilisiert. Noch ist es nicht zu spät, die Richtung wieder zu ändern!

Nicht nur in Deutschland sind heute artenreiche, offen gehaltene Graslandschaften extrem bedroht (Fox et al. 2015, Becker et al. 2014, BUND RLP 2012, Schöne & Degmair 2012), obwohl inzwischen umfangreiche Erfahrungen zu Erhalt und Steigerung der Artenvielfalt in beweideten (Natur-) Landschaften vorliegen (Bunzel-Drüke et al. 2015, Bunzel-Drüke et al. 2008). Der Mensch ist ein Teil der Natur und wird mit ihr überleben oder zugrunde gehen. Artenvielfalt ist also kein hübscher Luxus und keine überflüssige Spielerei. Nein, Artenreichtum ist die Voraussetzung dafür, dass Ökosysteme funktionieren und lebensnotwendige Vorgänge – auch für die Menschheit – aufrecht erhalten (Soliveres et al. 2016).

Intensivierung der Graslandnutzung vereinheitlicht die pflanzliche Zusammensetzung. Das reduziert die Artenvielfalt auf wenige Mitspieler (Gossner et al. 2016). Die gesetzlichen Vorgaben der Cross-Compliance-Regeln zum Bezug landwirtschaftlicher Prämien laufen der Strukturvielfalt und damit der Artenvielfalt zuwider, ja, sie verbieten sie (Heydemann & Kämmer 2012) teilweise sogar. Diese haarsträubende Situation bewirkt, dass insbesondere nicht landwirtschaftliche Kleinst-Pferdehaltungen mit extensiver Bewirtschaftung zu interessanten Rückzugsräumen für bedrohte Arten in der ausgeräumten Landschaft werden (Vanselow 2016). Pferdehalter beobachten zunehmend, dass Wildtiere wie zum Beispiel Rehe, Hirsche, Wildschweine, Hasen, Füchse oder Dachse in Freizeithaltungen drängen, weil sie dort offensichtlich mehr vielfältige Nahrung und Deckung finden als in der Umgebung. Da innerhalb von Anlagen nicht gejagt wird, verlieren viele Wildtiere wie in den Städten ihre Scheuheit.

Prämie oder gesundes Grünland? Die gesetzlichen Vorgaben der Cross-Compliance zum Bezug landwirtschaftlicher Prämien laufen der Strukturvielfalt und damit der Artenvielfalt zuwider, ja, sie verbieten sie teilweise sogar

Seltene Pflanzen können ebenfalls auf verantwortlich geführten Pferdeweiden überleben. Beispielsweise ging der dritte Platz im Wiesenwettbewerb Rheinland-Pfalz 2012 an die Pferdehaltung von Sonja Schütz, die Auszeichnung für Umweltengagement des Berliner Umweltpreises des BUND ging 2012 an die Pferdehaltergemeinschaft der Lichterfelder Weidelandschaft. Pferdehaltern kommt heute eine ganz neue Aufgabe und Bedeutung für den Erhalt unserer Landschaft zu.

Links: Haben Pferde Zugang zu Gehölzen, suchen sie sich, was sie brauchen. Diese alte Stute liebt Weißdorn. Es mag ein Zufall sein, dass das Tier herzkrank ist. Foto: Fersing

Aber sie stehen vor einem Dilemma: Einerseits ist eine Haltung außerhalb der Pferdeweide wie gezeigt für Pferde weder naturnah noch artgerecht. Andererseits sind Pferdehalter weder verrückt noch uneinsichtig, wenn sie sich um die Gesundheit ihrer Tiere auf Wirtschaftsgras sorgen.

Wir alle kennen aus unserer Schulzeit im Fach Mathematische Statistik die Gaußsche Glockenkurve (Gaußverteilung der Wahrscheinlichkeitsdichte, stetige Wahrscheinlichkeitsverteilung). Angenommen, der Zuchtfortschritt bei den Gräsern überschreitet das goldene Optimum der Kurve, dann nehmen die negativen Auswirkungen der Zucht zu. Ein Zuviel kann gefährlich werden. Im deutschen Tierschutzgesetz heißt es in § 3: *„Es ist verboten [...] 10. einem Tier Futter darzureichen, das dem Tier erhebliche Schmerzen, Leiden oder Schäden bereitet, [...].“* Niemand möchte Pferde vergiften. Zudem haben die Saatgutproduzenten ein sehr großes Interesse daran, gute Produkte zu verkaufen.

Tierernährung und Pflanzenzüchtung sind eng miteinander verbunden

Auch in Deutschland sind in den vergangenen Jahrzehnten teure Forschungsarbeiten über Gräserendophyten von den Saatgutproduzenten finanziert worden, zum Beispiel durch die „Gesellschaft zur Förderung der privaten deutschen Pflanzenzucht“ GFP (Paul 2000).

Gehandeltes Futter muss zum Zweck der Fütterung geeignet sein (Vanselow 2002a, Vanselow 2005b), es gilt die Produkthaftung. Tierernährung und Pflanzenzüchtung sind sehr eng miteinander verbunden. Wirkstoffgehalte zur Fraßvermeidung und Erhöhung der Resistenz dürfen nicht zu hoch liegen (Finch 2018), um Vergiftungen zu vermeiden (Vanselow 2002a, Vanselow 2011a, Vanselow 2011b). Es liegt in unser aller Interesse, miteinander ins Gespräch zu kommen und die auf der Hand liegenden Probleme zu aller Zufriedenheit, ja, vielleicht sogar zu aller Nutzen und Gewinn aus dem Weg zu räumen.

Neue Lösungswege statt alter Sackgassen

Die traditionelle Pferdehaltung in artenreichen Weidelandschaften werden wir nur erhalten können, wenn den zu Recht besorgten Pferdehaltern zugehört wird und ihre Erfahrungen ernst genommen werden.

Der Siegeszug des systematisch durchgezüchteten Grassaatguts für artenarme Massenaufwüchse begann Anfang des 20. Jahrhunderts. Dort, vor einhundert Jahren, liegt die Abbiegung, die den Zustand herbeigeführt hat, an dem wir heute stehen. Aus meiner Sicht war es ein gefährlicher Irrweg. Ihn zu korrigieren ist nur möglich, indem wir an eben jene Abbiegung zurückgehen und stattdessen die in den vorangegangenen Kapiteln dargelegte andere Richtung versuchen.

Ausgerechnet der Botaniker und Ökophysiologe Carl Albert Weber, der erkannt hatte, dass Grasland und Nutzung dem Standort anzupassen sind, stellte die Weichen für die moderne Graslandwirtschaft. Die Ursache war eine pragmatische: Der Erste Weltkrieg führte zu so schweren Hungersnöten, dass die kurzfristige Futtermittelproduktion um jeden Preis Vorrang vor der Nachhaltigkeit hatte. Statt also das Grasland und seine Nutzung in Abhängigkeit vom Standort und seinen Gegebenheiten, etwa Boden und Witterung, zu gestalten, ermöglichte Professor Weber mit seinem Wissen eine unglaubliche Produktionssteigerung des Futters in kurzer Zeit.

Der eingeschlagene Weg war unter den gegebenen Umständen ethisch notwendig, denn die Ernährung der Bevölkerung konnte verbessert werden. Doch langfristig führt dieser Weg ins Verderben. Die hohe Produktivität wird gegen natürliche Gegebenheiten erkauft, zum Beispiel durch hohe Stickstoffgaben und ständigen Saatguteinsatz.

Kaltbluttraber und Vollbluttraber auf ihrer naturbelassenen Sommerweide in Schweden. Die riesigen Findlinge im Untergrund verhindern nicht nur jeden Gedanken an Ackerbau, sie stellen auch die Trittsicherheit aller damit aufgewachsenen Tiere sicher. Wenige Tiere auf weiter Fläche zu halten macht Zuchtsaatgut überflüssig.
Foto: Vanselow

„Die Uniformierung und damit auch Belastung des Ökosystems Grünland hat im Zuge dieser Intensivierung erheblich zugenommen. Nicht nur in den regenreichen steilen Lagen ist die hohe Besatzdichte, wie sie zum Beispiel mit intensiven Umtriebsweiden oder gar mit der Portionsweide praktiziert wird, häufig Ursache für die Beschädigung der Graslandnarbe. Lücken in der Vegetation und Verunkrautung müssen dann mit Nachsaaten oder Graslanderneuerung kostspielig repariert werden. Häufige Graslanderneuerung ist daher nicht als eine ordnungsgemäße und nachhaltig betriebene Graslandwirtschaft anzusehen“ (Zitat aus: DIERSCHKE & BRIEMLE 2002).

Der hohe Aufwand, der nötig ist, diese Form industrieller Landwirtschaft gegen das natürliche Gleichgewicht zu betreiben, hinterlässt den nachfolgenden Generationen degradierte Böden, eine abgebaute Humusschicht, verschmutzte, überdüngte Gewässer und vergraste, artenarme Wiesen und Weiden, die keine Bienen mehr ernähren.

Intensivierte Landwirtschaft hinterlässt den folgenden Generationen degradierte Böden, eine abgebaute Humusschicht, überdüngte Gewässer und artenarme Wiesen, die keine Bienen mehr ernähren

Maschinengerechte Grasäcker aus Weidelgras-Monokulturen sind heute die Regel, denn Hochleistungsgräser für artenarme Standardmischungen lassen sich bei intensiver, sogenannter ordnungsgemäßer Landwirtschaft auf fast jedem Boden und unter jeder Witterung problemlos etablieren. Doch die Widerstandskraft der eigentlich nicht an den Standort angepassten Gräser hat ihren Preis. Diese artenarmen Aufwüchse und die dazu gehörenden, wirtschaftlich optimierten Erntetechniken entsprechen kaum noch den Bedürfnissen unserer Pferde, sondern verursachen zunehmend Stoffwechselprobleme oder Allergien.

Der seit 1843 andauernde Rothamsteder Düngerversuch hat schon im 19. Jahrhundert gezeigt, dass Düngung und Intensivierung der Landwirtschaft die Artenvielfalt drastisch verringern, und spätestens seit dem Zweiten Weltkrieg ist dieser rapide Artenschwund in der Landschaft nachweisbar (WESCHE ET AL. 2009 und 2012). An der Universität Göttingen lief von 2008 bis 2013 das Excellenzcluster „Functional Biodiversity Research“ mit dem Forschungsschwerpunkt Grassland Management Experiment „Grassman“.

Vier Kernfragen standen im Fokus des Exzellenzclusters:

1. Sind die vielen verschiedenen vorhandenen Arten notwendig, um die erwarteten Funktionen der Ökosysteme zu unterhalten? („*Are the numerous existing species needed in order to maintain the expected ecosystem functions?*“)

2. Falls nicht alle Arten benötigt werden, auf welche kann verzichtet werden, ohne dass ökosystemare Funktionen verloren gehen? („*In case not all species are needed, which are redundant without losing ecosystem functions?*")
3. Welche Vielfalt an genetischen Ressourcen muss erhalten bleiben, um in einer sich wandelnden Welt zu überleben? („*Which diversity of genetic resources must be maintained in order to survive in a changing world?*")
4. Welcher Teil der ökosystemaren Dienste kann durch die Menschheit genutzt werden, ohne die Beständigkeit und Artenvielfalt der Systeme zu gefährden? („*Which proportion of the ecosystem services can be used by mankind without affecting the sustainability and the biodiversity of the system?*")

Diese Fragen bringen das Problem „Intensivierung" auf den Punkt.

Der Mensch als Umweltfaktor

Wir sägen an dem Ast, auf dem wir sitzen

Die Artenvielfalt der Großsäuger hing bis zum Beginn der Eiszeiten 20 Millionen Jahre lang vom Aufwuchs der Pflanzen ab (Fritz et al. 2016), bevor es plötzlich zu einer Änderung kam. Andere Umweltfaktoren bestimmten nun die Vielfalt der Arten. Der Zeitpunkt der Veränderung fällt zusammen mit dem Auftauchen des Menschen. Vielleicht begann der Mensch zu dieser Zeit mit der Entnahme von Biomasse aus dem Nahrungskreislauf. Die Studie von Fritz et al. (2016) belegt, dass der Mensch zumindest eine Rolle gespielt hat bei der Veränderung.

Naturnahe Weidelandschaft mit Heckrindern in der Eiderniederung. Foto: Vanselow

Die Arten- und Gattungsvielfalt hat sich nach dem Massenaussterben in Nordamerika und Europa erstmals im Quartär nicht wieder erholt. Als Ursache dafür vermuten Fritz et al. (2016), dass der Mensch den Ökosystemen pflanzliches Material in großer Menge entnimmt – als Nahrung, als Tierfutter und als Brenn- und Baumaterial. Inzwischen entnimmt der Mensch bis zu 30 Prozent der pflanzlichen Aufwüchse aus dem globalen Nahrungskreislauf, Tendenz steigend. Demnach will der Mensch alle Ressourcen für sich selber nutzen und wirft dabei seine Konkurrenten aus dem globalen Nest.

Doch wenn die Artenvielfalt schrumpft und der Mensch alle Nischen selber besetzt – hieße das dann in konsequenter Fortführung der Intensivierung auch, dass der Mensch dadurch dem Menschen zum größten Konkurrenten und Feind würde?

Der heutige Zustand des landwirtschaftlichen Graslandes, auch in der Pferdehaltung, ist durch nichts zu rechtfertigen

Der heutige Zustand des landwirtschaftlichen Graslandes, auch in der Pferdehaltung, ist durch nichts zu rechtfertigen, schon gar nicht mit den lange zurückliegenden Weltkriegen und den darauf folgenden Hungersnöten. Es ist an der Zeit, innezuhalten und endlich den anderen Weg einzuschlagen, den Prof. Weber ursprünglich gehen wollte. Eine nachhaltige Nutzung muss sich klug an der Natur, an den standörtlichen Ökosystemen orientieren.

Vielfalt als Alternative

Vielfalt ist nötig: Gut wäre es, Pferde mit anderen Arten zusammen zu halten

Grasland ist eine Gemeinschaftsleistung zahlreicher Gärtner. Die Evolution hat an Gärtnern im Laufe der Jahrmillionen nicht gespart: Insekten, ausgestorbene Dinosaurier, moderne Mini-Dinosaurier (Gänsevögel), Säugetiere – und sicherlich fehlen in dieser Aufzählung noch viele Gras-Gärtner. Zum Erhalt eines artenreichen, naturnahen Graslandes als Weidelandschaft braucht es also zuerst einmal viele unterschiedliche hungrige Mäuler.

Pferdehalter wären gut beraten, ihren Pferden Lebensgemeinschaften zusammenzustellen. Prädestiniert zur gemeinsamen Beweidung sind alte, vom Aussterben bedrohte Haustierrassen. Diese Tiere wurden traditionell zusammen mit Pferden gehalten, sie haben verträgliche Futteransprüche. Viele Menschen, die sich heute nach Natur und Natürlichkeit sehnen, haben vielleicht noch gar nicht erkannt, dass es kein Pferd sein muss. Europa ritt einen Stier und die Yaks im fernen Osten dienen noch heute als wunderbare Reittiere. Spazieren gehen kann man auch mit Ziegen oder Lamas. Und als freundlicher Rasenmäher ist nicht nur Shaun das Schaf bekannt. Weniger Pferd, mehr Vielfalt der Weidetiere zuzulassen, ist angeraten. An verschiedenen Weidetierarten reiche Weidelandschaften würden ganz allgemein den Erholungswert für die Bevölkerung steigern und hätten insbesondere für Kinder und Jugendliche einen nicht hoch genug einzuschätzenden Wert.

Die Pferdeäpfel wurden sorgfältig entfernt und an anderer Stelle aufwändig kompostiert

Wieviel Stück andere Weidetierart pro Pferd hat sich in der Intensivhaltung der Hauptgestüte, die ja bis heute das Vorbild unserer Sport- Pferdehaltung schlechthin sind, bewährt? Konkrete Angaben finden sich in Von Oettingen (1921). Von Oettingen führte 1913 für das Vollblutgestüt Altefeld ein, dass pro Mutterstute mit Saugfohlen mindestens acht bis zehn Morgen zu rechnen seien, wobei auf jede Stute drei Rinder, bevorzugt zweijährige Ochsen, mitweideten. Ab Ende des 19. Jahrhunderts galt im Deutschen Reich ein Morgen als Viertel Hektar. Jedes Weidetier (außer Saugfohlen) benötigte also etwa 2,5 Morgen. Mutterstute und drei Ochsen macht vier Tiere mal zwei bis 2,5 Morgen ergibt acht bis zehn Morgen oder 2 bis 2,5 Hektar für die vier Fresser. Genau diese Empfehlung fand Von Oettingen (1921) dann vier Jahre später, also 1917, in Unterlagen von Prizelius (1777, zitiert in Von Oettingen 1921). Diese Angaben gelten für Deutschland mit durchschnittlich sieben Monaten Weidezeit und fünf Monaten Winterruhe der Flächen, bei intensivster Pflege und Düngung.

Die Flächen wurden in Parzellen unterteilt und reihum beweidet. Die Pferdeäpfel wurden sorgfältig entfernt und an anderer Stelle aufwändig kompostiert. Der Rinderdung wurde verteilt oder im Verhältnis eins zu drei in Wasser aufgelöst und als Gülle auf besonders kurz gefressenen Bereichen der Weiden ausgebracht.

Auch die Vielfalt im Wirtschaftsgrünland profitiert von der Beweidung durch verschiedene Tierarten. Foto: Fersing

Hühner helfen, Schädlinge zu bekämpfen, Schafe festigen die Grasnarbe

In England mit seinen milden, nassen Wintermonaten konnte damals fast zwölf Monate lang beweidet werden. Dort rechnete man laut VON OETTINGEN (1921) in den Gestüten tatsächlich mit doppelt soviel Fläche und doppelt so viel Rindern pro säugender Mutterstute.
Für wünschenswert, aber oft nicht ausführbar hielt VON OETTINGEN (1921) bis zu zehn Ochsen pro Pferd. Schafen sprach VON OETTINGEN (1921) den sprichwörtlichen „goldenen Huf", aber auch den „giftigen Zahn" zu, wegen ihres zu intensiven Verbisses, und lobte deren Dung. Deutsche Weideschweinrassen hielt er im Frühjahr als den Rindern vergleichbar geeignete Weidegenossen der Pferde, wenn sie durch Ringe in der Schnauze am Durchwühlen des Bodens gehindert waren. Zur Schädlingsbekämpfung empfahl er auf den Pferdeweiden freilaufende Hühner mitsamt fahrbarem Hühnerwagen.
VON OETTINGEN (1921) und SCHNEIDER (1926) waren in intensivem Austausch und vertraten die gleichen Ansichten. SCHNEIDER (1926) rechnete etwa ein Großvieh pro halben Hektar im Sommer. Dabei gab das standortbedingte Futterangebot im Nachsommer die höchstmögliche Tierzahl vor. Den Überschuss an Aufwuchs im ersten Halbjahr empfahl er zu Heu zu machen oder Fresser im Sommer zu verkaufen. Zum Verkauf kamen schlachtreife Weideochsen und Jungtiere. Das Gras durfte laut SCHNEIDER (1926) nicht abgenagt in den Winter gehen, sondern sollte eine Handbreit hoch stehen bleiben.
SCHNEIDER (1926) bemühte sich, alle Tiere auch im Winter so viel wie nur irgend möglich außerhalb der Ställe zu halten, weil er beobachtet hatte, dass dies enorm ihrer Gesundheit diente. Im Winterhalbjahr empfahl er daher pro Großvieh zwei Hektar zu veranschlagen. Um den Tieren die notwendige Fläche im Winter bieten zu können, drainierte er sämtliche Flächen trittfest, auch die Heuwiesen, sodass eine Beweidung im Winter möglich war. Äcker wurden nach der Ernte mit Futterpflanzen eingesät und im Winter mit beweidet. Als Futter empfahl er aus seiner Erfahrung Futterstroh, Heu und Rüben zu nutzen, aber kein Kraftfutter.

Gute Lieferanten bieten zu ihrem Heu auf Wunsch Laboranalysen der Nährwertgehalte an. Zukünftig werden Kontrollen der Infektion mit Endophyten und Analysen der Giftgehalte von Bedeutung sein

Grasland für die Pferdehaltung darf, ja muss vielfältig sein, denn Pferde haben je nach Typ und Arbeitsleistung ganz unterschiedliche Ansprüche an ihr Grundfutter. Futter produzierende Landwirte machen sich mit den Bedürfnissen der Pferde und mit der Situation der Tierhalter selten vertraut und produzieren häufig am bestehenden Markt vorbei. Die Inhaltsstoffe von Heu können je nach Schnittzeitpunkt und Artenzusammensetzung extrem schwanken. Daher sind zu verschiedenen Zeitpunkten gemähte Aufwüchse unterschiedlicher Bestände durchaus auch für Pferde von Interesse.
Gute Lieferanten bieten zu ihrem Heu auf Wunsch Laboranalysen der Nährwertgehalte an, manchmal auch der Fruktangehalte. Zukünftig werden Kontrollen der Infektion mit Endophyten und Analysen der Gehalte der Gifte durch Gräser-Endophyten eine Rolle spielen müssen.

Heu von Naturschutzflächen – ein Beispiel

Naturschutzheu und Heu von mit Wildsaatgut angelegten Flächen bieten theoretisch ebenfalls interessante Alternativen zur landwirtschaftlichen Produktion. Praktisch entspricht die angebotene Qualität von Naturschutzheu leider selten den Anforderungen von Pferden. Sie haben empfindliche Atemwege und vertragen weder Erdstaub noch Schimmelpilze. Giftpflanzen müssen aus Flächen, die zur

Futtergewinnung bestimmt sind, ferngehalten werden – was im Naturschutz kaum möglich ist. Oder doch?

Ein Heu-Projekt des NABU Oberberg (https://www.nabu-oberberg.de/projekte/heu-zum-erhalt-von-magerwiesen/) zeigt, dass man mit konsequenter Offenheit und Sorgfalt den anspruchsvollen Pferdemarkt sehr wohl mit Aufwüchsen aus Naturschutzflächen und traditionellem Dauergrünland bedienen kann. Vegetationsaufnahmen durch Botaniker garantieren, dass keine verseuchten Flächen ins Programm geraten, giftige Einzelpflanzen werden per Hand gejätet.

So entsteht eine Win-Win-Situation für Pferdehalter, Landwirte und Naturschutz. Die Pferdehalter finden hier unterschiedliche Heuchargen für verschiedene Pferdetypen und Arbeitsleistungen. Landwirte verdienen an nachweislich altem Dauergrünland mit liebevoller Sorgfalt bei der Heuwerbung wieder gutes Geld für gute Arbeit. Der Naturschutz kann auf diese Weise traditionelles, artenreiches Kulturland in einem guten Zustand erhalten.

Pferdehalter finden im Naturschutz unterschiedliche Heuchargen für verschiedene Pferdetypen und Arbeitsleistungen

Vor einhundert Jahren wurde ein für Pferde und Natur ungünstiger Weg eingeschlagen. Statt uns und unsere Nutzung dem Standort anzupassen, wurde allen Standorten unser Wille aufgezwängt.

Der Preis für unser Handeln gegen die Natur ist hoch: Aufwand von Dünger, Pestizide, Zucht resistenter Nutzpflanzen, Verlust der Artenvielfalt, geschädigte Böden, belastetes Wasser und verschmutzte Luft. Es ist an der Zeit für eine Kurskorrektur.

Hummel auf Wiesen-Flockenblume. *Foto: Vanselow*

Auf einen Blick: Zusammenhänge und Lösungswege

Im Kompromiss zwischen naturnaher Artenvielfalt und giftigen Zuchtgräsern gibt es gangbare Wege

Die Grafik 10.1 (rechts) bietet eine vereinfachte, schematische Übersicht über die Entwicklungswege von Grasland in Deutschland in den vergangenen einhundert Jahren und zeigt Vorschläge für neue Entwicklungswege auf.

Die Ziffern bezeichnen folgende Zusammenhänge:

1: Naturnahe Vielfalt im Naturschutz ohne jegliche Kontrolle auf Giftpflanzen wie JKK und giftige Gräser-Endophyten in der freien Natur.

2 und 3: Artenreiche Saatgutrezepturen für extensive Nutzung im Naturschutz auf der Grundlage von Wildsaatgut oder alten Kultursorten unter Verzicht auf Giftpflanzen und durch giftige Endophyten infizierte oder infizierbare Gräser mit der Option auf giftarmes Grasland und Heu für Pferdehalter.

3 und 4: Artenreiche Saatgutrezepturen für extensive Nutzung auf der Basis alter Kultursorten und modernen Zuchtsaatguts, aber mit vollständigem Verzicht auf Weidelgräser und Schwingel unter dem Aspekt, dass eine Übertragung giftiger Endophyten durch Pflanzensaft saugende Insekten nicht völlig ausgeschlossen ist. Diese Version könnte vielen Pferden in der Landwirtschaft eine sichere Futtergrundlage bieten.

Kompletter Verzicht auf Weidelgräser und Schwingel in artenreichen Flächen sorgt für mehr Sicherheit

5: Artenarmes Saatgut zur intensiven Nutzung in der Landwirtschaft mit endophytenfreien Zuchtsorten von Weidelgräsern und Schwingeln. Das wenig resistente Gras ist unter extremen Standortbedingungen weniger ausdauernd.

6: Artenarmes Saatgut zur intensiven Nutzung in der Landwirtschaft mit sogenannten freundlichen Endophyten auch für extreme Standortbedingungen. Mit der Zucht resistenter Nutzpflanzen, die rein natürliche Wirkstoffe zur eigenen Verteidigung produzieren, kann auf Pestizide verzichtet werden. Aus konventioneller Landwirtschaft, wie wir sie heute kennen, wird in Zukunft eine moderne industrielle ökologische Landwirtschaft werden. Ob die biologischen Abwehrstoffe in der Nahrungskette tatsächlich harmlos sind, wird die Zukunft zeigen. Ihre biologische Abbaubarkeit im natürlichen Stoffkreislauf ist auf jeden Fall eine positive Entwicklung.

7: Unverwüstliche, hochgradig belastbare Rasengräser im gesetzlich privilegierten Bereich für extremste Ansprüche wie stark gesalzene und betretene Flächen im Innenstadtbereich, Rennbahnen, Golfgreens oder Fußballplätze. Die Resistenz dieser Gräser wird gegebenenfalls erkauft durch extrem hohe Wirkstoffgehalte (Gifte). Diese Gräser sind nicht zu Futterzwecken vorgesehen und gelten als nicht zur Fütterung geeignet.
Dort, wo die Begrünung nicht durch Gräser gewährleistet werden muss, sollte alternativ über salzresistente Kräuter wie zum Beispiel Grasnelken nachgedacht werden.

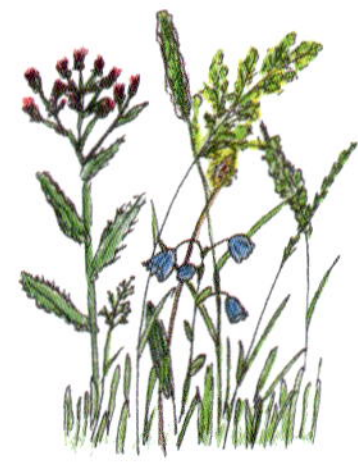

Tabelle 10.1: Übersicht über die Entwicklungswege von Grasland

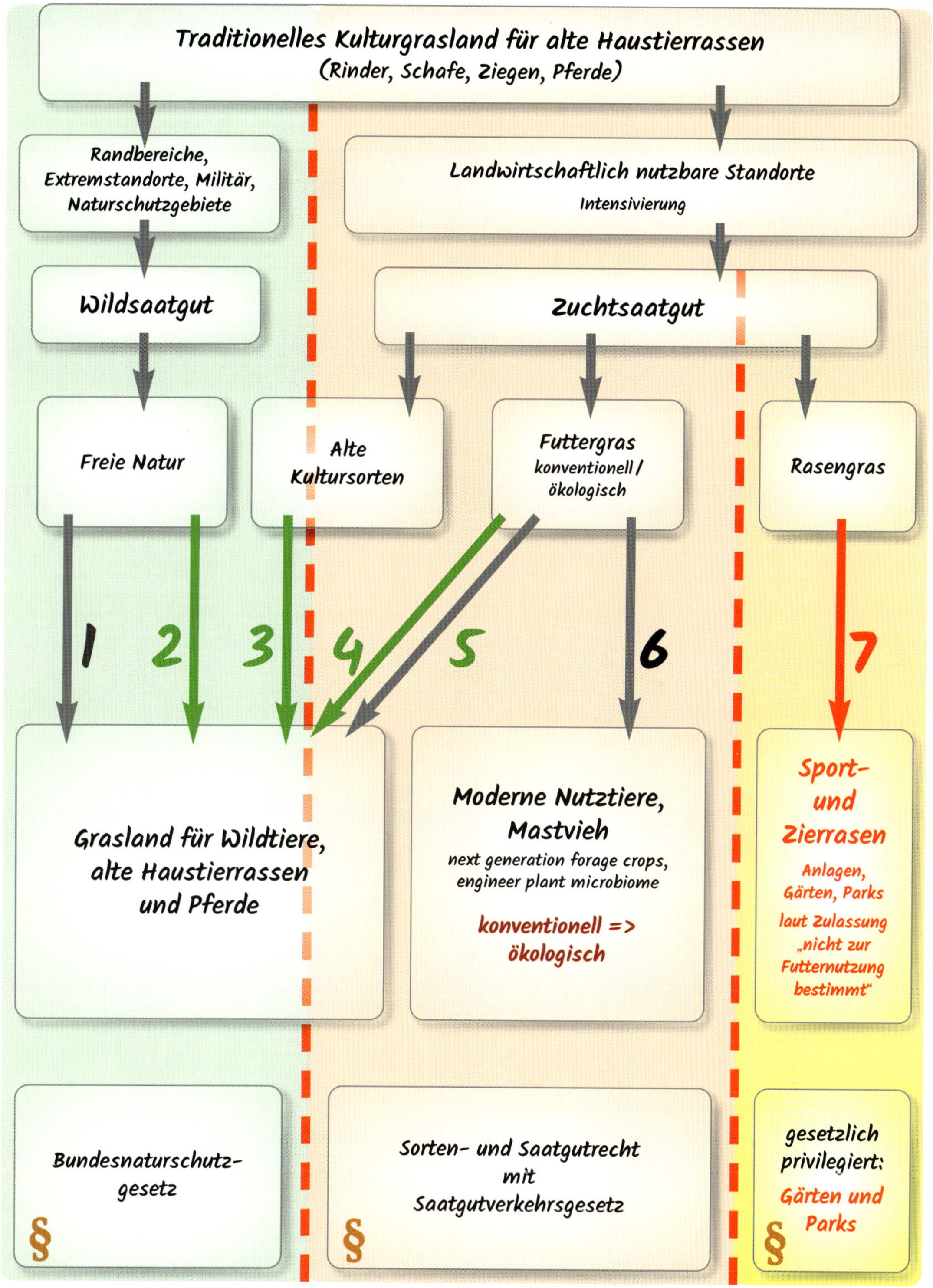

Kapitel 11

Ihr seht die Helix, nicht das Herz

Über die Gaia-Hypothese, Designer-Endophyten und next generation forage crops: Wir verdanken Pilzen alles, wissen aber fast nichts über sie. Dennoch wird fleißig züchterisch verändert. Das Endergebnis könnte anders ausfallen als gewünscht.

Wir Pferdehalter nehmen Pilze oft nur als lästige Schimmelpilze wahr. Der eine oder andere kennt vielleicht essbare oder halluzinogene Pilze. Dabei gehen uns Pferdehalter Pilze mehr an, als die meisten von uns sich überhaupt vorstellen können. Pilze sind etwa eine Milliarde Jahre alt, und angenommen wird, dass sie eine gemeinsame Wurzel mit den Tieren haben. Wahrscheinlich eroberten Pilze das Land schon lange Zeit, bevor die ersten algenähnlichen Pflanzen den Landgang versuchten. Die Pilze waren es vermutlich, die den Landgang der ersten pflanzlichen Wesen überhaupt erst ermöglichten.

Den Gewächsen fehlten noch Wurzeln, wie wir sie von Pflanzen kennen. Die ersten algenähnlichen Gewächse hatten nur Organe, mit denen sie sich am Boden verankern konnten, ganz so wie Algen. Die Versorgung mit Wasser und Nährstoffen gelang vermutlich nur über das Zusammenspiel mit Mykorrhiza-ähnlichen Pilzen, die eine Wurzelfunktion teilweise leisten konnten. Das Leben und Verderben erster Landpflanzen lag also tatsächlich im Myzel von Pilzen.

Bereits die Algen hatten im Wasser in Kontakt mit Pilzen zusammen gelebt – mal zu ihrem Schaden, mal zum gegenseitigen Nutzen. Das System der Win-Win-Situation, die der Gemeinschaft in Form von Flechten die Besiedlung unwirtlichster trockener Standorte ermöglichte, fand – von uns Menschen bis vor Kurzem völlig übersehen – genauso in allen niederen und höheren Landpflanzen seinen Niederschlag. Die innerhalb der Pflanzen lebenden Organismen sind charakterisiert durch eine pilztypische riesige Oberfläche, über die ein intensiver Kontakt und Austausch der Partner gewährleistet ist.

Die Pilze sind und bleiben dabei die Meister der Chemie. Sie sind es, die in höchstem Maße kompetent Wirkstoffe produzieren. Die Pilze leisten sich sozusagen große Pflanzenkörper, die sie mit Wirkstoffen ausstatten – und steuern. Ganz so, wie die Mikroorganismen in unserem Darm sich einen luxuriösen automobilen Fermenter leisten und bestimmen, wann der Fermenter bitteschön Futter für die Mikroorganismen nachliefern soll – und uns einen Heißhunger auf dies und das

Links: Felsen voller Flechtenbewuchs in Schweden. Foto: Vanselow

Das vielleicht größte Lebewesen unserer Erde ist ein 2000 Jahre alter Dunkler Hallimasch

bescheren. Möglicherweise benötigen pilzliche Endophyten nur homöopathische Mengen an Wirkstoffen zur intimen Kommunikation mit ihrer Wirtspflanze und zur Steuerung ihres als pilzliches Substrat dienenden Pflanzenpartners.
Eine riesige Oberfläche bedeutet viel Austausch an Wirkstoffen – und an Informationen. Die Erforschung dieser Schnittstellen zwischen den ganz unterschiedlichen Lebewesen und deren Bedeutung für die Funktion von Ökosystemen hat gerade erst begonnen.
Ökosysteme können nach der Gaia-Hypothese als eigenständige Lebewesen verstanden werden. Wir haben diese Zusammenhänge unlängst erst entdeckt und sind noch weit davon entfernt, diese universelle Sprache zu verstehen.
Wer an die größten Lebewesen dieser Erde denkt, dem fallen riesige Wale ein, Mammutbäume oder mit ihrem gigantischen Wurzelwerk ganze Flussläufe durchwachsende Schachtelhalme. Doch das vielleicht größte Lebewesen unserer Erde ist ein Dunkler Hallimasch in einem Naturschutzgebiet in Oregon. Die Ausdehnung seines Myzels wird auf fast eintausend Hektar Waldfläche geschätzt, sein Gewicht auf 600 Tonnen, sein Alter auf etwa 2000 Jahre. Ein gigantisches Netzwerk feinster Kommunikation der Lebewesen des Waldes.
Und im Grasland, ist es da anders? Kaum haben wir Menschen entdeckt, dass es pilzliche Endophyten gibt und was die so alles können, melden sich schon die menschlichen Begierden als da sind Manipulation, Reichtum, Macht. Das Goldene Kalb hat nie an Anziehungskraft verloren. Der kleine Gott der Welt beißt zudem einmal mehr in den Apfel der Erkenntnis und wähnt sich sofort gottgleich schöpferisch. Er baut wieder einmal einen Turm hoch zum Herrgott und fühlt sich ganz groß. Ja, vielleicht größer als der Schöpfer dieser Erde, denn der kleine Gott glaubt dessen Schöpfung verbessern zu können. Daran ändert auch die ehrenhafte Begründung nichts, die wachsende Menschheit ernähren zu müssen. Lösen wir ein genetisches Erdbeben aus, an dessen Ende ein gigantischer genetischer Tsunami völlig neue Voraussetzungen schaffen wird?

Nur zwei von vielen Pilzen, die im Umfeld eines Pferdestalls vorkommen können: links Bovist, rechts Wiesen-Champignons.
Fotos: Vanselow

Kratzen am Design

Wir stehen einmal mehr am Scheideweg: Passen wir uns und unser Handeln demütig und weise an die uns vorgegebenen Bedingungen an? Oder zwingen wir unserer Umwelt unsere Vorstellungen auf? Geht es gar im Endeffekt überhaupt nicht um die Erde, sondern werden vielleicht mit Hilfe von zivilen Forschungsgeldern superresistente Gewächse zur Besiedlung des Weltraums erforscht mitsamt der von diesen Gewächsen lebenden Proteinlieferanten, also Insekten? Beim Anblick mancher Präsentation zur Werbung für diese multiresistenten Pflanzen könnte man auf diese abstrus anmutende Idee kommen.

Alles hat seinen Preis. Wer sich die Erde untertan macht, will derjenige Erster Diener seines Volkes oder ein rücksichtsloser Ausbeuter sein? ‚Seid fruchtbar und mehret euch' ist eine Kampfansage aller Teilnehmer im großen Spiel gegen gleichberechtigte Mitspieler. Wer mehr sein will als ein gleichberechtigter Mitspieler in einem polysymphonischen Werk, mehr als eine Solostimme, wer sogar nach dem Dirigentenstab greift, der täte gut daran, nicht in die Massenproduktion von Dirigenten einzutreten, sondern die Qualität eines vielstimmigen Orchesters zu fördern.

Vielleicht erübrigt sich das Problem des Bevölkerungswachstums auf diesem Planeten gerade ganz von alleine: Gräser, also auch Getreide, und Endophyten entscheiden rein statistisch über die Fortpflanzungsrate ihrer Konsumenten (Tabelle 6.3, Seite 110). Das Bevölkerungswachstum ganzer Kontinente könnte zukünftig vom Saatgut abhängen.

Die Pilze und die Ökosysteme als solche kann das Kratzen am Design nicht erschüttern. Doch welche Auswirkungen es auf unsere Nahrungsgrundlage, unsere Haustiere und letztlich auf uns selber haben wird – die Menschheit wird es erleben.

Ihr Zauberlehrlinge, irdische Dinge,
Gleichwohl, ob große, ob geringe,
Sind von Gaia so verpackt,
Dass man sie nicht wie Nüsse knackt.
Wie wolltet Ihr Euch unterwinden,
Neue Ökosysteme zu erfinden.
Ihr kennt sie nur von außenwärts.
Ihr seht die Helix, nicht das Herz.

(Frei nach „Schein und Sein" von Wilhelm Busch)

Naturnah gestalteter Golfplatz. *Foto: Vanselow*

Naturnahe Pferdeweide. *Foto: Fersing*

Foto: Fersing

Literatur

Aabenraa Kommune (2009): Velkommen til Bjergskov – Sønderjyllands smukkeste overdrev / Willkommen in Bjergskov – Südjütlands schönster Wiesenlandschaft. Aabenraa Kommune / Gemeinde Aabenraa, Flyer online, 1 Seite. https://naturstyrelsen.dk/media/nst/Attachments/13563510_v1_Bjergskovinformationstavlepdf. PDF

Abney, L. K., J. W. Oliver & C. R. Reinemeyer (1993): Vasoconstrictive effects of tall fescue alkaloids on equine vasculature. J. Equine Vet. Sci. 13:334-340.

Aboling, S., Wolf, P., Mösseler, A. & J. Kamphues (2007) Suddenly swollen parotis glands in horses – related to findings/observations based on vegetation science. 11th Congress of the European Society of Veterinary and Comparative Nutrition, Leipzig, 1st - 3rd November.

Alabdouli, K. O.; Blythe, L. L.; Duringer, J. M.; Elkhouly, A.; Kassab, A.; Askar, M.; Mohammed, E. E.; Al-Juboori, A. & A. M. Craig (2014): Physiological effects of endophyte-infected perennial ryegrass straw on female camels in the Middle East. Emir. J. Food Agric., 26 (1): 82-92.

Aldrich-Markham, S.; Pirelli, G. & A. M. Craig (2007): Endophyte Toxins in Grass Seed Fields and Straw. Effects on Livestock. Oregon State University, EM 8598-E, 4 S.

Andrae, J. G.; Hill, N. S. & T. Murphy (2005): Fall Herbicide Applications to Replace Toxic Tall Fescue with Novel Endophyte-Infected Cultivars. In: D. J. Lang (Ed.) Summary Report of the SERAIEG-8 Tall Fescue Toxicosis/Endophyte Workshop, Natchez Trace State Park Wildersville, TN, October 17 - 19, 2004, p. 7.

Andersson, M. A.; Mikkola, R.; Raulio, M.; Kredics, L.; Maijala, P. & M. S. Salkinoja-Salonen (2009): Acrebol, a novel toxic peptaibol produced by an Acremonium exuviarum indoor isolate. Journal of Applied Microbiology, 106: 909-923.

ANONYMUS (2016): NABU warnt vor Insektensterben. Natur in NRW, 1: 8-9.

Arthur, K. A.; Kuehn, L. A. & W. D. Hohenboken (2003): Sleep time following anesthesia in mouse lines selected for resistance or susceptibility to fescue toxicosis. Journal of Animal Science, 81 (10): 2562-2567.

Arthur, K. A. (2002): Pentobarbital sleep time in mouse lines selected for resistance and susceptibility to fescue toxicosis. Master of Science Thesis, Virginia Polytechnic Inst. and State University, Blacksburg, VA, USA, pp. 43.

Asplin, K. E., M. N. Sillence, C. Pollitt & C. M. McGowan (2007): Induction of laminitis by prolonged hyperinsulinaemia in clinically normal ponies. The Veterinary Journal, available online Aug. 24.

Atsatt, P. R. (1988) Are vascular plants „inside-out“ lichens? Ecology, 69: 17-23. Zitiert in: Cheplik, G. P. & Faeth, S. H. (2009): Ecology and Evolution of the Grass-Endophyte Symbiosis, Oxford University Press, pp. 241.

Baars, S. (2000): BIONIT® E 558, Bentonit -montmorillonithaltiger Futterzusatzstoff. Auswertungs- und Informationsdienst für Ernährung, Landwirtschaft und Forsten e. V. (AID), veröffentlicht in: Bayerisches Landwirtschaftliches Wochenblatt, BLW 34, 26.8.2000.

Bacon, C. W., J. K. Porter, J. D. Robbins & E. S. Luttrell (1977): Epichloe typhina from tall fescue grasses. Appl. Environ. Microbiol., 35: 576-581.

Bacon, C. W., Lyons P. C., Porter J. K. & J. D. Robbins (1986): Ergot toxicity from endophyte-infected grasses: A review. – Agron. J., 78: 158-163.

Ball, D. M., S. P. Schmidt, G. D. Lacefield, C. S. Hoveland & W. C. Young III (2003): Tall Fescue / Endophyte Concepts. – Oregon Tall Fescue Commission Special Publication 1-03, Salem, Oregon.

Ball, O. J. -P.; Prestidge, R. A. & J. M. Sprosen (1995): Interrelationships between Acremonium lolii, Peramine, and Lolitrem B in Perennial Ryegrass. Applied and Environmental Microbiology, 61 (4): 1527-1533.

Bancy, W.; Turoop, L.; Esther, K.; Daniel, C. & D. Thomas (2014): Non-pathogenic Fusarium oxysporum endophytes provide field control of nematodes, improving yield of banana (Musa sp.). Biological Control, doi: http://dx. doi. org/10. 1016/j. biocontrol. 2014.04.002

Barrow, J., M. Lucero, I. Reyes-Vera & K. Havstad (2007): Endophytic fungi structurally integrated with leaves reveals a lichenous condition of C4 grasses. In Vitro Cellular and Depelopmental Biology. Plant, 43: 65-70. Zitiert in: Cheplik G. P. & S. H. Faeth (2009): Ecology and Evolution of the Grass-Endophyte Symbiosis. Oxford University Press, pp. 241.

Bates, G. (2015): Tall Fescue: Endophyte-Infected or Endophyte-Free? The University of Tennessee, Agricultural Extension Service, SP439A-2. 5M-9/97 (Rep), E12-2015-00-083-98.

Baumgartner, C. & C. Guler (2008): Extrem viel Zucker und wenig Protein im Heu. die grüne, 20: 30-33.

Becker, N.; Emde, F.; Jessel, B.; Kärcher, A.; Schuster, B. & C. Seifert (2014): BfN Grünland-Report: Alles im Grünen Bereich? Bundesamt für Naturschutz [Hrsg.], Bonn, 34 S.

Behrend, A. (1999): Kinetik des Ingestaflusses bei Rehen (Capreolus capreolus) und Mufflons (Ovis ammon musimon) im saisonalen Verlauf. Dissertation, Humboldt-Universität zu Berlin, 97 S.

Beinert, K. & Sauerlandt, W. (1951): Der wirtschaftseigene Dünger, seine Gewinnung, Behandlung und Verwertung. 6te Aufl., Vlg. Paul Parey, Berlin, 112 S.

BfR (2004): Mutterkornalkaloide in Roggenmehl. Stellungnahme des Bundesinstitut für Risikobewertung (BfR) vom 22.1.2004, 10 S.

Bhusari, S. (2006): Effects of Fescue Toxicosis and Chronic Heat Stress on Murine Hepatic Gene Expression. Dissertation, University of Missouri-Columbia, pp. 120.

Binding, R. (1935): Das Heiligtum der Pferde. Vlg. Gräfe und Unzer, Königsberg, 105 S.

Bishop, D. L, H. G. Levine, B. R. Kropp, A. J. Anderson & E. E. Hood (1997): Seedborne fungal contamination: consequences in space-grown wheat. Phytopathology, 87(11): 1125-33.

Blodgett, D. J. (2007): Chapter 71: Fescue Toxicosis. In: R. C. Gupta [Ed.] Veterinary Toxicology – Basic and Clinical Principles. Elsevier Academic Press, New York, Pp. 907-914.

Bluett, S. J.; Hume, D. E.; Tapper, B. A. & S. L. Stephens (2004): Incidence of ryegrass staggers in white rhinoceros (Ceratotherium simum) at Auckland Zoo. New Zealand Veterinary Journal, 52 (1): 48.

Blume, H.-P. (1990a): 2.6.4. Verhalten in Böden. In: Blume, H.-P. Handbuch des Bodenschutzes. Vlg. ecomed, Landsberg/Lech, S. 220-231.

Blume, H.-P. (1990): 2.9.2 Böden und Landbau. In: Blume, H.-P. Handbuch des Bodenschutzes. Vlg. ecomed, Landsberg/Lech, S. 459-464.

Blumenstein, K. (2015): Endophytic Fungi in Elms – Implications for the Integrated Management of Dutch Elm Disease. Doctoral Thesis, Swedish University of Agricultural Sciences, Alnarp & Bangor University, UK, pp. 82.

Blythe, L. L.; Craig, A. M.; Estill, C. & C. Cebra (2007): Clinical manifestations of tall fescue (Festuca arundinacea) and perennial ryegrass (Lolium perenne) toxicosis in Oregon and Japan. In: Popay A. J. & E. M. Thom (Eds.): Proceedings of the 6th International Symposium on Fungal Endophytes of Grasses. Grasslands Research and Practice Series No. 13, New Zealand Grassland Association, Christchurch, pp. 369-372.

Bockelmann, A. & B. Sieg (2008a): Welche Rolle spielen die Artenzusammensetzung und Artenvielfalt von Weiden für die Pferdegesundheit? Bericht Pferde-Projekt Emsaue, Institut für Evolution und Biodiversität, Universität Münster, 26 S.

Bockelmann, A. & B. Sieg (2008b): Sind artenreiche Ökosysteme gesünder? Interaktionen zwischen dem Artenreichtum von Grünland und der Nahrungsökologie von Pferden. Mitt. Arbeitsgem. Geobot. Schleswig-Holstein Hamb., 65: 345-362.

Bony, S., A. Durix, A. Leblond & P. Jaussaud (2001): Toxicokinetics of ergovaline in the horse after an itravenous administration. Vet. Res. 32: 509-513.

Bourke, C. A., E. Hunt & R. Watson (2009): Fescue-associated oedema of horses grazing on endophyte-inoculated tall fescue grass (Festuca arundinacea) pastures. Aus. Vet. J., 87: 492-498.

BRANDY, K. (1953): Die Düngung der Futterflächen. In: GRAEBER, W. (1953): Grünland- und Futtermittelwirtschaft in den USA. Berichte über Studienreisen im Rahmen der Auslandshilfe der USA. Land- und Hauswirtschaftlicher Auswertungs- und Informationsdienst AID, Heft 39, S. 50-54.

BRENCHLEY, W. E. & WEBER, C. A. (1926): Die Rothamsteder Wiesendüngungsversuche von 1856 bis 1919. Vlg. August Reher, Berlin, 206 S.

BRENDEMUEHL J. P., CARSON R. L., WENZEL J. G. W., BOOSINGER T. R, SHELBY R. A. (1996): Effects of grazing endophyte-infected tall fescue on ECG and progestogen concentrations from gestation day 21 to 300 in the mare. Theriogenology, 46: 85-96.

BRIEMLE, G.; EICKHOFF, D.; WOLF, R. (1991): Mindestpflege und Mindestnutzung unterschiedlicher Grünlandtypen aus landschaftsökologischer und landeskultureller Sicht. Praktische Anleitung zur Erkennung, Nutzung und Pflege von Grünlandgesellschaften. Herausgegeben von der Landesanstalt für Umweltschutz Baden-Württemberg, Karlsruhe, und der Staatlichen Lehr- und Versuchsanstalt für Viehhaltung und Grünlandwirtschaft, Aulendorf, 160 S.

BROWNING JR., R. (2003): Tall Fescue Endophyte Toxicosis in Beef Cattle: Clinical Mode of Action and Potential Mitigation through Cattle Genetics. Beef Improvement Federation (BIF), Angus Productions Inc.'s Coverage of the 35th Annual Meeting, Lexington, KY, May 28.-31.2003, pp. 15.

BRÜNNER, F. (1953): Die Luzerne. In: GRAEBER, W. (1953): Grünland- und Futtermittelwirtschaft in den USA. Berichte über Studienreisen im Rahmen der Auslandshilfe der USA. Land- und Hauswirtschaftlicher Auswertungs- und Informationsdienst AID, Heft 39, S. 41-45.

BRUNDRETT, M. C. (2002): Coevolution of roots and mycorrhizas of land plants. New Phytologist 2002; 154: 275-304. Zitiert in: CHEPLIK, G. P. & S. H. FAETH (2009): Ecology and Evolution of the Grass-Endophyte Symbiosis, Oxford University Press, pp. 241.

BU, N.; LI, X.; LI, Y.; MA, C.; MA, L. & C. ZHANG (2012): Effects of Na_2CO_3 stress on photosynthesis and antioxidative enzymes in endophyte infected and non-infected rice. Ecotoxicology and Environmental Safety, 78: 35-40.

BÜRGER, A. (1928): Verbesserung des Grünlandes mit und ohne Umbruch. Paul Parey, Berlin, 44 S.

BUND RLP (2012): Positionspapier des BUND Rheinland-Pfalz zum Grünlandschutz. Bund für Umwelt und Naturschutz Deutschland (BUND) Landesverband Rheinland-Pfalz e. V. [Hrsg.], Mainz, 6 S.

BUNZEL-DRÜKE, M.; J. DRÜKE & H. VIERHAUS (1994): Quarternary Park – Überlegungen zu Wald, Mensch und Megafauna. ABUinfo 17/18:4-38.

BUNZEL-DRÜKE, M., C. BÖHM, P. FINCK, G. KÄMMER, R. LUICK, E. REISINGER, U. RIECKEN, J. RIEDL, M. SCHARF & O. ZIMBALL (2008): Praxisleitfaden für Ganzjahresbeweidung in Naturschutz und Landschaftsentwicklung – „Wilde Weiden". Arbeitsgemeinschaft Biologischer Umweltschutz im Kreis Soest e. V., Bad Sassendorf-Lohne. 215 S.

BUNZEL-DRÜKE, M., C. BÖHM, G. ELLWANGER, P. FINCK, H. GRELL, L. HAUSWIRTH, A. HERRMANN, E. JEDICKE, R. JOEST, G. KÄMMER, M. KÖHLER, D. KOLLIGS, R. KRAWCZYNSKI, A. LORENZ, R. LUICK, S. MANN, H. NICKEL, U. RATHS, E. REISINGER, U. RIECKEN, H. RÖSSLING, R. SOLLMANN, A. SSYMANK, K. THOMSEN, T. TISCHEW, H. VIERHAUS, H.-G. WAGNER & O. ZIMBALL (2015): Naturnahe Beweidung und Natura 2000 – Ganzjahresbeweidung im Management von Lebensraumtypen und Arten im europäischen Schutzgebietsystem Natura 2000. Heinz Sielmann Stiftung, Duderstadt. 291 S.

BURMEISTER IN GROTHE, W. (1934): Führer durch Trakehnen. H. Klutke, Stallupönen. S. 55-57.

BURNIK STURM, M.; GANBAATAR, O.; VOIGT, C. C. & P. KACZENSKY (2016): Sequential stable isotope analysis reveals differences in dietary history of three sympatric equid species in the Mongolian Gobi. Journal of Applied Ecology, doi: 10. 1111/1365-2664. 12825.

BUNDESVERBAND DER LANDWIRTSCHAFTLICHEN BERUFSGENOSSENSCHAFTEN (BLB) (2001): Pferdehaltung. Hauptstelle für Sicherheit und Gesundheitsschutz, Kassel. 72 S.

CANALS, R. M.; SAN-EMETERIO, L.; SANCHEZ-MARQUEZ, S.; DE LOS MOZOS, I. R.; PUJOL, P. & I. ZABALGOGEAZCOA (2014): Non-systemic fungal endophytes in Carex brevicollis may influence the toxicity of the sedge to livestock. Spanish Journal of Agricultural Research, 12(3): 623-632.

CANTY, M. J.; FOGARTY, U.; SHERIDAN, M. K.; ENSLEY, S. M.; SCHRUNK, D. E. & S. J. MORE (2014): Ergot alkaloid intoxication in perennial ryegrass (Lolium perenne): an emerging animal health concern in Ireland? Irish Veterinary Journal, 67:21.

CARADUS, J. (2018): The unique factors of Epichloë endophytes that have made a significant impact in pastoral agriculture. 10th International Symposium on Fungal Endophytes of Grasses, June 18-21, 2018, Salamanca, Spain.

CHEPLICK G. P. & S. H. FAETH (2009): Ecology and Evolution of the Grass-Endophyte Symbiosis. Oxford University Press, pp. 241.

CHOWDHARY, K.; KAUSHIK, N.; COLOMA, A. G. & C. M. RAIMUNDO (2012): Endophytic fungi and their metabolites isolated from Indian medicinal plant. Phytochem Rev, 11:467-485.

CHUGH, J. K. & B. A. WALLACE (2001): Peptaibols: models for ion channels. Biochemical Society Transactions, 29 (4): 565-570.

CLAY, K.; RUDGERS, J. A. & A. L. SHELTON (2010): Tall fescue, endophyte infection and vegetation change: A 10-year experiment. In: Young, C. A.; Aiken, G. E.; McCulley, R. L.; Strickland, J. R. & C. L. Schardl (Eds.): Epichloae, endophytes of cool season grasses: Implications, utilization and biology. 7th International Symposium on Fungal Endophytes of Grasses, Lexington, KY.

CLAY K., J. HOLAH & J. A. RUDGERS (2005): Herbivores cause a rapid increase in hereditary symbiosis and alter plant community composition. PNAS 102 (35), 12465-12470.

CLAY, K. & HOLAH, J. (1999): Fungal Endophyte Symbiosis and Plant Diversity in Successional Fields. Science 285, 1742-1744.

CLEMENT, S. L.; HU, J.; STEWARD, A. V.; WANG, B. & L. R. ELBERSON (2011): Detrimental and neutral effects of a wild grass-fungal endophyte symbiotum on insect preference and performance. Journal of Insect Science, 11:77. Available online: insectscience. org/11. 77

CLEMENT, S. L.; ELBERSON, L. R.; BOSQUE-PÉREZ, N. A. & D. J. SCHOTZKO (2005): Detrimental and neutral effects of wild barley-Neotyphodium fungal endophyte associations on insect survival. Entomologia Experimentalis et Applicata, 114: 119-125.

CORDSEN, E. (1990): 2. 2. 2 Künstlicher Bodenauftrag und -abtrag. In: BLUME, H. -P. Handbuch des Bodenschutzes. Vlg. ecomed, Landsberg/Lech, S. 115-126.

CORREA-RIET, F.; MENDEZ, M. C.; SCHILD, A. L. ET AL. (1988): Agalactia, reproductive problems and neonatal mortality in horses associated with the ingestation of Claviceps purpurea. Aust. Vet. J., 65: 192-193.

CRAVEN, K. D. & C. L. SCHARDL (no date): Chapter 2: Systematics and Morphology. In: Tall Fescue online-Monograph. Oregon State University. https://forages. oregonstate. edu/tallfescuemonograph

CRAIG, A. M.; BLYTHE, L. L. & J. M. DURINGER (2014): The Role of the Oregon State University Endophyte Service Laboratory in Diagnosing Clinical Cases of Endophyte Toxicoses. Journal of Agricultural and Food Chemistry, 62(30): 7376-7381.

CRAIG, A. M.; KLOTZ, J. L. & J. M. DURINGER (2015): Cases of ergotism in livestock and associated ergotalkaloid concentrations in feed. Front. Chem., 3: 8. doi:10. 3389/fchem. 2015. 00008

CROFTS, A. & R. G. JEFFERSON (eds., 1999): The Lowland Grassland Management Handbook. 2nd edition. © English Nature/The Wildlife Trusts (Royal Society for Nature Conservation). ISBN 1-85716-443-1.

CROSS, D. L., L. M. REDMOND & J. R. STRICKLAND (1995): Equine fescue toxicosis: signs and solutions. J. Anim. Sci., 73: 899-908.

CROSS, D. L. (1997): Fescue toxicosis in horses. In: C. W. Bacon & N. S. Hill (eds.), Neotyphodium/Grass Interactions, Plenum Press New York: 289-309.

CROSS, D. L., K. ANAS, W. C. BRIDGES & J. H. CHAPPELL (1999): Clinical effects of domperidone on fescue toxicosis in pregnant mares. AAEP Proceedings, Vol. 45: 203-206.

CUNNINGHAM, I. J. & W. J. HARTLEY (1959) N. Z. vet. J., 7: 1. Zitiert in: MUNDAY, B. L., I. M. MONKHOUSE & R. T. GALLAGHER (1985): Intoxication of horses by lolitrem B in ryegras seed cleanings. Aust. Vet. J. 62 (6): 207.

DAHL JENSEN, A. M., L. MIKKELSEN & N. ROULUND (2007): Variation in Genetic Markers and Ergovaline Production in Endophyte (Neotyphodium)-Infected Fescue Species Collected in Italy, Spain, and Denmark. Crop Sci., 47: 139-147.

DALZIEL, J. E.; DUNSTAN,K. E. & S. C. FINCH (2014): Combined effects of fungal alkaloids on intestinal motility in an in vitro rat model. J. Anim. Sci., 91: 5177-5182.

DALZIEL, J. E.; FINCH, S. C. & J. DUNLOP (2005): The fungal neurotoxin lolitrem B inhibits the function of human large conductance calcium-activated potassium channels. Toxicol. Lett., 155: 421-426. Zitiert in: JOHNSTONE, L. K.; MAYHEW, I. G. & L. R. FLETCHER (2012): Clinical expression of lolitrem B (perennial ryegrass) intoxication in horse. Equine Veterinary Journal, 44: 304-309.

D´AMICO, M.; FRISULLO, S. & M. CIRULLI (2008): Endophytic fungi occurring in fennel, lettuce, chicory, and celery d commercial crops in southern Italy. Mycological Research, 112: 100-107.

DE BONTH, A. C. M.; MCGILL, C. R.; PANCKHURST, K. A.; MAW, B. R.; MCKENZIE, C. M.; D. E. HUME (2018): Epichloë endophyte survival in Secale cereale seed under different storage conditions. 10th International Symposium on Fungal Endophytes of Grasses, June 18-21, 2018, Salamanca, Spain.

DECLEER, M.; RAJKOVIC, A.; SAS, B.; MADDER A. & S. DE SAEGER (2016): Development of an LC-MS/MS method for the simultaneous determination of beauvericin, enniatins (A, A1, B, B1) and cereulid in cereal and cereal-based food matrices. 38th Mycotoxin Workshop, May 2-4, 2016, Berlin.

DE LAHUNTA, A. & E. N. GLASS (2009): Veterinary Neuroanatomy and Clinical Neurology, 3rd edn., Saunders, Philadelphia.

DE LAHUNTA, A.; GLASS, E. N. & M. KENT (2006): Classifying involuntary muscle contractions. Comp. Cont. Educ. pract. Vet. 28: 516-530.

DE SASSI, C.; MÜLLER, C. B. & KRAUSS, J. (2006): Fungal plant endosymbionts alter life history and reproductive success of aphid predators. Proceedings Of The Royal Society B-Biological Sciences 273(1591): 1301-1306.

DEUTSCHE SAATVEREDELUNG (DSV) (2004): Gräser bestimmen und erkennen. DSV, Lippstadt, 103 S.

DEUTSCHER BUNDESTAG, Drucksache 15/5087 vom 14. 03. 2005: Bereitstellung von gebietsheimischem Wildkräutersaatgut im Konflikt zwischen Bestimmungen des Saatgutverkehrsgesetzes und des Bundesnaturschutzgesetzes. Antwort der Bundesregierung auf die Kleine Anfrage der Abgeordneten Dr. Christel Happach-Kasan, Hans-Michael Goldmann, Angelika Brunkhorst, weiterer Abgeordneter und der Fraktion der FDP – Drucksache 15/4960.

DIERKING, U. (2017): Artenschutz im Grünland – Aktuelle Herausforderungen aus der Sicht des DVL in Schleswig-Holstein. Vortrag bei der Grünlandtagung „Naturschutz und Landwirtschaft im Dialog – Artenreiches Grünland: Chancen schaffen & Möglichkeiten nutzen“ des Bundesamtes für Naturschutz (BfN) gemeinsam mit der Hochschule für Forstwirtschaft Rottenburg, Internationale Naturschutzakademie Insel Vilm, 09. bis 12. Oktober 2017.

DIERSCHKE, H. & BRIEMLE, G. (2002): Ökosysteme Mitteleuropas aus geobotanischer Sicht: Kulturgrasland – Wiesen, Weiden und verwandte Staudenfluren. Vlg. Eugen Ulmer, Stuttgart, 239 S.

DOBRINDT, L.; STROH, H. -G.; ISSELSTEIN J. & S. VIDAL (2013): Infected – not infected: Factors influencing the abundance of the endophyte Neotyphodium lolii in managed grasslands. Agriculture, Ecosystems & Environment, 175: 54-59.

DOBRINDT, L.; ALKHEDIR, H.; HAHN H. & S. VIDAL (2009) Do aphids serve as vectors for systemic grass endophytes? Section 07 – Poster P7-4, Tagung der Deutschen Gesellschaft für allgemeine und angewandte Entomologie, Göttingen, 16. -19. 3. 2009.

DOUTHIT T. L., J. M. BORMANN, K. C. GRADERT, L. W. LOMAS, S. F. DEWITT & J. M. KOUBA (2012): The impact of endophyte-infected fescue consumption on digital circulation and lameness in the distal thoracic limb of the horse. J ANIM SCI 2012, 90:3101-3111.

DURINGER, J. (2007a): Forage-Related Animal Disorders: Service-Endopyte Testing Laboratory. Quality Control Program for the Tall Fescue and Perennial Ryegrass Toxins, Ergovaline and Lolitrem B. http://forages/oregonstate. edu/css310/default. ctm?PageID=7; Präsentation des Endophyte Service Laboratory Corvallis/USA, erstellt am 29. 5. 2007, online abgerufen am 31.07.2007

Duringer, J. (2007b): Forage-Related Animal Disorders: Fate and Metabolism of Plant Toxins in Livestock. http://forages/oregonstate. edu/css310/default. cfm?PageID=7; Präsentation des Endophyte Service Laboratory Corvallis/USA, erstellt am 25. 5. 2007, online abgerufen am 31.07.2007

Durix, A.; Jaussaud, P.; Garcia, P.; Bonnaire, Y. & S. Bony (1999): Analysis of ergovaline in milk using high-performance liquid chromatography with fluorimetric detection. J. Chromatogr. B. Biomed. Sci. Appl., 729: 255-263.

Eckardt, T. (2007): Mehr Zucker im Gras. BLW, 10: 29-30.

EFSA, European Food Safety Authority (2005): Opinion of the scientific panel on contaminants in the food chain on request from the commission related to ergot as undesirable substance in animal feed EFSA J., 225: 1-27.

Ellenberg, H.; Weber, H. E.; Düll, R.; Wirth, V.; Werner, W. & D. Paulissen (1992) Zeigerwerte von Pflanzen in Mitteleuropa. Vlg. Goltze, Göttingen, Scripta Geobotanica 18.

Ellenberg, H. (1986): Vegetation Mitteleuropas mit den Alpen. Ulmer, Stuttgart, 989 S.

Emmerling, A. & Weber, C. A. (1901): Beiträge zur Kenntnis der Dauerweiden in den Marschen Norddeutschlands. DLG, Heft 61, Berlin, 127 S.

Engel, M. S. & D. A. Grimaldi (2004): New light shed on the oldest insect. Nature, 427: 627-630.

Ernst, W. (1974): Schwermetallvegetation der Erde. Gustav Fischer Verlag, Stuttgart, 194 S.

Evans, T. J.; Blodgett, D. J. & G. E. Rottinghaus (2012): Chapter 87 – Fescue toxicosis. In: Gupta, R. C. (Ed.): Veterinary Toxicology – Basic and Clinical Principles (Second Edition). Academic Press Inc., San Diego, 1166-1177.

Falke, F. (1920): Die Dauerweiden, Bedeutung, Anlage und Betrieb derselben unter besonderer Berücksichtigung intensive Wirtschaftsverhältnisse. M. & H. Schaper, Hannover, 433 S.

Finch, S. C. (2018): Secondary metabolites expressed by grass-endophyte associations – chemistry, structure activity and food safety. 10th International Symposium on Fungal Endophytes of Grasses, June 18-21, 2018, Salamanca, Spain.

Finch, S. C.; Thom, E. R.; Babu, J. V.; Hawkes, A. D. & C. D. Waugh (2013): The evaluation of fungal endophyte toxin residues in milk. N Z Vet J, 61: 11-17.

Finch, S. C.; Fletcher, L. R. & J. V. Babu (2012): The evaluation of endophyte toxin residues in sheep fat. N Z Vet J, 60: 56-60.

Fink-Gremmels, J. (2010): Schimmelpilze und Mycotoxine beim Pferd. Vortrag beim PerNaturam Symposium „Gifte in der Umwelt und der Nahrung der Pferde, Möglichkeiten zur Entschärfung der Probleme und zur Entgiftung“, 03. Juli 2010, Lukaszentrum in Witten/Ruhr.

Forage Focus (2007): Understanding endophytes. Wrightson Seeds, Christchurch, New Zealand, No. 5.

Fox, R., Brereton, T. M., Asher, J., August, T. A., Botham, M. S., Bourn, N. A. D., Cruickshanks, K. L., Bulman, C. R., Ellis, S., Harrower, C. A., Middlebrook, I., Noble, D. G., Powney, G. D., Randle, Z., Warren, M. S. & Roy, D. B. (2015): The State of the UK's Butterflies 2015. Butterfly Conservation and the Centre for Ecology & Hydrology, Wareham, Dorset, pp. 28.

Franzen, J. L. (2007): Die Urpferde der Morgenröte. Ursprung und Evolution der Pferde. Akad. Vlg. Elsevier Spektrum, München. 221 S.

Franzluebbers, A. J. & N. S. Hill (2005): Soil carbon, nitrogen, and ergot alkaloids with short- and long-term exposure to endophyte-infected and endophyte-free tall fescue. Soil Science Society of America Journal, 69 (2): 404-412.

Freckmann, W. (1932): Wiesen und Dauerweiden, ihre Anlage und Bewirtschaftung nach neuzeitlichen Grundsätzen. Paul Parey, Berlin, 187 S.

Fritz, S. A.; Eronen, J. T.; Schnitzler, J.; Hof, C.; Janis, C. M.; Mulch, A.; Böhning-Gaese, K. & C. H. Graham (2016): 20-million year relationship between mammalian diversity and primary productivity. Proceedings of the National Academy of Sciences of the USA, PNAS, 113 (39): 10908-10913.

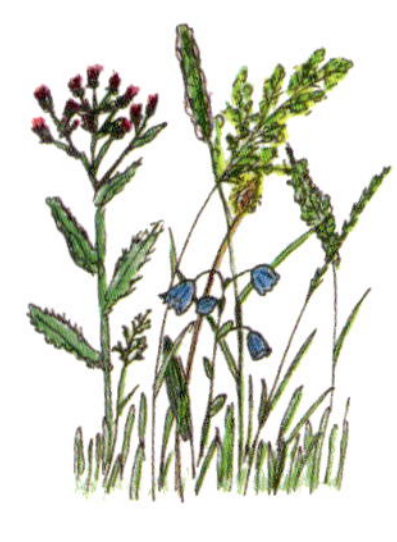

FUCHS, B.; KRISCHKE, M.; MUELLER, M. J. & J. KRAUSS (2013): Peramine and lolitrem B from endophyte-grass associations cascade up the food chain. Journal of Chemical Ecology, 39: 1385-1389. DOI 10. 1007/s10886-013-0364-2

FUCHS, E. (1885): Der Petersensche Wiesenbau. Unter Mitbenutzung des Petersenschen Nachlasses. Paul Parey, Berlin, 234 S.

GALEY, F. D.; TRACY, M. L.; CRAIGMILL, A. L.; BARR, B. C.; MARKEGARD, G.; PETERSON, R. & M. O'CONNOR (1991): Staggers induced by consumption of perennial ryegrass in cattle and sheep from northern California. J Am Vet Med Assoc, 199: 466-470.

GARRETT, L. W. & E. D. HEIMAN (1980): Reproduction of Mares Grazing Fescue Pastures (Newsletter). Coop. Ext. Service, University of Missouri, 4.

GAUNITZ, C. ET AL. (2018): Ancient genomes revisit the ancestry of domestic and Przewalski's horses. Science, 10. 1126/science. aao3297.

GESSNER, R. V. & J. KOHLMEYER (1976): Geographical distribution and taxonomy of fungi from salt marsh Spartina. Canadian Journal of Botany, 54 (17): 2023-2037.

GILBERT, J. C.; GOWING, D. J. G.; LOVELAND, P. (2003) Chemical amelioration of high phosphorus availibility in soil to aid the restoration of species-rich grassland. Ecological Engineering, 19:297-304.

GOONERATNE, S. R.; PATCHETT, B. J.; WELLBY, M. & L. R. FLETCHER (2012) Excretion of loline alkaloids in urine and faeces of sheep dosed with meadow fescue (Festuca pratensis) seed containing high concentrations of loline alkaloids. New Zealand Veterinary Journal, 60 (3): 176-182.

GOSSNER, M. M.; LEWINSOHN, T. M.; KAHL, T.; GRASSEIN, F.; BOCH, S.; PRATI, D.; BIRKHOFER, K.; RENNER, S. C.; SIKORSKI, J.; WUBET, T.; ARNDT, H.; BAUMGARTNER, V.; BLASER, S.; BLÜTHGEN, N.; BÖRSCHIG, C.; BUSCOT, F.; DIEKÖTTER, T.; RÉ JORGE, L.; JUNG, K.; KEYEL, A. C.; KLEIN, A. -M.; KLEMMER, S.; KRAUSS, J.; LANGE, M. & J. MÜLLER (2016): Land-use intensification causes multitrophic homogenization of grassland communities. Nature, 540: 266-269.

GOULSON, D. (2013): An overview of the environmental risks posed by neonicotinoid insecticides. Journal of Applied Ecology, 50: 977-987.

GRAEBER, W. (1953 a): Grünland- und Futtermittelwirtschaft in den USA. Berichte über Studienreisen im Rahmen der Auslandshilfe der USA. Land- und Hauswirtschaftlicher Auswertungs- und Informationsdienst AID, Heft 39, 78 S.

GRAEBER, W. (1953 b): Einleitung und Zweck der Reise. In: GRAEBER, W. (1953): Grünland- und Futtermittelwirtschaft in den USA. Berichte über Studienreisen im Rahmen der Auslandshilfe der USA. Land- und Hauswirtschaftlicher Auswertungs- und Informationsdienst AID, Heft 39, S. 15-16.

GRAEBER, W. (1953 c): Verlauf der Reise und allgemeiner Überblick über die landwirtschaftlichen Verhältnisse der besuchten Gebiete. In: GRAEBER, W. (1953): Grünland- und Futtermittelwirtschaft in den USA. Berichte über Studienreisen im Rahmen der Auslandshilfe der USA. Land- und Hauswirtschaftlicher Auswertungs- und Informationsdienst AID, Heft 39, S. 17-23.

GRAEBER, W. (1953 d): Die Futterpflanzenzüchtung. In: GRAEBER, W. (1953): Grünland- und Futtermittelwirtschaft in den USA. Berichte über Studienreisen im Rahmen der Auslandshilfe der USA. Land- und Hauswirtschaftlicher Auswertungs- und Informationsdienst AID, Heft 39, S. 46-49.

GREYLING, T. (2005): Factors affecting possible management strategies for the Namib feral horses. Potchefstroom: PU vir CHO, North-West University, Namibia, pp. 188.

GREYLING, T. (1994): The behavorial ecology of the feral horses in the Namib Naukluft Park. Dissertation, Potchefstroom: PU vir CHO, North-West University, Namibia, 91 p.

GROPPE, K.; STEINGER, T.; SANDERS, I. I.; SCHMID, B.; WIEMKEN, A. & T. BOLLER (1999): Interaction between the endophytic fungus Epichloe bromicola and the grass Bromus erectus: Effects of endophyte infection, fungal concentration and environment on grass growth and flowering. Mol Ecol., 8(11): 1827-1835.

GROSS, M. & E. USLEBER (2015): Mycotoxins in blood and urine of sporthorses. 37th Mycotoxin Workshop, June 1-3, 2015, Bratislava, Slovakia.

GROSS, M. BAUER, J. I.; WEGNER, S.; FRIEDRICH, K.; MACHNIK, M. & E. USLEBER (2015): Mycotoxicoses in horses: toxins, occurrence in feed, and the search for markers of exposure. In: LINDNER, A. (ed.) Applied equine nutrition and training (Equine Nutrition and Training Conference 2015), Wageningen Academic Publishers, 43-58.

GUERRE, P. (2015): Ergot Alkaloids Produced by Endophytic Fungi of the Genus Epichloë. Toxins, 7: 773-790.

GUERRE, P. (2016): Lolitrem B and Indole Diterpene Alkaloids Produced by Endophytic Fungi of the Genus Epichloë and Their Toxic Effects in Livestock. Toxins, 8: 47. doi:10. 3390/toxins8020047

GUNDEL, P. E., P. H. MASEDA, M. M . VILA-AIUB, C. M . GHERSA & R. BENECH-ARNOLD (2006): Effects of Neotyphodium fungi on Lolium multiflorum seed germination in relation to water availability. Ann. Bot. 4: 571-577.

HABERMEHL, G. (1985): Mitteleuropäische Giftpflanzen und ihre Wirkstoffe. Springer-Verlag, Berlin/Heidelberg, 137 S.

HALLMANN, C. A.; SORG, M.; JONGEJANS, E.; SIEPEL, H.; HOFLAND, N.; SCHWAN, H. ET AL. (2017) More than 75 percent decline over 27 years in total flying insect biomass in protected areas. PLoS ONE 12 (10): e0185809.

HARBORNE, J. B. (1995): Ökologische Biochemie. Spektrum Akademischer Verlag, Heidelberg, 383 S.

HARPER, F. & J. HENTON (1981): Reproductive Problems in pregnant broodmares associated with fescue forage (Newsletter). University Tennessee Extention.

HAY AND FORAGE (2007): Great for grazing in late fall. http://hayandforage. com/mag/great_grazing_late_fall/ (1. 8. 2007)

HECKMANN, D. S.; GLEISER, D. H.; EIDELL, B. R.; STAUFFER, R. L.; KARDOS, N. L. & S. B. HEDGES (2001): Molecular evidence for the early colonization of land by fungi and plants. Science, 293: 1129-1133. Zitiert in: CHEPLIK, G. P. & S. H. FAETH: Ecology and Evolution of the Grass-Endophyte Symbiosis. Oxford University Press 2009; pp. 241.

HEGI, G. (1909/1939): Flora von Mitteleuropa. Hanser, München.

HERRERO, N. & I. ZABALGOGEAZCOA (2011): Mycoviruses infecting the endophytic and entomopathogenic fungus Tolypocladium cylindrosporum. Virus Research, 160: 409-413.

HERTSCH, B. [Hrsg.] (2011): Internationales Symposium „Hufrehe" Berlin 2008. FN-Verlag, Warendorf, 264 S.

HESSE, U. (2002): Untersuchungen zur Endophytenbesiedlung von Gräserökotypen und zu Symbioseeffekten durch Neotyphodium lolii in Lolium perenne-Genotypen hinsichtlich Stresstoleranz und Ertragsmerkmalen. – Dissertation Universität Halle/Saale, 102 S.

HEYDEMANN, F. & G. KÄMMER (2012): Weil sie nicht dem Bild konventioneller Landwirtschaft entsprechen – Halboffene Weidelandschaften vor dem Aus? Betrifft: Natur, 16 (4): 4-7.

HIATT, E. E. & N. S. HILL (1997): Neotyphodium coenophialum mycelia protein and herbage mass effect on ergot alkaloid concentration in tall fescue. Journal of Chemical Ecology, 23(12): 2721-2736.

HILL, N. S.; HIATT, E. E.; BOUTON, J. H. & B. TAPPER (2002): Strain-specific monoclonal antibodies to a nontoxic Tall Fescue endophyte. Crop Sci., 42: 1627-1630.

HILL, N. S.; THOMPSON, F. N.; STUEDEMANN, J. A.; ROTTINGHAUS, G. W.; JU, H. J.; DAWE, D. L. & E. E. HIATT, III. (2001): Ergot alkaloid transport across ruminant gastric tissues. J. Anim. Sci., 79: 542-549.

HILL, N. S.; THOMPSON JR., F. N.; STUEDEMANN, J. A. & D. L. DAWE (1998): Vaccines and methods for preventing and treating Fescue toxicosis in herbivores, Patent US5876726, February 17, 1998.

HOLLIDAY, T. A. (1980) Clinical signs of acute and chronic experimental lesions of the cerebellum. Vet. Sci. Commun., 3: 259-278.

HOPKINS, A. A., SAHA, M. C. & Z. -Y. WANG (2007): Chapter 19: Tall fescue breeding, genetics and cultivars. Tall Fescue online-Monograph. Oregon State University, Oregon, USA.

HOVELAND, C. S. (2003): The Fescue Toxicosis Story – An Update. Beef Improvement. Federation Annual Meeting Proceedings, Lexington, KY. May 29, 2003.

HOWE, H. F. & WESTLEY, L. C. (1993): Anpassung und Ausbeutung: Wechselbeziehungen zwischen Pflanzen und Tieren. Spektrum, Akad. Verl., Heidelberg, Berlin, 310 S.

HORN R.; AKKER VAN DEN J. J. H.; ARVIDSSON J. (2000): Subsoil compaction: distribution, process and consequences. Reiskirchen: Advances in GeoEcology, 32 S.

HUGHES, S. (1990): Antelope activate the acacia's alarm system. http://spectrevision.net/2010/01/08/acacia-self-defense/

HUITU, O.; HELANDER, M.; LEHTONEN, P. & K. SAIKKONEN (2008): Consumption of grass endophytes alters the ultraviolet spectrum of vole urine. Oecologia, 156: 333-340.

HUMBERT, J. -Y.; GHAZOUL J.; RICHNER, N. & WALTER T. (2012): Uncut grass refuges mitigate the impact of mechanical meadow harvesting on orthopterans. Biological Conservation, 152: 96-101.

HUMBERT, J. -Y.; GHAZOUL J.; RICHNER, N. & WALTER T. (2010): Hay harvesting causes high orthopteran mortality. Agriculture, Ecosystems and Environment, 139: 522-527.

HUMBERT J. Y., GHAZOUL J. & WALTER T. (2009) Meadow harvesting techniques and their impacts on field fauna. Agriculture, Ecosystems & Environment, 130, 1-8.

HUME, D. E.; DRUMMOND, J. B.; ROLSTON, M. P.; SIMPSON, W. R. & R. D. JOHNSON (2018): Epichloë endophyte improves agronomic performance and grain yield of rye (Secale cereale). 10th International Symposium on Fungal Endophytes of Grasses, June 18-21, 2018, Salamanca, Spain.

HUNTINGTON, P. & C. C. POLLITT (2002): Nutrition and the equine foot. – Proc. 2002 equine Nutrition Conf. Kentucky Equine Research, Lexington: 149-162.

HUTTEN-CZAPSKI, M. (1876): Die Geschichte des Pferdes. Gebrüder Grunert, Berlin, 716 S.

JANIS, C. M. (1976): The evolutionary strategy of the Equidae and the origin of rumen and cecal digestion. Evolution 30: 757-774.

JANSEN, T.; FORSTER, P.; LEVINE, M. L.; OELKE, H.; HURLES, M.; RENFREW, C.; WEBER, J.; OLEK, K. (2002): Mitochondrial DNA and the origins of the domestic horse. Proceedings of the National Academy of Sciences of the USA, 99(16), 10905-10910.

JANSSON, A. (2015): How to feed a sport horse with roughage only. In: LINDNER, A. (ed.) Applied equine nutrition and training, ENUTRACO 2015), Conference, 3. 9. 2015, Bingen, Germany. Wageningen Academic Publishers, 13-22.

JAUSSAUD P., DURIX A., VIDEMANN B., VIGIÉ A., BONY S. (1998): Rapid analysis of ergovaline in ovine plasma using high-performance liquid chromatography with fluorimetric detection. J. Chromatogr. A, 815: 147-153.

JENNINGS, J. A.; WEST, C. P. & S. M. JONES (2006): „Friendly" Endophyte-InfectedTall Fescue for Livestock Production. University of Arkansas, United States Department of Agriculture, and County Governments Cooperating, FSA2140-PD-5-06RV.

JEZIERSKI, T. & Z. JAWORSKI (2008): Das Polnische Konik. Westarp Wissenschaften, Hohenwarsleben, Die Neue Brehm-Bücherei Bd. 658, 264 S.

JEZIERSKI, T. & Z. JAWORSKI (1995): Polnische Koniks aus Popielno. Institut für Genetik und Tierzucht der Polnischen Akademie der Wissenschaften. Jastrzebiec, 05-551 Mrokow, Polen. ISBN 8390370603, 76 S.

JOHNSON, R. D.; TSUJIMOTO, H.; HUME , D. E.; MACE, W. J. & W. R. SIMPSON (2018): Alien chromatin from Hordeeae grasses enhances the compatibility of Epichloë endophyte symbiosis with the hexaploid wheat Triticum aestivum. 10th International Symposium on Fungal Endophytes of Grasses, June 18-21, 2018, Salamanca, Spain.

JOHNSTONE, L. K.; MAYHEW, I. G. & L. R. FLETCHER (2012): Clinical expression of lolitrem B (perennial ryegrass) intoxication in horse. Equine Veterinary Journal, 44: 304-309.

KÄMMER, G. (2004): Veterinärmedizinische, rechtliche, finanzielle und praktische Aspekte bei der großflächigen Extensivhaltung von Rindern – Erfahrungen aus der Halboffenen Weidelandschaft Schäferhaus. Bundesamt für Naturschutz (BfN), Schr. -R. f. Landschaftspflege und Naturschutz, 78: 377-392.

KALLENBACH, R. L., G. J. BISHOP-HURLEY, MDD. MASSIE, G. E. ROTTINGHAUS & C. P. WEST (2003): Herbage Mass, Nutritive Value, and Ergovaline Concentration of Stockpiled Tall Fescue. Crop Sci. 43: 1001-1005.

KARP, H.-P. (2004): Dr. Karps gesunde Pferdefütterung. Müller Rüschlikon, Cham, 174 S.

KARPATI, T. (2007): Wirt-Parasit Interaktionen zwischen Blattläusen und entomopathogenen Pilzen. Diplomarbeit, Universität Köln, 73 S.

Karte: https://www.gbif.org/species/2619302: Phaeosphaeria typharum (Desm.) L. Holm in GBIF Secretariat (2017): GBIF Backbone Taxonomy. Checklist Dataset https://doi.org/10.15468/39omei accessed via GBIF.org on 2018-03-18

KAUFMAN, W. R. & J. L. MINION (2006): Pharmakological characterization of the ergot alkaloid receptor in the salivary gland of the ixodid tick Amblyomma hebraeum. J. Exp. Biol., 209: 2525-2534.

KELCH, R. (1953): Die Heubereitung. In: GRAEBER, W. (1953): Grünland- und Futtermittelwirtschaft in den USA. Berichte über Studienreisen im Rahmen der Auslandshilfe der USA. Land- und Hauswirtschaftlicher Auswertungs- und Informationsdienst AID, Heft 39, S. 59-66.

KINZEL, H. (1982): Pflanzenökologie und Mineralstoffwechsel. Verlag Eugen Ulmer, Stuttgart, 534 S.

KIRMER, A. & S. TISCHEW [Hrsg.] (2006): Handbuch naturnahe Begrünung von Rohböden. Vlg. Teubner, Wiesbaden, 195 S.

KLABUNDE, A. (2014): „Prinzip Wildpferd“ in der modernen Pferdehaltung. Pferde Zucht & Haltung, AVA Verlag, Kempten, 1: 80-87.

KLOTZ, J. L. & D. L. SMITH (2015): Recent investigations of ergot alkaloids incorporated into plant and/or animal systems. Front. Chem. 3:23. doi: 10.3389/fchem.2015.00023

KÖNIG, J.; FUCHS, B.; KRISCHKE, M.; MUELLER, M. J. & J. KRAUSS (2018b): Hide and seek – infection rates and alkaloids concentrations of Epichloë festucae var. lolii in Lolium perenne along a landuse gradient in Germany. Grass and Forage Science, In Press, DOI 10.111/gfs.12330.

KÖNIG, J.; GUERREIRO, M. A.; PERSOH, D.; BEGEROW, D. & J. KRAUSS (2018a): Knowing your neighbourhood – the effects of Epichloë endophytes on foliar fungal assemblages in perennial ryegrass in dependence of season and land-use intensity. PeerJ 6:e4660; DOI 10.7717/peerj.4660

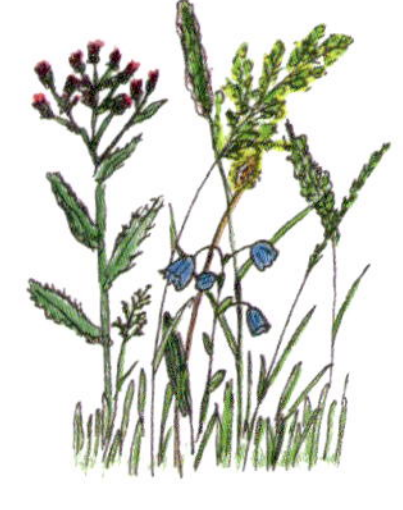

KOWNACKI, M. (1984): Koniki Polskie. Panstwowe Wydawnictwo Naukowe, Warschau, 78 S.

KOWNACKI, M. (1962b): Okreslenie stanu zaopatrzenia koni w niektore pierwiastki mineralne na podstawie zawartosci tych pierwiastkow w tkance rogowej puszki kopytowej i siersci. Roczniki Nauk Rolniczych 80-b-4: 519-538.

KOWNACKI, M. (1959): Badania nad przystosowaniem sie konikow polskich z ZD PAN w Popielnie do warunkow srodowiska na podstawie zmian zachodzacych w kopytach. Roczniki Nauk Rolniczych 73-b-4: 673-715.

KRINGS, M.; TAYLOR, T. N.; HASS, H.; KERP, H.; DOTZLER, N. & E. J. HERMSEN (2007): Fungal endophytes in a 400-million-yr-old land plant: infection pathways, spatial distribution, and host responses. New Phytologist, 174: 648-657. Zitiert in: CHEPLIK, G. P. & S. H. FAETH (2009): Ecology and Evolution of the Grass-Endophyte Symbiosis. Oxford University Press, pp. 241.

KRUGLOV, A. G.; ANDERSSON, M. A.; MIKKOLA, R.; ROIVAINEN, M.; KREDICS, L.; SARIS, N. E. & M. S. SALKINOJA-SALONEN (2009): Novel mycotoxin from Acremonium exuviarum is a powerful inhibitor of the mitochondrial respiratory chain complex III. Chem. Res. Toxicol., 22(3): 565-573.

KULDAU, G. & C. BACON (2008): Clavicipitaceous endophytes: Their ability to enhance resistance of grasses to multiple stresses. Biological Control, 46: 57-71.

KUMAR, S. & N. KAUSHIK (2012): Metabolites of endophytic fungi as novel source ob biofungicide: a review. Phytochem. Rev., 11: 507-522.

KUTSCH, W. L.; AUBINET, M.; BUCHMANN, N.; SMITH, P.; OSBORNE, B.; EUGSTER, W.; WATTENBACH, M.; SCHRUMPF, M.; SCHULZE, E. D.; TOMELLERI, E.; CESCHIA, E.; BERNHOFER, C.; BÉZIAT, P.; CARRARA, A.; DI TOMMASI, P.; GRÜNWALD, T.; JONES, M.; MAGLIULO, V.; MARLOIE, O.; MOUREAUX, C.; OLIOSO, A.; SANZ, M. J.; SAUNDERS, M.; SØGAARD, H. & W. ZIEGLER (2010): The net biome production of full crop rotations in Europe. Agriculture, Ecosystems and Environment, 139: 336-345.

LAMBERGER, R. (1911): Über Anlage, Pflege und Betrieb der Dauerweiden. Vortrag gehalten am 4. Dez. 1911 im Landwirtschaftsverein für das Bremische Gebiet. 17 S. mit einer Fortsetzung von 13 S.

LARCHER, W. (1994): Ökophysiologie der Pflanzen: Leben, Leistung und Streßbewältigung der Pflanzen in ihrer Umwelt. UTB für Wissenschaft, Ulmer, Stuttgart, 394 S.

LARRAN, S.; PERELLO, A.; SIMON, M. R. & V. MORENO (2007): The endophytic fungi from wheat (Triticum aestivum L.). World J. Microbiol. Biotechnol., 23: 565-572.

LARRAN, S.; PERELLO, A.; SIMON, M. R. & V. MORENO (2002): Isolation and analysis of endophytic microorganisms in wheat (Triticum aestivum L.) leaves. World J. Microbiol. Biotechnol., 18: 683-686.

LAVEN, L. (2015): Grüne Gefahr. St. Georg, Jahr Top Special Verlag, Hamburg, 04: 98-101.

LEHNER, A. F.; DURINGER, J. M.; ESTILL, C. T.; T. TOBIN & CRAIG, M. (2011): ESI-Mass spectrometric and HPLC elucidation of a new ergot alkaloid from perennial ryegrass hay silage associated with bovine reproductive problems. Toxicol Mech Methods, 21: 606-621.

LEHNER, A. F.; CRAIG, M.; FANNIN, N.; BUSH, L. & T. TOBIN (2005): Electrospray[+] tandem quadrupole mass spectrometry in the elucidation of ergot alkaloids chromatographed by HPLC: screening of grass or forage samples for novel toxic compounds. J Mass Spectrom, 40: 1484-1502.

LEHNER, A. F.; CRAIG, M.; FANNIN, N.; BUSH, L. & T. TOBIN (2004): Fragmentation patterns of selected ergot alkaloids by electrospray ionization tandem quadrupole mass spectrometry. J Mass Spectrom, 39: 1275-1286.

LEHRKE, I. (1888): Mischung und Ansaat der Grassämereien sowie Pflege und Kultur der Graskulturen. Wilh. Gottl. Korn, Breslau, 148 S.

LEHTONEN, P.; HELANDER, M.; WINK, M.; SPORER, F. & K. SAIKKONEN (2005): Transfer of endophyte-origin defensive alkaloids from a grass to a hemiparasitic plant. Ecol. Lett., 8: 1256-1263.

LENGWENAT, O. (2014): Viel Grundfutter, nur soviel Kraftfutter wie nötig. Pferde Zucht & Haltung, AVA Verlag, Kempten, 1: 100-103.

LENGWENAT, O. (ohne Datum): Grünland – Basis der Pferdefütterung. Eigenverlag, Sehnde, 79 S.

LENUWEIT, U., B. GHARADJEDAGHI, M. SÜSSER, J. BLEW & S. RIDDER (2002): Biologische Basisdaten zu Lolium perenne, Lolium multiflorum, Festuca pratensis und Trifolium repens. Umweltbundesamt, Texte 08/02, ISSN 0722-186X, 153 S.

LI, X.; BU, N.; LI, Y.; MA,L.; XIN,S. & L. ZHANG (2012): Growth, photosynthesis and antioxidant responses of endophyte infected and non-infected rice under lead stress conditions. Journal of Hazardous Materials, 213-214: 55- 61.

LIEBIG, J. (1840): Die organische Chemie in ihrer Anwendung auf Agrikultur und Physiologie. Vlg. Vieweg, Braunschweig, 1840.

LINNARTZ, L. & R. MEISSNER (2014): Rewilding horses in Europe. Background and guidelines – a living document. Publication by Rewilding Europe, Nijmegen, The Netherlands, 48 S.

LITTLE, P. J., G. L. JENNINGS, H. SKEWS & A. BOBIK (1982): Bioavailbility of dihydroergotamine in man. Br. J. Clin. Pharmacol., 13: 785-793.

LLORENS, E.; SCALSCHI, L.; GONZALEZ, A. I.; FERNANDEZ-CRESPO, E.; SHARON, O.; CAMAÑES, G.; GARCÍA-AGUSTIN, P.; SHARON, A. & B. VICEDO (2018): Effective defense against bacterial diseases in tomato mediated by endophytes isolated from wild wheat. 10th International Symposium on Fungal Endophytes of Grasses, June 18-21, 2018, Salamanca, Spain.

LLUR (2013): Umgang mit dem Jakobs-Kreuzkraut, Meiden – Dulden – Bekämpfen. Landesamt für Landwirtschaft, Umwelt und ländliche Räume Schleswig-Holstein (LLUR) [Hrsg.], 3. überarbeitete Auflage, Schriftenreihe LLUR SH-Natur, 22, 58 S.

LODGE-IVEY, S. L.; WALKER, K.; FLEISCHMANN, T.; TRUE, J. E. & A. M. CRAIG (2006): Detection of lysergic acid in ruminal fluid, urine, and in endophyte-infected tall fescue using high-performance liquid chromatography. J. Vet. Diagn Invest., 18: 369-374.

LONGLAND, A. C. & B. M. BYRD (2006): Pasture nonstructural carbohydrates and equine laminitis. J. Nutr., 136: 2099-2102.

LONICER 1582, Originalabdruck in: BARGER, G. (1931): Ergot and Ergotism. London. Abdruck im Original übernommen in Mühle, E. & K. BREUEL (1977): Das Mutterkorn. Ein Gräserparasit als Gift- und Heilpflanze. – Westarp Wissenschaften (Die Neue Brehm-Bücherei), Hohenwarsleben, 50 S.

LOOPER, M. L.; AIKEN G. E. & C. F. ROSENKRANS, JR. (2011): New perspectives in fescue toxicosis and ryegrass staggers. In: Young, C. A.; Aiken, G. E.; McCulley, R. L.; Strickland, J. R. & C. L. Schardl (Eds.): Epichloae, endophytes of cool season grasses: Implications, utilization and biology. 7th International Symposium on Fungal Endophytes of Grasses, Lexington, KY.

MACDONALD, D. (1993): Unter Füchsen. Eine Verhaltensstudie. Vlg. Knesebeck, München, 253 S. [Originaltitel: Running with the fox. Harper Collins Publishers Ltd., Glasgow, 1987]

MARGULIS, L. (1999): Die andere Evolution. Spektrum Akademischer Verlag, Heidelberg und Berlin.

MARSH, A. S.; ARNONE, J. A. III; BORMANN B. T. & J. C . GORDON (2000): The role of Equisetum in nutrient cycling in an Alaskan Shrub wetland. Journal of Ecology, 88: 999-1011.

MARSHALL, D., B. TUNALI & L. R. NELSON (1999): Occurrence of Fungal Endophytes in Species of Wild Triticum. Crop Science, 39: 1507-1512.

MARTIN, R. C. & J. E. DOMBROWSKI (2015): Isolation and Identification of Fungal Endophytes from Grasses along the Oregon Coast. American Journal of Plant Sciences, 6: 3216-3230.

MAYHEW, I. G. (2009) Large Animal Neurology. 2nd edn., Wiley-Blackwell, Oxford.

MCCLUSKEY, B., J. TRAUB-DARGATZ, L. GARBER & F. ROSS (1999): Survey of Endophyte Infection and Its Associated Toxin in Pastures Grazed by Horses. AAEP Proceedings, Vol. 45: 213-216.

MCLEAY, L. M. & B. L. SMITH (2006): Effects of ergotamine and ergovaline on the electromyographic activity of smooth muscle of the reticulum and rumen of sheep. Am. J. Vet. Res., 67: 707-714.

MCLEAY, L. M.; SMITH, B. L. & G. W. REYNOLDS (2002): Cardiovascular, respiratory, and body temperature response of sheep to the ergopeptides ergotamine and ergovaline. Am. J. Vet. Res., 63: 387-393.

MCNEAR D. H. & R. L. MCCULLEY (2010): Influence of the Neotyphodium – tall fescue symbiosis on belowground processes. In: YOUNG, C. A.; AIKEN, G. E.; MCCULLEY, R. L.; STRICKLAND, J. R. & C. L. SCHARDL (Eds.): Epichloae, endophytes of cool season grasses: Implications, utilization and biology. 7th International Symposium on Fungal Endophytes of Grasses, Lexington, KY.

MEIER, J. & E. SCHREIER (1976): Human plasma level of some antimigraine drugs. Headache, 16: 96-102.

MEYER, H. (1995) Pferdefütterung. Blackwell Wiss. -Verl., Berlin, 3. Aufl., 212 S.

MICHAELIS, A. (1953): Grünlandberatungswesen und Grünlandpropaganda in den Vereinigten Staaten Nordamerikas. In: GRAEBER, W. (1953): Grünland- und Futtermittelwirtschaft in den USA. Berichte über Studienreisen im Rahmen der Auslandshilfe der USA. Land- und Hauswirtschaftlicher Auswertungs- und Informationsdienst AID, Heft 39, S. 72-78.

MIYAZAKI, S., I. ISHIZAKI, M. ISHIZAKA, T. KANBARA & Y. ISHIGURO-TAKEDA (2004): Lolitrem B residues in fat tissues of cattle consuming endophyte-infected perennial ryegras straw. J. Vet. Diagn. Invest 16: 340-342.

MOBERG, R. & I. HOLMASEN (1992): Flechten von Nord- und Mitteleuropa. Vlg. Gustav Fischer, Stuttgart, 237 S.

MONACO, C.; SISTERNA, M.; PERELLO, A. & G. DAL BELLO (2004): Preliminary studies on biological control of the blackpoint complex of wheat in Argentina. World J. Microbiol. Biotechnol., 20: 285-290.

MOODY, B.; VOISEY, C.; BRADSHAW, R.; MACLEAN, P.; MESARICH, C.; REP, M. & L. JOHNSON (2018): Effectors required for Epichloë-wheat interactions. 10th International Symposium on Fungal Endophytes of Grasses, June 18-21, 2018, Salamanca, Spain.

MOON, C. D.; GUILLAUMIN, J. -J.; RAVEL, C.; LI, C.; CRAVEN, K. D. & C. L. SCHARDL (2007): New Neotyphodium endophyte species from the grass tribes Stipeae and Meliceae. Mycologia, 99(6): 895-905.

MOUBARAK, A. S.; PIPER, E. D.; JOHNSON, Z. B. & M. FLIEGER (1996): HPLC method for detection of ergotamine, ergosine, and ergine after intravenous injection of a single dose. J. Agric. Food Chem., 44: 146 148.

MÜGGE, B.; LUTZ, W. -E.; SÜDBECK, H. & S. ZELFEL (1999): Deutsche Holsteins – Die Geschichte einer Zucht. Vlg. Ulmer, Stuttgart, 247 S.

MÜHLE, E. & K. BREUEL (1977): Das Mutterkorn. Ein Gräserparasit als Gift- und Heilpflanze. Westarp Wissenschaften (Die Neue Brehm-Bücherei), Hohenwarsleben, 50 S.

MÜLLER, C. B. & J. KRAUSS (2005): Symbiosis between grasses and asexual fungal endophytes. Current Opinion in Plant Biology, 8: 450-456.

MUNDAY, B. L., I. M. MONKHOUSE & R. T. GALLAGHER (1985): Intoxication of horses by lolitrem B in ryegras seed cleanings. Aust. Vet. J., 62(6): 207.

MUNDAY, B. L. & D. I. MORRIS (1978) Tasmanian Plants Toxic for Animals, Tas. Govt. Printer, Hobart. zitiert in: MUNDAY, B. L., I. M. MONKHOUSE & R. T. GALLAGHER (1985): Intoxication of horses by lolitrem B in ryegras seed cleanings. Aust. Vet. J., 62(6): 207.

MUTSCHLER, E. (1991): Arzneimittelwirkungen. Lehrbuch der Pharmakologie und Toxikologie. WVG, Stuttgart, 6. Auflage, 879 S.

NABU (2016): Dramatisches Insektensterben – Rückgang um 80 Prozent in Teilen Deutschlands. https://www. nabu.de/news/2016/01/20033. html

NAIR, D. N. & S. PADMAVATHY (2014): Impact of Endophytic Microorganisms on Plants, Environment and Humans. The Scientific World Journal, ID 250693, http://dx. doi. org/10. 1155/2014/250693

NICKEL, H. & MÜHLETHALER, R. (2017): Rote Liste und Gesamtartenliste der Zikaden (Hemiptera: Fulgoromorpha und Cicadomorpha) von Berlin. In: DER LANDESBEAUFTRAGE FÜR NATURSCHUTZ UND LANDSCHAFTSPFLEGE / SENATSVERWALTUNG FÜR UMWELT, VERKEHR UND KLIMASCHUTZ [Hrsg.]: Rote Listen der gefährdeten Pflanzen, Pilze und Tiere von Berlin, 30 S. doi: 10. 14279/depositonce-5850

NIGGL, L. (1930): Das Grünland in der neuzeitlichen Landwirtschaft. Paul Parey, Berlin, 145 S.

NOBBE, F. (1873): Handbuch der Samenkunde – Physiologisch-statistische Untersuchungen über den wirthschaftlichen Gebrauchswerth der land- und forstwirthschaftlichen, sowie gärtnerischen Saatwaren. Vlg. Wiegandt & Hempel, Berlin, 80 S.

NÜLLMANN, H. (1953): Der Feldfutterbau in der Fruchtfolge. In: Graeber, W. (1953): Grünland- und Futtermittelwirtschaft in den USA. Berichte über Studienreisen im Rahmen der Auslandshilfe der USA. Land- und Hauswirtschaftlicher Auswertungs- und Informationsdienst AID, Heft 39, S. 27-31.

O'HANLON, K. A.; KNORR, K.; NISTRUP JØRGENSEN, L.; NICOLAISEN, M. & B. BOELT (2012): Exploring the potential of symbiotic fungal endophytes in cereal disease suppression. Biological Control, 63: 69-78.

OLIVER, J. W., R. D. LINNABARY, L. K. ABNEY, K. R. VAN MANEN, R. KNOOP & H. S. ADAIR, III. (1994): Evaluation of a dosing method for studying ergonovine effects in cattle. Am. J. Vet. Res., 55: 173-176.

OLIVER J. W. (1997): Physiological manifestation of endophyte toxicosis in ruminant and laboratory species, in: BACON C. W., HILLS N. S. (Ed.), Neotyphodium/ Grass Interactions, Plenum Press, New York, pp. 311-346.

OLIVEIRA, J. A.; ROTTINGHAUS, G. E. & E. GONZALEZ (2003): Ergovaline concentration in perennial ryegrass infected with a lolitrem B-free fungal endophyte in north-west Spain. New Zealand Journal of Agricultural Research, 46: 117-122.

OMACINI, M.; PARISI, P. G. & A. MINÁS (2018): What have we learned from our studies of co-occurring endophyte, rhizobia and mycorrhizal symbioses? The friends of my enemy can be my friends too. 10th International Symposium on Fungal Endophytes of Grasses, June 18-21, 2018, Salamanca, Spain.

OPPERMANN, R. & H. U. GUJER [Hrsg.] (2003): Artenreiches Grünland bewerten und Fördern – MEKA und ÖQV in der Praxis. Vlg. Eugen Ulmer, Stuttgart, 200 S.

ORLANDO ET AL. (2013): Recalibrating Equus evolution using the genome sequence of an early Middle Pleistocene horse. Nature, 499: 74-78.

PANACCIONE, D. G.; JOHNSON, R. D.; WANG, J.; YOUNG, C. A.; DAMRONGKOOL, P.; SCOTT, B. & SCHARDL, C. L. (2001): Elimination of ergovaline from a grass-Neotyphodium endophyte symbiosis by genetic modification of the endophyte. Proceedings of the National Academy of Sciences of the United States of America, 98 (22): 12820-12825.

PARSONS, C. & D. BOHNERT (2003): Health Concerns with Feeding Grass-Seed Straw Residues. Western Beef Committee. Cattle Producer´s Library. Animal Health Section. CL626. 1-4.

PAUL, V. H. (2000): Dienstleistung im Verborgenen. Biologische Gegenspieler in Gräsern und ihre praktischen Anwendungsmöglichkeiten. Forschungsforum Paderborn, 3: 46-50.

PENELL, C. & P. ROLSTON (2011): AVANEX™ endophyte-infected grasses for the aviation industry now a reality. 13TH Joint Annual Meeting Bird Strike Committee USA/Canada, September 12-15, Niagara Falls, Ontario, Canada, http://digitalcommons. unl. edu/birdstrike2011/23/ (18.08.2015).

PERELLO , A. E.; MONACO , C. I.; MORENO , M. V.; CORDO C. A. & M. R. SIMON (2006) The effect of Trichoderma harzianum and T. koningii on the control of tan spot (Pyrenophora tritici-repentis) and leaf blotch (Mycosphaerella graminicola) of wheat under field conditions in Argentina. Biocontrol Science and Technology, 16(8): 803-813.

PFAFF, C. (1951): Die Pflanzennährstoffe im Boden unter besonderer Berücksichtigung der Auswaschungsvorgänge. Ratschläge für den Bauernhof, Heft 7, Landwirtschaftl. Versuchsstation Limburger Hof (Pfalz), 32 S.

PIKE, S. J.; JONES, J. E.; RAFTERY, J.; CLAYDEN, J. & S. J. WEBB (2015): Helical peptaibol mimics are better ionophores when racemic than when enantiopure. Org. Biomol. Chem., 13: 9580. DOI: 10. 1039/c5ob01652e

PILAR FORTE, F.; SCHMID, J.; DIJKWE, P.; HUME, D. E.; JOHNSON, R. D.; SIMPSON, W. R.; SEHRISH, T.; TAYLOR, J. & T. ASP (2018): Endophyte retention in an artificial Epichloë festucae-Lolium perenne association may come at a price. 10th International Symposium on Fungal Endophytes of Grasses, June 18-21, 2018, Salamanca, Spain.

PILASKI, W. & H. FLEISCHEL (1961): „Grünland im Küstenklima Norddeutschlands“ mit einem Vorwort von D. BADER, Landwirtschaftliche Abteilung der Thomasphosphatfabriken. Vlg. Gerhard Rautenberg, Leer in Ostfriesland, 33 S.

PIRKELMANN, H. [Hrsg.] (1991) Pferdehaltung. Eugen Ulmer, Stuttgart, 446 S.

POLLACK, A. (2004): Genes From Engineered Grass Spread for Miles. New York Times, 21. 09. 2004. http://www. nytimes. com/2004/09/21/business/genes-from-engineered-grass-spread-for-miles-study-finds. html; (31. 03. 2016)

POLLITT, C. C. & A. W. VAN EPS (2002): Equine laminitis: A new induction model based on alimentary overload with fructan. Proc. Austr. Equine Assoc. Bain-Fallon Memorial Lectures.

POLLITT, C. C. (2011): Present state of pathogenesis in laminitis. In: B. HERTSCH [Hrsg.] Internationales Symposium “Hufrehe” FU Berlin, 11.-13. Nov. 2008, FN-Verlag, Warendorf, 8-12.

POPAY, A. J. & J. G. JENSEN (2018): Insect protection provided by loline-producing endophytes infecting rye. 10th International Symposium on Fungal Endophytes of Grasses, June 18-21, 2018, Salamanca, Spain.

POSCH, S. (2014): Nicht am falschen Ende sparen. Pferde Zucht & Haltung, AVA Verlag, Kempten, 1: 88-89.

POTTER, D. A., STOKES, J. T., REDMOND, C. T., SCHARDL, C. L. & D. G. PANACCIONE (2008): Contribution of ergot alkaloids to suppression of a grass-feeding caterpillar assessed with gene knockout endophytes in perennial ryegrass. Entomologia Experimentalis et Applicata, 126: 138-147.

PRASAD, V.; STRÖMBERG, C. A. E.; ALIMOHAMMADIAN, H. & A. SAHNI (2005): Dinosaur coprolites and the early evolution of grasses and grazers. Science, 310(5751): 1177-1180.

PUTNAM M. R., BRANSBY D. I., SCHUMACHER J., BOOSINGER T. R., BUSH L., SHELBY R. A., VAUGHAN J. T., BALL D. & J. P. BRENDEMUEHL (1991): Effects of the fungal endophyte Acremonium coenophialum in fescue on pregnant mares and foal viability. – Am. J. Vet. Res. 52: 2071-2074.

QUIGLEY, P. & K. REED (1999): Endophytes in perennial grasses: effect on host plant and livestock. State of Victoria, Department of Primary Industries, Agriculture Notes, AG0202, ISSN 1329-8062.

RAKEBRANDT, A. (2015) Mykotoxine beim Pferd – (k)ein Problem? Übersichtsartikel: Bedeutung und Schadwirkung von Mykotoxinen, Ergotalkaloiden & Endophyten beim Pferd. Produktinformation zu Biolex® MB40. Leiber GmbH, Excellence in Yeast, 12 S.

RANGNOW, H. (1934): Fünfzehn Jahre Waldläufer. Volksverband der Bücherfreunde, Berlin, 159 S.

RAO, S.; ALDERMAN, S. C.; TAKEYASU, J. & B. MATSON (2005): The Botanophila Epichloë association in cultivated Festuca in Oregon: evidence of simple fungivory. Entomologia Experimentalis et Applicata, 115: 427-433.

RATTRAY, P. V. (2003): Ryegrass Endophyte: An Up-to-Date Review of its Effects. – Report produced by Meat and Wool Innovation Ltd under contract to Merino New Zealand Inc. Christchurch, New Zealand, pp. 36.

RAYMOND, S. L.; SMITH, T. K. & H. V. L. N. SWAMY (2003): Effects of feeding a blend of grains naturally contaminated with Fusarium mycotoxins on feed intake, serum chemistry, and hematology of horses, and the efficacy of a polymeric glucomannan mycotoxin adsorbent. J. Anim. Sci., 81: 2123-2130.

REALINI, C. E., S. K. DUCKETT, N. S. HILL, C. S. HOVELAND, B. G. LYON, J. R. SACKMANN, & M. H. GILLIS (2005): Effect of endophyte type on carcass traits, meat quality, and faty acid composition of beef cattle grazing tall fescue. J. Anim. Sci. 83: 430-439.

REDMOND L. M., CROSS D. L., STRICKLAND J. R., KENNEDY S. W. (1994): Efficacy of domperidone and sulpiride for fescue toxicosis in horses. Am. J. Vet. Res., 55: 722-729.

REED, K. (1999 a): Perennial ryegrass staggers / ill thrift. State of Victoria, Department of Primary Industries, Agriculture Notes, AG0700, ISSN 1329-8062.

REED, K. (1999 b): Toxins in endophyte infected perennial grasses. State of Victoria, Department of Primary Industries, Agriculture Notes, AG0863, ISSN 1329-8062.

REINHARD, H.; RUPP, H. & O. ZOLLER (2007): Ergot alkaloids: Quantitation and recognition challenges. Mycotoxin Research, 24(1): 7-13.

REINHOLZ, J. (2000): Analytische Untersuchungen zu den Alkaloiden Lolitrem B und Paxillin von Neotyphodium lolii und Lolium perenne, in vivo und in vitro. Dissertation Universität Paderborn, 122 S.

REPUSSARD, C.; ZBIB, N.; TARDIEU, D. & P. GUERRE (2014): Endophyte Infection of Tall Fescue and the Impact of Climatic Factors on Ergovaline Concentrations in Field Crops Cultivated in Southern France. J. Agric. Food Chem., 62: 9609-9614.

RICHTER, W. (1958): Über die Wirkung starken Feldmausbefalls (Microtus arvalis Pallas) auf den Pflanzenbestand des Dauergrünlandes und der Äcker. Abh. naturw. Ver. Bremen, Fritz-Overbeck-Heft, 35 (2), 322-334.

RIEMEL, J. (2012): Untersuchungen zum Nachweis und zum Vorkommen von Ergotalkaloiden in Futtergräsern. Dissertation. Veterinärmedizin, Universität Gießen. 107 S.

ROBERTS, C. A.; KALLENBACH R. L. & N. S. HILL (2002): Harvest and storage method effects ergot alkaloid concentration in tall fescue. Online. Crop Management. doi: 10. 1094/CM-2002-0917-01-BR

ROBERTS, C. (2000): Tall Fescue Toxicosis. Agricultural MU Guide, Published by MU Extension, University of Missouri-Columbia, online G 4669.

RODENWALD-RUDESCU (1974), ergänzt, in: BRIEMLE, G.; EICKHOFF, D.; WOLF, R. (1991): Mindestpflege und Mindestnutzung unterschiedlicher Grünlandtypen aus landschaftsökologischer und landeskultureller Sicht. Praktische Anleitung zur Erkennung, Nutzung und Pflege von Grünlandgesellschaften. Herausgegeben von der Landesanstalt für Umweltschutz Baden-Württemberg, Karlsruhe, und der Staatlichen Lehr- und Versuchsanstalt für Viehhaltung und Grünlandwirtschaft, Aulendorf, 160 S.

RODRIGUEZ, R. (2018): Programing plants for abiotic tolerance through Symbiogenics. 10th International Symposium on Fungal Endophytes of Grasses, June 18-21, 2018, Salamanca, Spain.

RODRIGUEZ, R. J., WHITE JR, J. F., ARNOLD, A. E. & R. S. REDMAN (2009): Fungal endophytes: diversity and functional roles. New Phytologist, 182: 314-330.

RODRIGUEZ, R. & R. REDMAN (2008): More than 400 million years of evolution and soma plants still can´t make it on their own: plant stress tolerance via fungal symbiosis. Journal of Experimental Botany, 59 (5): 1109-1114.

ROHRBACH B. W., GREEN E. M., OLIVER J. W., SCHNEIDER J. F. (1995): Aggregate risk study of exposure to endophyte- infected (Acremonium coenophialum) tall fescue as a risk factor for laminitis in horses. Am. J. Vet. Res., 56: 22-26.

ROLOFF, L. (2010): Evaluierung und Anwendung neuartiger enzymimmunologischer Verfahren für Mutterkornalkaloide in Lebensmitteln. Dissertation, Universität Gießen, 98 S.

ROSENKRANS, C. F., JR.; MAYS, A. R.; AIKEN, G. E. & M. L. LOOPER (2010) Prolactin genomics and biology in herbivores. In: YOUNG, C. A.; AIKEN, G. E.; MCCULLEY, R. L.; STRICKLAND, J. R. & C. L. SCHARDL (Eds.): Epichloae, endophytes of cool season grasses: Implications, utilization and biology. 7th International Symposium on Fungal Endophytes of Grasses, Lexington, KY.

ROSENKRANZ, B.; GÜNTHER, J.; LEHMANN, S.; MATERN, A.; PERSIGEHL, M. & T. ASSMANN (2004): Die Bedeutung koprobionter Lebensgemeinschaften in Weidelandschaften und der Einfluss von Parasitiziden. Bundesamt für Naturschutz (BfN), Schr. -R. f. Landschaftspflege und Naturschutz, 78: 415-427.

ROTH, L.; DAUNDERER, M.; KORMANN, K. (1994): Giftpflanzen – Pflanzengifte. Nikol Verlagsgesellschaft mbH & Co. KG, Hamburg, 1090 S.

RUDGERS, J. A ., S. FISCHER & K. CLAY (2010): Managing plant symbiosis: fungal endophyte genotype alters plant community composition. J. Appl. Ecol., 47 (2): 668-477.

RUDOLPH, W.; REMANE, D.; Wissenbach, D. K. & F. T. Peters (2018): Development and validation of an UHPLC-HRMS/MS assay for ninetoxic alkaloids from endophyte-infected pasture grasses in horseserum. Journal of Chromatography A, 1560: 35. 44.

RUDOLPH, W. (2018): Entwicklung beweissicherer analytischer Methoden zum Nachweis toxischer Alkaloide aus Futtergräsern in Körperflüssigkeiten und Geweben von Pferden. Dissertation, Rechtsmedizin, Universität Jena.

RUDOLPH, W.; REMANE, D.; WISSENBACH, D. K.; KLEIN, C.; BARNEWITZ, D. & F. T. PETERS (2017): Development and validation of an ultrahigh performance liquid chromatography high resolution tandem mass spectrometry quantification method for hypoglycin A and methylene cyclopropyl acetic acid carnitine in horse serum in cases of atypical myopathy. Drug Testing and Analysis, online 12. Dezember 2017, DOI: 10. 1002/dta. 2337

RÜHL, M. (2016): Pferde sind Grasfresser – so sagt man uns. Stimmt das wirklich? Syker Ausblick, Verbandszeitung der Vereinigung der Freizeitreiter und -fahrer in Deutschland e. V. (VFD), Bezirksverband Syke, 03: 5-8.

SADRATI, N.; DAOUD, H.; ZERROUG, A.; DAHAMNA, S. & S. BOUHARATI (2013): Screening of antimicrobial and antioxidant secondary metabolites from endophytic fungi isolated from wheat (Triticum durum). Journal of Plant Protection Research, 53(2): 128-136.

SAIKKONEN, K. & M. HELANDER (2010): The central tenets of endophyte literature and recent explorations with red fescue . In: YOUNG, C. A.; AIKEN, G. E.; MCCULLEY, R. L.; STRICKLAND, J. R. & C. L. SCHARDL (Eds.): Epichloae, endophytes of cool season grasses: Implications, utilization and biology. 7th International Symposium on Fungal Endophytes of Grasses, Lexington, KY.

SÁNCHEZ MÁRQUEZ, S., BILLS, G., DOMÍNGUEZ, L., ZABALGOGEAZCOA, I. (2010): Endophytic mycobiota of leaves and roots of the grass Holcus lanatus. Fungal Div. 41: 115-123.

SCHÄFER, M. (1980): Andalusische Pferde. Die Pferde Spaniens und Portugals. Nymphenburger, München, 190 S.

SCHÄFER, M. (1972) Großponys und Kleinpferde. Nymphenburger, München, 207 S.

SCHARDL, C. L.; GROSSMAN, R. B., NAGABHYRU, P.; FAULKNER, J. R. & U. P. MALLIK (2007): Loline alkaloids: Currencies of mutualism. Phytochemistry, 68: 980-996.

SCHEFFER, F. & SCHACHTSCHABEL, P. (1992) Lehrbuch der Bodenkunde. Vlg. Enke, Stuttgart. 491 S.

SCHINZ, S. (1775): Die Reise auf den Uetliberg im Junius 1774. Verlag des Waisenhauses Zürich, 24 S. Neuauflage Schweizer Verlagshaus Zürich 1978: Faksimile und moderne Transkription, 95 S. zitiert in: OPPERMANN, R. & H. U. GUJER [Hrsg.] (2003): Artenreiches Grünland bewerten und fördern – MEKA und ÖQV in der Praxis. Vlg. Eugen Ulmer, Stuttgart, S. 62.

SCHIRMBÖCK, M.; LORITO, M.; WANG, Y. L.; HAYES, C. K.; ARISAN-ATAC, I.; SCALA, F.; HARMAN G. E. & C. P. KUBICEK (1994): Parallel formation and synergism of hydrolytic enzymes and peptaibol antibiotics, molecular mechanisms involved in the antagonistic action of Trichoderma harzianum against phytopathogenic fungi. Appl. Environ. Microbiol., 60(12): 4364-4370.

SCHLEGEL, H. G. (1985): Allgemeine Mikrobiologie. Thieme, Stuttgart, 571 S.

SCHNEIDER, K. (1926): Die Anlage von Dauerweiden und ihr Betrieb nach neueren Erfahrungen. Vlg. Korn, Breslau, 132 S.

SCHÖNE, F. & J. DEGMAIR (2012): Defizitanalyse Natura 2000 – Situation von artenreichem Grünland im süddeutschen Raum. NABU-Bundesverband [Hrsg.], Berlin, 32 S.

SCHROEDER, G. (1937): Landwirtschaftlicher Wasserbau. Vlg. Julius Springer, Berlin, 397 S.

SCHULZ, B.; SUCKER, J.; AUST, H. J.; KROHN, K.; LUDEWIG, K.; JONES, P. G. & D. DORING (1995): Biologically active secondary metabolites of endophytic Pezicula species. Mycol. Res., 99(8): 1007-1015.

SCHULZ, B.; BOYLE, C.; DRAEGER, S.; ROMMERT, A.-K. & K. KROHN (2002): Endophytic fungi: a source of novel biologically active secondary metabolites. Mycol. Res., 106(9): 996-1004.

SCHULTZ, C. L.; LODGE-IVEY, S. L.; BUSH, L. P.; CRAIG, A. M. (2006): Effects of initial and subacute exposure to an endophyte-infected tall fescue seed diet on faecal and urine concentrations of ergovaline and lysergic acid in mature geldings. New Zealand Veterinary Journal, 54(4): 178-184.

SCHULTZ, C., LODGE-IVEY, S., BUSH, L., CRAIG, M., STRICKLAND, J. R. (2005): The effects of short and long term exposure to endophyte infected tall fescue seed on serum, fecal and urine concentrations of ergovaline and lysergic acid in mature gelding horses. International Grasslands Congress. F. P. O'MARA ET AL (ed). P. 308. Wageningen Academic Publishers.

SCIENCE DAILY (2007): Summer-dormant tall fescue grass shows promise for pasture improvements. http://www. sciencedaily. com/releases/2007/11/071126162522. htm (4.12.2007)

SELDAL, T.; ANDERSEN, K-J. & G. HOGSTEDT (1994): Grazing-induced proteinase inhibitors: A possible cause for lemming population cycles. Oikos 70, 3-11.

SHIMADA, N.; YOSHIOKA, M.; MIKAMI, O.; TANIMURA, N.; YAMANAKA, N.; HANAZUMI, M.; KOJIMA, F. & S. MIYAZAKI (2013): Toxicological evaluation and bioaccumulation potential of lolitrem B, endophyte mycotoxin in Japanese black steers. Food Addit. Contam. Part A. Chem. Anal. Control Expo. Risk Assess, 30: 1402-1406.

SIMON, K. & SPEICHERMANN, H. (1938) Beiträge zur Humusuntersuchungsmethodik. Aus dem Arbeitskreis II 3a „Humusforschung"; Federführender: Prof. Dr. Fritz Scheffer. Bodenkunde und Pflanzenernährung, Bd. 8 (53), Heft 3 / 4, S. 129-152.

SIMONS, N. K.; GOSSNER, M. M.; LEWINSOHN, T. M.; BOCH, S.; LANGE, M. ET AL. (2014): Resource-Mediated Indirect Effects of Grassland Management on Arthropod Diversity. PLoS ONE 9(9): e107033. doi:10. 1371/journal. pone. 0107033

SIMPSON, W. R.; POPAY, A. J.; MACE, W. J.; HUME, D. E. & R. D. JOHNSON (2018): Creating synthetic symbioses between Epichloë and rye (Secale cereale) to improve crop performance. 10th International Symposium on Fungal Endophytes of Grasses, June 18-21, 2018, Salamanca, Spain.

SMITH, S. R.; SCHWER, L. & T. C. KEENE (2009): Tall fescue toxicity for horses: Literature review and Kentucky´s successful pasture evaluation program. Plant Management Network: Forage and grazinglands. Online: Forage and Grazinglands, doi:10. 1094/FG-2009-1102-02-RV.

SMITH, D. L., SHAFER, W. D., SMITH, L. L., KLOTZ, J. L., STRICKLAND, J. R. (2006) Monitoring the presence of ergot alkaloids in forage animal samples. American Society for Mass Spectrometry. Proceedings of the 54th ASMS Conference.

SOLIVERES, S.; VAN DER PLAS, F.; MANNING, P.; PRATI, D.; GOSSNER, M. M.; RENNER, S. C.; ALT, F.; ARNDT, H.; BAUMGARTNER, V.; BINKENSTEIN, J.; BIRKHOFER, K.; BLASER, S.; BLÜTHGEN, N.; BOCH, S.; BÖHM, S.; BÖRSCHIG, C.; BUSCOT, F.; DIEKÖTTER, T.; HEINZE, J.; HÖLZEL, N.; JUNG, K.; KLAUS, V. H.; KLEINEBECKER, T.; KLEMMER, S. & J. KRAUSS (2016): Biodiversity at multiple trophic levels is needed for ecosystem multifunctionality. Nature, 536: 456-459.

SPIERING, M. J., MOON, C. D., WILKINSON, H. H. & C. L. SCHARDL (2005): Gene Clusters for Insecticidal Loline Alkaloids in the Grass-Endophytic Fungus Neotyphodium uncinatum. Genetics, 169: 1403-1414.

SPONSELLER, B. T.; VALBERG, S. J.; SCHULTZ, N. E.; BEDFORD, H.; WONG, D. M.; KERSH, K. & G. D. SHELTON (2012): Equine multiple acyl-CoA dehydrogenase deficiency associated with seasonal pasture myopathy in the Midwestern United States. J. Vet. Intern. Med., 26: 1012-1018.

SPOONER, B. M. & S. L. KEMP (2005): Epichloë in Britain. Mycologist, 19(2): 82-87.

STEIDLE, J. ET AL. (2016): Alarmstufe Rot - Insektensterben statt Bienentanz: Wissenschaftler fordern Sofortmaßnahmen gegen Artenschwund. Resolution zum Schutz der mitteleuropäischen Insektenfauna, insbesondere der Wildbienen. Verfasst von den Teilnehmer/innen der 12. Hymenopterologen-Tagung in Stuttgart, 15. Oktober 2016. http://cache. pressmailing.net/content/db97de98-4cda-4c82-bc00-58ca89614e87/Resolution_Insektenschutz_Oktober_2016.pdf

STRECKER, W. (1923): Die Kultur der Wiesen, ihr Wert, ihre Verbesserung, Düngung und Pflege. 4. Aufl., Paul Parey, Berlin, 502 S.

STRICKLAND, J. R., M. L. LOOPER, J. C. MATTHEWS, C. F. ROSENKRANS, JR., M. D. FLYTHE, K. R. BROWN (2011): Board-invited review: St. Anthony's Fire in livestock: Causes, mechanisms, and potential solutions. J. Anim. Sci, 89,1603-1626.

STUEDEMANN, J. A. & C. S. HOVELAND (1988): Fescue endophyte: History and impact on animal agriculture. J. Prod. Agric., 1:39-44. zitiert in: REALINI, C. E., S. K. DUCKETT, N. S. HILL, C. S. HOVELAND, B. G. LYON, J. R. SACKMANN, & M. H. GILLIS (2005): Effect of endophyte type on carcass traits, meat quality, and faty acid composition of beef cattle grazing tall fescue. J. Anim. Sci. 83: 430-439.

STUEDEMANN, J. A., N. S. HILL, F. N. THOMPSON, R. A. FAYRER-HOSKEN, W. P. HAY, D. L. DAWE, D. H. SEMAN & S. A. MARTIN (1998): Urinary and Biliary Excretion of Ergot Alkaloids from Steers That Grazed Endophyte-Infected Tall Fescue. J. Anim. Sci. 76: 2146-2154.

STUEDEMANN, J. A.; RUMSEY, T. S.; BOND, J.; WILKINSON, S. R.; BUSH, L. P.; WILLIAMS, D. J. & A. B. CAUDLE (1985): Association of blood cholesterol with occurrence of fat necrosis in cows and tall fescue summer toxicosis in steers. Am. J. Vet. Res., 46:1990-1995. Zitiert in: REALINI, C. E., S. K. DUCKETT, N. S. HILL, C. S. HOVELAND, B. G. LYON, J. R. SACKMANN, & M. H. GILLIS (2005): Effect of endophyte type on carcass traits, meat quality, and faty acid composition of beef cattle grazing tall fescue. J. Anim. Sci. 83: 430-439.

STUTZER, A. (1922): Düngerlehre. 21te Aufl., Vlg. Hugo Voigt, Leipzig, 144 S.

SULLIVAN, J. J.; WINKS, C. J. & S. V. FOWLER (2008): Novel host associations and habitats for Senecio-specialist herbivorous insects in Auckland. New Zealand Journal of Ecology, 32(2): 219-224.

TAKEDA, A.; SUZUKI, E.; KAMEI, K. & H. NAKATA (1991): Detection and identification of loline and its analogues in horse urine. Chem. Pharm. Bull. (Tokyo), 39: 964-968.

TANNENBAUM, M. G.; SEEMATTER, S. L. & D. M. ZIMMERMANN (1998): Endophyte-infected and uninfected fescue seeds suppress White-footed Mouse (Peromyscus leucopus) reproduction. The American Midland Naturalist, 139 (1): 114-124.

TAYLOR, M. C.; LOCK, W. F. & M. ELLERSIECK (1985): Toxicity in pregnant pony mares grazing Kentucky 31 fescue pastures. Nutr. Rep. Int., 31: 787-795.

THAER, A. D. (1810): Grundsätze der rationellen Landwirtschaft. 1.- 4. Bd., Vlg. Georg Reimer, Berlin.

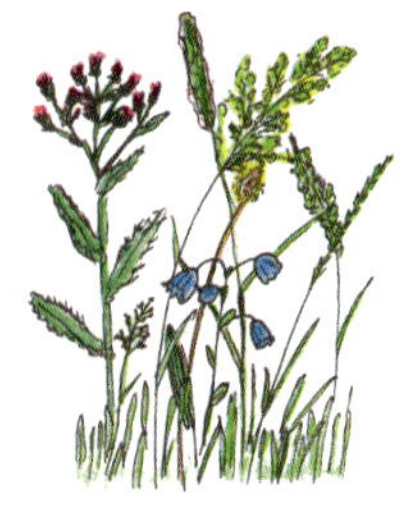

THAMHESL, M.; APFELTHALER, E.; VEKIRU, E.; SCHATZMAYR, G. & W. D. MOLL (2009): Poster 2. 1. 078: Degradation of lysergic acid amide by rumen microbiota. In: Symbiosis – Science, Industry & Society, 14th European Congress on Biotechnology, European Federation of Biotechnology, Barcelona, Spain, 13-16 September 2009. New Biotechnology, (09): 75.

THOMPSON. F. N., J. A. STUEDEMANN & N. S. HILL (2001): Anti-quality factors associated with alkaloids in eastern temperate pasture. J. Range Manage. 54(4), 474-489.

TREUDING, L. A. (1865): Über Ent- und Bewässerung der Ländereien. Schworl & v. Seefeld, Hannover, 104 S.

UHLIG, S. : VIKOREN, T.; IVANOVA, L. & K. HANDELAND (2007): Ergot alkaloids in Norwegian wild grasses: a mass spectrometric approach. Rapid Commun Mass Spectrom, 21: 1651-1660.

ULLSTEIN (JUN.), H. (1996): Natürliche Pferdehaltung. Müller Rüschlikon, Cham, 165 S.

VALACHOVA, M.; JEDINAK A. & T. MALIAR (2005): Antiprotease activity of endophytic microorganisms isolated from medical plants. Nova Biotechnologica; V-1: 65-72.

VALBERG S. J., SPONSELLER B. T., HEGEMAN A. D., EARING J., BENDER J. B., MARTINSON K. L., PATTERSON S. E. & L. SWEETMAN (2013): Seasonal pasture myopathy/atypical myopathy in North America associated with ingestion of hypoglycin A within seeds of the box elder tree. Equ. Vet. J., 45: 419-426.

VAN DER KOLK, J. H.; BOELENS, R.; HALKES, S. B. A.; WIJNBERG, I. D.; DE SAIN-VAN DER VELDEN, M. G. M. & J. H. IPPEL (2013): Some notes on fatal acquired multiple acyl-CoA dehydrogenase deficiency (MADD) in a twoyear-old warmblood stallion and European tar spot (Rhytisma acerinum). Veterinary Quarterly, 33(1): 47-51.

VAN DER KOLK, J. H.; WIJNBERG, I. D.; WESTERMANN, C. M.; DORLAND, L.; DE SAIN-VAN DER VELDEN, M. G.; KRANENBURG, L. C.; DURAN, M.; DIJKSTRA, J. A.; VAN DER LUGT, J. J.; WANDERS, R. J. & E. GRUYS (2010): Equine acquired multiple acyl-CoA dehydrogenase deficiency (MADD) in 14 horses associated with ingestion of Maple leaves (Acer pseudoplatanus) covered with European tar spot (Rhytisma acerinum). Mol. Genet. Metab., 101: 289-291.

VANSELOW, R.; WAHRENBURG, W.; TEICHNER, T.; BEHRENS, C. & I. GUTSMIEDL (2018): Pferd und Heu – Ein Handbuch für Pferdehalter und Heuproduzenten über die wichtigste Nahrungsquelle der Pferde. Bundesverband der Vereinigung der Freizeitreiter und -fahrer in Deutschland e. V (VFD), Twistringen, 3. Aufl., 96 S.

VANSELOW, R. (2016) Artenvielfalt auf der Pferdeweide. Grünland erkennen – Zeigerpflanzen deuten. VerlagsKG Wolf (Die Neue Brehm-Bücherei), Magdeburg, NBB Kompakt Bd. 2, 2te Auflage, 64 S.

VANSELOW, R. (2015b): Forage quality assessment: the right botanical composition for horses. Equine Nutrition and Training Conference (ENUTRACO), 03.-7.09.2015, Bingen.

VANSELOW, R. (2015a): Ergotismus – Antoniusfeuer: Ein historisches Problem hoch aktuell / Ergotism – St. Antony´s Fire: a historical problem of topical interest. Tierärztliche Umschau, 70(5): 176-182.

VANSELOW, R. (2014): Die unterschätzte Gefahr auf der Weide. Pferde Zucht & Haltung, AVA Verlag, Kempten, 1: 118-122.

VANSELOW, R. & WEBER, C. A. (2012): Süßgräserfibel für Pferdehalter. Westarp Wissenschaften (Die Neue Brehm-Bücherei), Hohenwarsleben, NBB Scout Bd. 1, 101 S.

VANSELOW, R. (2011b): Giftige Gräser auf Pferdeweiden. Endophyten und Fruktane – Risiken für die Tiergesundheit. Westarp Wissenschaften (Die Neue Brehm-Bücherei), Hohenwarsleben, 3te überarb. Aufl., NBB Kompakt Bd. 1, 97 S.

VANSELOW, R. (2011a): Rehegefahr aus dem Gras durch giftige Resistenzen – Ein globales Problem. In: B. HERTSCH [Hrsg.] Internationales Symposium „Hufrehe" Berlin 2008, FN-Verlag, Warendorf, 24-36.

VANSELOW, R. (2010a): Verlust an Biodiversität: übersehene pilzliche Regulatoren. Naturschutz und Landschaftsplanung, 12, 379-381.

VANSELOW, R. (2010b): Atypische Weidemyopathie – Ahornsamen als Ursache? Starke Pferde 3 (55), 12-13.

VANSELOW, R. (2008): Rehegefahr aus dem Gras durch giftige Resistenzen – Ein globales Problem. Internationales Symposium „Hufrehe", FU Berlin, 11.-13. Nov. 2008.

VANSELOW, R. (2005b): Naturnahe Pferdehaltung in Halboffener Weidelandschaft. Eine Herausforderung für das Sachverständigenwesen. In: Hippo – logisch! Interdisziplinäre Beiträge namhafter Hippologen rund um das Thema Pferd. Festschrift zu Ehren des 80. Geburtstages des Rechtshippologen Eberhard Fellmer (Hrsg.: Brückner, S.), Silberne Reihe, FN-Verlag, Warendorf, S. 324-331.

VANSELOW, R. (2005a): Pferdeweide – Weidelandschaft. Kulturgeschichtliche, ökologische und tiermedizinische Zusammenhänge. Ein Leitfaden und Handbuch für die Praxis. Westarp Wissenschaften, Hohenwarsleben, Die Neue Brehm-Bücherei Bd. 657, 238 S.

VANSELOW, R. (2002b): Pferdeweide kritisch betrachtet: Wie gesund ist das moderne Grünland für Pferde? Vlg. Asmussen, Gelting, 37 S.

VANSELOW, R. (2002a): Risiken und Nebenwirkungen einer Begegnung. Giftpflanzen und Pferde. Eine wechselseitige Anpassung. Ed. Schürer, Kirchheim. 63 S.

VAN ZIJLL DE JONG, E., N. R. BANNAN, J. BATLEY, K. M. GUTHRIDGE, G. C. SPANGENBERG, K. F. SMITH & J. W. FORSTER (2004): Genetic Diversity in the Perennial Ryegrass Fungal Endophyte Neotyphodium lolii. In: HOPKINS, A., Z. -Y. WANG, R. MIAN, M. SLEDGE & R. E. BARKER (eds.) Developments in Plant Breeding. Molecular Breeding of Forage and Turf. Springer Netherlands, 11: 155-164.

VÁZQUEZ DE ALDANA, B. R., A. GARCÍA CIUDAD, I. ZABALGOGEAZCOA & B. GARCÍA CRIADO (2003a): Festuca rubra en pastos de dehesa: incidencia de la infección endofítica en la producción de componentes anticalidad. In: A. B. ROBLES CRUZ, E. RAMOS FONT, C. MORALES TORRES, E. DE SIMÓN NAVARRETE, J. L. GONZÁLEZ REBOLLAR, J. BOZA LÓPEZ (eds.) (2003): Pastos, Desarrollo y Conservación., Junta de Andalucía, Consejería de Agricultura y Pesca, pp. 69-73.

VAZQUEZ DE ALDANA, B. R.; ZABALGOGEAZEOA, I.; GARCIA-CIUDAD, A. & B. GARCIA-CRIADO (2003b): Ergovaline occurrence in grasses infected by fungal endophytes of semi-arid pastures in Spain. Journal of the Science of Food and Agriculture, 83 (4): 347-353.

VÁZQUEZ DE ALDANA B. R., GARCÍA CRIADO B., ZABALGOGEAZCOA I. & A. GARCÍA CIUDAD (2000): Occurrence of ergovaline in endophyte infected grasses from mediterranean grasslands. In: K. SOEGAARD, C. OHLSSON, J. SEHESTED, N. J. HUTCHINGS, T. KRISTENSEN (eds.): Grassland Farming. Balancing Enviromental and Economics Demands. Grassland Science in Europe, 5: 179 181.

VEGA, F. E.; POSADA, F.; AIME, M. C.; PAVA-RIPOLL, M.; INFANTE , F. & S. A. REHNER (2008): Entomopathogenic fungal endophytes. Biological Control 46: 72-82.

VIEWEG, M. (2006): Ausbruch aus dem Golfplatz. http://www. wissenschaft. de/wissen/news/268518. html; (31.03.2016)

VIJN, I. & S. SMEEKENS (1999): Fructan: more than a reserve carbohydrate? Plant Physiol., 120: 351-360.

VOGEL, H. & J. SCHOTT (1953): Untersuchungen über den Futterverzehr beim Haflinger und beim Süddeutschen Kaltblut. BLV, München, Landwirtschaftliches Jahrbuch für Bayern, 30. Jahrgang, Heft 9/10, 612-621.

VON BLEICHERT, H. (1953): Die Viehweide, ihre Verbesserung und ihre Bewirtschaftung. In: GRAEBER, W. (1953): Grünland- und Futtermittelwirtschaft in den USA. Berichte über Studienreisen im Rahmen der Auslandshilfe der USA. Land- und Hauswirtschaftlicher Auswertungs- und Informationsdienst AID, Heft 39, 32-40.

VON BORSTEL, U. & J. GRÄSSLER (2003): Untersuchungen zur Kennzeichnung der Fructangehalte verschiedener Gräserarten. Landwirtschaftskammer Hannover, Arbeitsgemeinschaft Futterbau und Futterkonservierung e. V. . 47. Jahrestagung, 28. bis 30. August 2003, Braunschweig.

VON BORSTEL, U.; HEINEMANN, G. & G. LANGE (2001): Grünlandwirtschaft und Grundfuttererzeugung für Pferde. Landwirtschaftskammer (LWK) Hannover [Hrsg.]. Praxisinformation Grünland und Futterwirtschaft, Heft 29, 59 S.

VON OETTINGEN, B. (1921): Die Pferdezucht. Handbuch für Züchter, Studierende und Pferdefreunde. Paul Parey, Berlin, 537 S.

VOSSBRINK, J. (2004): Bodenspannungen und Deformationen in Waldböden durch Ernteverfahren. Dissertation am Institut für Pflanzenernährung und Bodenkunde der Universität Kiel.

WACKERMANN, K. (2016): So viel Energie wie Hafer. St. Georg, Jahr Top Special Verlag, Hamburg, 04: 98-101.

WAHRENBURG, W.; VANSELOW, R.; TEICHNER, T.; PATZWALL, H.; GUTSMIEDL, I.; DEHE, S. & C. BEHRENS (2010): Pferd und Umwelt – Materialien, Hintergründe und Positionen. Bundesverband der Vereinigung der Freizeitreiter und -fahrer in Deutschland e. V (VFD), Twistringen, 3. Aufl., 80 S.

WALLER, J. C.; FRIBOURG, H. A.; GREEN, E. M.; CARLISLE, R. J.; STRICKLAND, J. R & B. B. REDDICK (1994): Effects of Acremonium coenophialum infested tall fescue and A. lolii infested annual ryegrass sods on horse laminitis at Ames Plantation. Proc. SERA-IEG/8 Workshop Atlanta, GA, 24-25 Oct p. 48

WALLER, J. C.; FRIBOURG, H. A.; GREEN, E. M.; CARLISLE, R. J.; STRICKLAND, J. R & B. B. REDDICK (1995): Effects of Acremonium coenophialum infested tall fescue and A. lolii infested annual ryegrass sods on horse laminitis at Ames Plantation. Proc. SERA-IEG/8 Workshop Nashville, TN, 13-15 Nov p. 48

WANG, Z. -Y., A. A. HOPKINS & M. C. SAHA (2007): Chapter 22: Transgenesis. Tall Fescue online-Monograph. Oregon State University, Oregon, USA.

WANG, Z. & C. LI (2018): Effect of Epichloë bromicola from wild barley inoculated to a local barley cultivar. 10th International Symposium on Fungal Endophytes of Grasses, June 18-21, 2018, Salamanca, Spain.

WARDLE, D. A.; NICHOLSON, K. S. & A. RAHMAN (1995): Ecological effects of the invasive weed species Senecio jacobaea L. (ragwort) in a New Zealand pasture. Agriculture Ecosystems and Environment, 56: 19-28.

WARMUTH, V., A. MANICA, A. ERIKSSON, G. BARKER & M. BOWER (2012): Autosomal genetic diversity in non-breed horses from eastern Eurasia provides insights into historical population movements. Animal Genetics, doi: 10.1111/j.1365-2052.2012.02371.x

WEBB, G. W.; FORD, J. A.; WEBB, S. P.; HURSHMAN, H. M.; WALKER, E. L. & B. ONYANGO (2010): Effect of Ergovaline Ingestion on Recovery of Horses Subjected to an Anaerobic Standard Exercise Test. Journal of Equine Veterinary Science, 30(12): 705-710.

WEBER, C. A. & R. VANSELOW (2011): Der Duwock oder Sumpf-Schachtelhalm (Equisetum palustre). Strategien zur Verdrängung der Giftpflanze auf Wiesen und Weiden. Westarp Wissenschaften (Die Neue Brehm-Bücherei), Hohenwarsleben, 1. Aufl., NBB Bd. 678, 144 S.

WEBER, C. A. (1909a): Wiesen und Weiden in den Weichselmarschen. Arbeiten der Deutschen Landwirtschafts-Gesellschaft. Heft 165, Berlin, 142 S.

WEBER, C. A. (1909b): Untersuchungen der Wiesen und Weiden des norddeutschen Tieflandes und ihre Ergebnisse. Nachtrag der Jahresversammlung1909, Jahrbuch der Deutschen Landwirtschafts-Gesellschaft, Band 24, Berlin, 285-319.

WEBER, B. D. (1926): Beitrag zur Kenntnis von Dauerweiden Bayerns und ihrer naturgemäßen Ansaat. Mit vergleichenden Ausblicken besonders auf norddeutsche Dauerweiden. Vlg. August Reher, Berlin, 138 S.

WEBER, C. A. (1928a): Schlüssel zum Bestimmen der landwirtschaftlich wichtigsten Gräser Deutschlands im blütenlosen Zustande. Vlg. Paul Parey, Berlin, 3te Aufl., 48 S.

WEBER, C. A. (1928b): Das Rohrglanzgras und die Rohrglanzgraswiesen nebst anderen Wiesenarten des nassen und zeitweilig überfluteten Bodens. Eine formationsbiologische Studie für die landwirtschaftliche und meliorationstechnische Praxis. Vlg. Paul Parey, Berlin, 48 S.

WEBER, C. A. (1929): Vortrag 12: Wert und Bedeutung der wichtigsten einheimischen Gräser und Schmetterlingsblüher für wirtschaftlich hochwertiges Grünland und ihre Zusammenstellung zu zweckmässigen Saatmischungen. In: Veröffentlichungen der Schleswig-Holsteinischen Universitätsgesellschaft, Nr. 22: Neuzeitliche Massnahmen zur Erhöhung der landwirtschaftlichen Produktion. 20 Vorträge, gehalten auf dem Lehrgang für Kulturtechnik, Bodenmelioration und Grünland in Kiel vom 7.-12. Mai 1928, Landwirtschaftlicher Ausschuss der Schleswig-Holsteinischen Universitätsgesellschaft [Hrsg.], Ferdinand Hirt, Breslau, 151-162.

Weber, C. A. & Vanselow, R. (2011): Der Duwock oder Sumpf-Schachtelhalm (Equisetum palustre). Strategien zur Verdrängung der Giftpflanze auf Wiesen und Weiden. Westarp Wissenschaften (Die Neue Brehm-Bücherei), Hohenwarsleben, NBB Bd. 678, 144 S., 1. Aufl.

Wen, S. et al. (2012): Structural genes of wheat and barley 5-methylcytosine DNA glycosylases and their potential applications for human health. PNAS, 109(50): 20543-20548.

Wenzel, K. -W. (2015): Neonikotinoid-Insektizide als Verursacher des Bienensterbens – Ein Addendum zum Beitrag von Hans-Joachim Flügel in der März-Ausgabe der EZ (Hymenoptera: Apidae). Entomologische Zeitschrift, 125(2): 67-73.

Wesche, K., Krause, B., Culmsee, H., Leuschner, C. (2012): Fifty years of change in Central European grassland vegetation: large losses in species richness and animal-pollinated plants. Biological Conservation 150: 76-85

Wesche, K., Krause, B., Culmsee, H., Leuschner, C. (2009): Veränderungen in der Flächen-Ausdehnung und Artenzusammensetzung des Feuchtgrünlandes in Norddeutschland seit den 1950er Jahren. Ber. d. Reinh.-Tüxen-Ges. Hannover, 21, 196-210.

Whalley, C. (2002) Beware mycotoxins. Waikato Breeders Bloodline. Registered publication. Waikato Branch, NZ Thoroughbred Breeders Incorporated. Jan/Feb issue. 5-6.

Wilson, A. D. (2007): Clavicipitaceous anamorphic endophytes in Hordeum germplasm. Plat Pathology Journal, 6(1): 1-13.

Wölfer, T. (1932): Feldpflanzen und Grünland. Die Pflanzenarten, Zwischenfrucht, Feldfutter und Grünland, Garten, Unkraut und Pflanzenschutz. Paul Parey, Berlin, 267 S., 10. Aufl.

Wolff, J.; Neudecker, C.; Klug, C. & R. Weber (1988): Chemische und toxikologische Untersuchungen in Mehl und Brot. Ernährungswiss., 27: 1-22.

Xenophon (ca. 350 v. Chr.): Über die Reitkunst. Der Reiteroberst.

Xuekai, W.; Zhenjiang, C.; Jing, L. & L. Chunjie (2018): Effects of Epichloë on germination of Hordeum brevisubulatum under different concentrations of saline-alkali soil extracts. 10th International Symposium on Fungal Endophytes of Grasses, June 18-21, 2018, Salamanca, Spain.

Yawen, J.; Rui, Z. & Z. Xingxu (2018): Antagonistic effect of Epichloë bromicola of Hordeum brevisubulatum on a pathogenic fungus. 10th International Symposium on Fungal Endophytes of Grasses, June 18-21, 2018, Salamanca, Spain.

Zabalgogeazcoa, I.; Garcia Ciudad, A.; Vazquez de Aldana, B. R. & B. Garcia Criado (2006): Effects of the infection by the fungal endophyte Epichloë festucae in the growth and nutrient content of Festuca rubra. Europ. J. Agronomy, 24: 374-384.

Zabalgogeazcoa, I.; Vazquez de Aldana , B. R.; Garcia Criado, B. & A. Garcia Ciudad (1999): The infection of Festuca rubra by the endophyte Epichloë festucae in Mediterranean permanent grasslands. Grass For. Sci., 54: 91-95.

Zarean, M.; Sabzalian, M. R. & A. Mirlohi (2018): Epichloë endophyte may dramatically increase pollen viability in tall fescue. 10th International Symposium on Fungal Endophytes of Grasses, June 18-21, 2018, Salamanca, Spain.

Zeitler-Feicht, M. H.; Müller, C.; Franzky, A.; Pettrich, M.; Bohnet, W.; Deininger, E.; Düe, M. & P. Witzmann (2009): Leitlinien zur Beurteilung von Pferdehaltungen unter Tierschutzgesichtspunkten vom 9. Juni 2009. Bundesministerium für Ernährung, Landwirtschaft und Verbraucherschutz (BMELV) [Hrsg.], Referat Tierschutz, 30 S.

Erklärung häufiger Fachbegriffe

Acremonium: Pilzgattung, der früher fälschlich auch die Endophyten der Wirtschaftsgräser zugeordnet wurden
Agonist: Substanz, die sich an Rezeptoren binden und so für eine Signalübertragung in der dazugehörigen Zelle sorgen kann
Allelopathie: gegenseitige Beeinflussung von Pflanzen, MO und Pilzen durch Abgabe von Stoffen in ihre Umwelt.
Amphibien: Lurche, also zum Beispiel Kröten, Frösche, Molche
Antagonist: Substanz, die einen Agonisten in seiner Wirkung hemmt
Antibiotikum: Wirkstoffe von MO und Pilzen, die schon in geringer Konzentration anderes (mikrobielles) Leben hemmen oder töten
Art: Grundeinheit der biologischen Systematik nach Linné als Fortpflanzungsgemeinschaft mit charakteristischen Artmerkmalen
Atypische Weidemyoglobinurie: oftmals tödlich verlaufende Vergiftung von Pferden auf Grasland im Herbst, seltener im Frühjahr, für die Samen und Keimlinge von Ahornen verantwortlich gemacht werden; bei der Vergiftung wird die Atmungskette der Mitochondrien sehr effektiv unterbrochen, es kommt zum (Zell-) Tod
Barbiturate: Wirkstoffe, die als Schlafmittel verwendet wurden; heute in der Narkoseeinleitung, zum Einschläfern von Tieren, Sterbehilfe (Europa), Hinrichtung (USA)
Bentonit: Tonmineral wie Zeolith oder Kaolinit; Ionenaustauscher; im Masttierfutter verwendet zur Bindung von Pilzgiften oder nach dem Reaktorunfall in Tschernobyl von radioaktivem Cäsium zum Schutz der Milchkühe und ihrer Milch.
Claviceps: Pilzgattung; Echte Mutterkornpilze
Designer-Endophyten: genetisch optimierte Endophyten
Destruent: Zersetzer; ein Lebewesen, das totes organisches Material verwertet
Domperidon(e): Wirkstoff, der Dopamin-Rezeptoren blockiert
Dopamin: Botenstoff im Bereich der Nervenzellen (Neurotransmitter) des zentralen Nervensystems
Ektosymbiont: Symbiont, der getrennt von seinem Partner lebt
Endophyt: Lebewesen (Pilze, MO), die innerhalb eines pflanzlichen Körpers leben
Endosymbiont: Symbiont, der innerhalb des Partners lebt
Epichloë: Pilzgattung aus der Familie der Mutterkornverwandten, zu der heute auch die Endophyten unserer Wirtschaftsgräser gezählt werden
Equus: Gattung, zu der alle heutigen Pferdeartigen gezählt werden
Ergotalkaloide: Gruppe der Gifte der Echten Mutterkornpilze
Ethen, Ethylen: gasförmige, farblose, brennbare, süßlich riechende organische Verbindung, Summenformel C_2H_4
Fermentation: mikrobielle und enzymatische Umwandlung organischen Materials zum Beispiel Gärung, Silierung
Fermenter: ältere Bezeichnung für Bioreaktor; Apparatur, in der kontrolliert und optimiert mit Hilfe kultivierter MO Fermentation stattfindet
Familie: Hierarchische Ebene der biologischen Systematik oberhalb von Gattung und unterhalb von Ordnung
Festuca: Gattung von Gräsern; Schwingel
Fungi: Pilze

Fungizid: wirksam gegen Pilze
Gaia-Hypothese: besagt, dass Erde und Biosphäre wie ein Lebewesen betrachtet werden können
Gattung: Rangstufe innerhalb der Hirarchie der biologischen Systeme oberhalb der Art und unterhalb der Familie
Herbivore: Pflanzenfresser
Herbizid: wirksam gegen Pflanzen
Hyphe: fadenförmige Zelle eines Pilzes
Hypoglycin: giftiger Wirkstoff in Pflanzen wie Ahorn, Akee-Pflaumen und Litschis; Wirkstoff, der die Atmungskette der Mitochondrien sehr effektiv unterbricht und so zum (Zell-) Tod führt
Insektizid: wirksam gegen Insekten
Ionophore: Molekül, das Ionen durch eine Membran transportiert, teilweise als Antibiotika verwendet; Wirkstoffe, die die Atmungskette der Mitochondrien sehr effektiv unterbrechen und so zum (Zell-) Tod führen
Kerfe: Insekten, Kerbtiere
Konsument: ein Wesen, das Biomasse konsumiert, die andere aus unbelebter Materie produziert haben
Lolche: deutsche Bezeichnung für die Gräser der Gattung Lolium (Weidelgräser)
Lolin: Alkaloide aus der Gruppe der Pyrrolizidinalkaloide mit insektizider und Fraß abwehrender Wirkung; erstmals nachgewiesen in Lolium, daher die Namensgebung; Bildung überwiegend durch Endophyten der Mutterkornpilzverwandten
Lolitreme: Gruppe von Giften mit Tremor (Zittern, Lähmungen) auslösender Wirkung, die überwiegend durch Endophyten der Mutterkornpilzverwandten gebildet werden; erstmals nachgewiesen in Lolium, daher die Namensgebung
Lolium: Gattung von Gräsern; Weidelgräser. Veraltet: Lolche
Mega-Herbivoren-Theorie: Riesen-Pflanzenfresser-Theorie; besagt, dass große Pflanzenfresser ihre Umwelt gestalten; Tiere als Gärtner im Ökosystem
Mitochondrien: Zellorganellen in Zellen von Lebewesen mit Zellkernen (Eukaryoten); nach der Endosymbionten-Theorie entstanden aus Bakterien, die im Inneren ihres Partners weiterlebten
Mykorrhiza: Symbiose zwischen Pilzen und Pflanzen, bei der die Pilzfäden in engem Kontakt zu den pflanzlichen Feinwurzeln stehen
Myzel: Gesamtheit der fadenförmigen Zellen (Hyphen) eines Pilzes
Neotyphodium: Gattung von Pilzen aus der Familie der Mutterkornverwandten; bis vor Kurzem der Gattungsname der Endophyten unserer Wirtschaftsgräser, die neuerdings als Varietät der Art *Epichloë festucae* eingeordnet werden
Nematode: Fadenwurm
Neurotransmitter: Botenstoff im Bereich der Nervenzellen
Next generation forage crops: durch genetische Optimierung von Nutzpflanzen, Endophyten und Bodenbewohnern (Pilze, MO) geschaffene Landwirtschaft der Zukunft
Noradrenalin: Stresshormon und Neurotransmitter
Parasit: Schmarotzer; Wesen, das auf Kosten anderer lebt
Peptaibol: Wirkstoffe von Pilz-Endophyten, die die Atmungskette der Mitochondrien sehr effektiv unterbrechen und so zum (Zell-) Tod führen
Peramin: insektizider Wirkstoff von Endophyten der Wirtschaftsgräser

Pestizid: wirksam gegen Lebewesen (Tiere und Pflanzen)
Prolaktin: Hormon
Pyrrol: organische Verbindung, Fünferring aus vier Kohlenstoff- und einem Stickstoffatom; Summenformel C_4H_5N; Grundbaustein von zum Beispiel Hämoglobin, Chlorophyll und Vitamin B12
Pyrrolizidinalkaloid: PA; Alkaloide mit einer Grundstruktur aus zwei miteinander verbundenen Pyrrolringen (Pyrrolizidin), die sich neben einem Kohlenstoff- auch das Stickstoffatom teilen; riesige Gruppe unterschiedlichster PA, die von völlig ungefährlich bis hin zu hochgradig toxisch reichen
Quartär: jüngstes Erdzeitalter, in dem wir leben; Beginn vor etwa 2,6 Millionen Jahren; gekennzeichnet durch den Wechsel von Warm- und Kaltzeiten (Eiszeiten)
Rasse: umgangssprachlich unklare Bezeichnung, unter der zumeist gezüchtete Gruppen von Nutztieren und Nutzpflanzen verstanden werden; für Nutztier-Rassen sind die eingetragenen Tierzuchtverbände zuständig
Reich: ursprünglich die höchste Einstufungsebene in der Systematik der Lebewesen
Rezeptor: Andockstelle an einer speziellen Zelle zur Weiterleitung eines (chemischen, physikalischen) Reizes
Rhizoctonia leguminicola: Pilz, der Schmetterlingsblütler in den USA befallen und dann durch sein Gift Swainsonin dort zu schweren Weidetiervergiftungen führen kann; in Europa ist *Rhizoctonia leguminicola* auf Rotklee durch sein Gift Slaframin als Verursacher von massivem Speichelfluß (slobber disease) bekannt
Schwingel: Gattung von Gräsern
Serotonin: Gewebshormon und Neurotransmitter
Sorte (Zucht-): Durch menschliche Selektion entstandene Gruppe mit reduzierter genetischer Vielfalt und speziellen Eigenschaften; Zuchtsorten von Pflanzen werden beim Bundessortenamt zertifiziert; bei Haustieren redet man üblicherweise von Rassen und hier sind die jeweiligen eingetragenen Tierzuchtverbände zuständig
Symbiont: Wesen, das mit einem anderen zu beiderlei Nutzen zusammen lebt
Varietät (var.): (genetische) Gruppierung innerhalb einer biologischen Art

Abkürzungsverzeichnis

AID:	Land- und hauswirtschaftlicher Auswertungs- und Informationsdienst
Co:	Kobalt
CRISPR-Cas:	Genschere; Clustered Regularly Interspaced Short Palindromic Repeats-CRISPR associated
Cu:	Kupfer
E+:	mit Endophyten infiziert
E-:	nicht mit Endophyten infiziert, endophytenfrei
EFSA:	European Food Safety Authority
ELISA:	enzyme-linked immunosorbent assay
Fe:	Eisen
G I bis V:	Standard-Mischungen Grasland Nr. 1 bis 5
GC:	Gaschromatographie
GP:	Standard-Mischung Grasland Pferdeweide
GVO:	gentechnisch veränderte Organismen
HPLC:	Hochdruck-Flüssigkeits-Chromatografie
JKK:	Jakobs-Kreuzkraut
K:	Kalium
LC:	Flüssigkeitschromatographie
LOEL:	lowest observed effect level
LUFA:	Landwirtschaftliche Untersuchungs- und Forschungs-Anstalt
LWK:	Landwirtschaftskammer
MJ ME:	Megajoule metabolische Energie
Mn:	Mangan
MO:	Mikroorganismen
MS:	Massenspektrometrie
N:	Stickstoff
NEL:	Netto Energie Laktation; Energie, die von Kühen zur Milchproduktion umgesetzt werden kann
NOAL:	no observed effect level
NSG:	Naturschutzgebiet
OS:	Originalsubstanz
P:	Phosphor
PA:	Pyrrolizidinalkaloide
ppb:	parts per billion; Verdünnungsfaktor 10 hoch 9; entspricht Milligramm pro Tonne.
ppm:	parts per million; Verdünnungsfaktor 10 hoch 6; entspricht Gramm pro Tonne.
QS-Mischungen:	Qualitätsstandardmischung Grassaatgut
SERA-IEG-8:	Southern Extension and Research Activity Information Exchange Group 8 (USA)
TM:	Trockenmasse
TS:	Trockensubstanz
Var.:	Genetische Varietät innerhalb einer Art (biol.)
Zn:	Zink

Nützliche Internetadressen

- Bundesverband Deutscher Pflanzenzüchter e. V.: www.bdp-online.de
- Verband deutscher Wildsamen- und Wildpflanzenproduzenten e. V.: www.natur-im-vww.de
- Endophyte Service Laboratory Corvallis/USA: http://oregonstate.edu/endophyte-lab/
- Tall Fescue online-Monograph (Buch), Oregon State University, USA: https://forages.oregonstate.edu/tallfescuemonograph
- Atypical Myopathy Alert Group (AMAG): http://labos.ulg.ac.be/myopathie-atypique/
- Klinische Toxikologie, online-Datenzentrale, Institut für Veterinärpharmakologie und -toxikologie Zürich: www.clinitox.ch
- SERA IEG-8: http://fere.utk.edu/
- AG Research Neuseeland, Plant-Fungal Interactions Team: http://www.agresearchcareers.co.nz/our-people/science-groups/#forage

Register